21 世纪高等学校
经济管理类规划教材 **高校系列**

U0237187

实用运筹学
案例、方法及应用

◎ 邢光军 主编

◎ 孙建敏 巩永华 刘长贤 张冲 副主编

PRACTICAL OPERATIONS RESEARCH
CASE, METHODS AND APPLICATIONS

人 民 邮 电 出 版 社

北 京

图书在版编目（CIP）数据

实用运筹学：案例、方法及应用 / 邢光军主编. --
北京 ：人民邮电出版社，2015.6（2024.7重印）
21世纪高等学校经济管理类规划教材. 高校系列
ISBN 978-7-115-39022-6

Ⅰ. ①实… Ⅱ. ①邢… Ⅲ. ①运筹学－高等学校－教
材 Ⅳ. ①O22

中国版本图书馆CIP数据核字（2015）第073075号

内 容 提 要

本书主要介绍在管理决策优化中常用的运筹学原理、模型和方法，其内容包括线性规划与单纯形法、对偶理论与灵敏度分析、运输问题、整数规划、动态规划、图与网络分析、存储论、排队论。在理论介绍中，本书注重企业管理决策的具体应用背景，并结合计算机应用的实现，强调实用性，做到容易理解和掌握运筹学的基本原理和方法，并且能够运用于实践。

本书可作为管理类、经济类本科生、工商管理硕士（MBA）和工程硕士运筹学课程教材和教学参考书，也可供企业经营管理、公共事业管理等人员参考。

◆ 主　　编　邢光军
　　副主编　孙建敏　巩永华　刘长贤　张　冲
　　责任编辑　武恩玉
　　责任印制　沈　蓉　彭志环

◆ 人民邮电出版社出版发行　　北京市丰台区成寿寺路11号
　　邮编　100164　电子邮件　315@ptpress.com.cn
　　网址　http://www.ptpress.com.cn
　　固安县铭成印刷有限公司印刷

◆ 开本：787×1092　1/16
　　印张：13.75　　　　　　　　2015 年 6 月第 1 版
　　字数：315 千字　　　　　　2024 年 7 月河北第 17 次印刷

定价：35.00 元
读者服务热线：(010)81055256　印装质量热线：(010)81055316
反盗版热线：(010)81055315

前 言 FOREWORD

目前，运筹学理论已在企业经营管理、公共事务管理等多方面得到广泛的应用。运筹学课程一般作为管理类、经济类等学科的专业基础课。课程的特点是将经济与管理领域中提出的问题建立合理的运筹学模型，选择恰当的方法进行计算求解，并对结果加以分析评价，从而为决策提供定量依据。课程教学注重培养学生模型构建的创造性思维能力，特别是综合运用运筹学理论解决实际问题的能力，同时，为进一步学习专业课程打下坚实的理论基础。

本书定位切合管理类、经济类专业培养目标、培养要求；精选教学内容，积极引入案例教学，力求深入浅出，提高学习效果；倡导通过案例教学，加深对运筹学概念与理论的理解与掌握；案例密切联系实际应用问题，因势利导，使读者对该课程有更为深刻的认识，并启发读者的思维，锻炼并提高读者创新能力。本书注重加强实践环节，提高读者应用能力的培养。运筹学主要用于解决复杂系统的各种最优化问题，涉及的变量非常多，约束条件非常复杂，实际的运筹学模型往往也非常庞大，必须借助于计算机才能够完成问题的求解。本书推荐使用 Microsoft Excel 等软件来计算运筹学问题，鼓励读者努力尝试新方法。

本书的参考学时为 72~84 学时，建议采用理论与实践相结合的教学模式。课程主要内容和学时分配见课程学时分配表。

课程学时分配表

教学环节 时数 课程内容	讲课	实验上机	小计
第 1 章 线性规划与单纯形法	8~10	2	10~12
第 2 章 对偶理论与灵敏度分析	8~10		8~10
第 3 章 运输问题	6~7	2	8~9
第 4 章 整数规划	8~9	2	10~11
第 5 章 动态规划	8~10		8~10
第 6 章 图与网络分析	8~10	2	10~12
第 7 章 存储论	8~9	2	10~11
第 8 章 排队论	6~7	2	8~9
总　　计	60~72	12	72~84

运筹学内容丰富，涉及领域广泛。本书介绍了线性规划、运输问题、整数规划、动态规划、图与网络分析、存储论、排队论等内容，供管理类、经济类专业运筹学课程教学选用。各章节的撰写分工为：第 1 章、第 2 章由邢光军撰写，第 3 章、第 4 章由刘长贤撰写，第 5 章由孙建敏撰写，第 6 章由巩永华撰写，第 7 章、第 8 章由张冲撰写，全书由邢光军统稿、定稿。

由于作者水平有限，书中的错误之处在所难免，恳请读者批评指正。

编　者

2015 年 2 月

目 录 CONTENTS

第1章　线性规划与单纯形法

学习目标

- 线性规划的概念与模型构建
- 图解法
- 单纯形法
- 人工变量求解法
- 计算机软件求解线性规划

开篇案例

某昼夜服务的电信客户服务中心，每天各时间段内所需客户服务人员数如表1-1所示：

表1-1　时间分段及人数需求

班次	时间	所需人数
1	6：00 — 10：00	60
2	10：00 — 14：00	70
3	14：00 — 18：00	60
4	18：00 — 22：00	50
5	22：00 — 2：00	20
6	2：00 — 6：00	30

设客户服务中心客户服务人员分别在各时间段一开始时上班，并连续工作八小时，问该客户服务中心怎样安排客户服务人员，既能满足工作需要，又只需配备最少客户服务人员？

解： 设 x_i 表示第 i 班次时开始上班的客户服务人员数，建立如下求解模型。

目标函数：　　$\min f(x) = x_1 + x_2 + x_3 + x_4 + x_5 + x_6$

约束条件：s.t.　$x_1 + x_6 \geqslant 60$

　　　　　　　　$x_1 + x_2 \geqslant 70$

　　　　　　　　$x_2 + x_3 \geqslant 60$

　　　　　　　　$x_3 + x_4 \geqslant 50$

　　　　　　　　$x_4 + x_5 \geqslant 20$

　　　　　　　　$x_5 + x_6 \geqslant 30$

$$x_1,x_2,x_3,x_4,x_5,x_6 \geq 0$$

$$且\ x_1,x_2,x_3,x_4,x_5,x_6\ 为整数$$

该模型可以利用 Excel 来求解。求解得到，该客户服务中心 6 个班次开始上班的客户服务人员数分别为 45 人、25 人、35 人、15 人、15 人、15 人，既能满足工作需要，又只需配备最少的客户服务人员，配备最少客户服务人员数为 150 人。

线性规划是运筹学的一个重要分支。1939 年，前苏联学者康托罗维奇提出了生产组织和计划中的类似线性规划模型。1947 年，美国学者丹捷格（George B.Dantzig）提出了求解一般线性规划问题的单纯形法。此后，线性规划理论日趋成熟，应用也日益广泛和深入。线性规划在工业、农业、商业、交通运输业、军事、经济计划和生产经营等领域有着广泛的应用，并取得了良好的经济效益。

1.1 线性规划问题的提出及其数学模型

线性规划是应用数学模型对所研究问题的一种数学模型描述。线性是指模型中数学表达式的形式，规划是计划的意思。因此，线性规划是指用线性的数学模型来描述管理活动的计划。线性规划研究的问题是在一定的资源制约条件下，找出管理活动的最佳资源利用组合，以产生最大的经济和社会效益。线性规划主要解决这样的问题：如何分配利用有限的资源，以最好地达到组织目标。

1.1.1 线性规划问题的提出

例 1-1 生产计划问题

某工厂用 3 种原料 M_1,M_2,M_3 生产 3 种产品 N_1,N_2,N_3。已知单位产品所需原料数量及原料的可用量见表 1-2，试制订出使该工厂利润最大的生产计划。

表 1-2 生产单位产品原料消耗量和原料可用量表

单位产品所需原料数量（kg）＼原料＼产品	N_1	N_2	N_3	原料可用量
M_1	2	3	0.6	1500
M_2	1	2	4	800
M_3	3	2	5	2000
单位产品的利润（千元）	3	5	4	

解：设产品 N_j 的产量为 x_j 个单位，$j=1,2,3$，首先，它们不能取负值，即必须有 $x_j \geq 0, j=1,2,3$；其次，根据题设，3 种原料的消耗量分别不能超过它们的可用量，即它们又必须满足：

$$\begin{cases} 2x_1+3x_2+0.6x_3 \leqslant 1500 \\ x_1+2x_2+4x_3 \leqslant 800 \\ 3x_1+2x_2+5x_3 \leqslant 2000 \end{cases}$$

在以上约束条件下，求出 x_1, x_2, x_3，使总利润 $z = 3x_1 + 5x_2 + 4x_3$ 达到最大，故求解该问题的数学模型为：

$$\max z = 3x_1 + 5x_2 + 4x_3$$

$$\begin{cases} 2x_1 + 3x_2 + 0.6x_3 \leqslant 1500 \\ x_1 + 2x_2 + 4x_3 \leqslant 800 \\ 3x_1 + 2x_2 + 5x_3 \leqslant 2000 \\ x_j \geqslant 0, j = 1, 2, 3 \end{cases}$$

例 1-2 混合配料问题

某饲养厂每天需要 1000 千克饲料，其中至少要含 7000 克蛋白质、300 克矿物质、1000 毫克维生素。现有 5 种饲料可供选用，各种饲料每千克营养含量及价格见表 1-3：

表 1-3 配料问题数据表

饲料	蛋白质(克)	矿物质(克)	维生素(毫克)	价格(元)
1	3	1.0	0.5	0.2
2	6	0.5	1.0	0.7
3	1	0.2	0.2	0.4
4	2	2.0	2.0	0.3
5	18	0.5	0.8	0.8

试制订费用最为节省的饲料混合方案。

解： 设每天各种饲料的选用量分别为：x_1, x_2, x_3, x_4, x_5 千克

根据问题求解目标和资源约束，可以写出以下数学模型：

$$\min z = 0.2x_1 + 0.7x_2 + 0.4x_3 + 0.3x_4 + 0.8x_5$$

$$\begin{cases} 3x_1 + 6x_2 + x_3 + 2x_4 + 18x_5 \geqslant 7000 \\ x_1 + 0.5x_2 + 0.2x_3 + 2x_4 + 0.5x_5 \geqslant 300 \\ 0.5x_1 + x_2 + 0.2x_3 + 2x_4 + 0.8x_5 \geqslant 1000 \\ x_1 + x_2 + x_3 + x_4 + x_5 \geqslant 1000 \\ x_1, x_2, x_3, x_4, x_5 \geqslant 0 \end{cases}$$

1.1.2 线性规划问题的数学模型

上面建立了 2 个案例的数学模型，虽然问题各不相同，但是它们的数学模型却有相同的特征：

（1）问题中都有一组变量（决策变量），这组变量的一组定值就代表一个问题的具体方案；

（2）存在一定的限制条件（约束条件），这些限制条件可以用一组线性等式或不等式来表示，表示约束条件的数学式子都是线性等式或线性不等式；

（3）有一个目标要求（目标函数），可以表示为决策变量的线性函数，并且要求这个目标函数达到最优（最大或最小），表示问题最优化指标的目标函数都是线性函数。

满足上述 3 个条件的数学模型称为线性规划的数学模型，一个线性规划问题的数学模型包括三部分：目标函数、约束条件和决策变量。

线性规划问题数学模型的一般形式为：

$$目标函数 \quad \max(\min) z = c_1x_1 + c_2x_2 + \cdots + c_nx_n \tag{1-1}$$

$$满足的约束条件： \begin{cases} a_{11}x_1 + a_{12}x_2 + \cdots + a_{1n}x_n \leqslant (=,\geqslant) b_1 \\ a_{21}x_1 + a_{22}x_2 + \cdots + a_{2n}x_n \leqslant (=,\geqslant) b_2 \\ \quad\quad\quad\quad\quad \vdots \\ a_{m1}x_1 + a_{m2}x_2 + \cdots + a_{mn}x_n \leqslant (=,\geqslant) b_m \\ x_1, x_2, \cdots, x_n \geqslant 0 \end{cases} \tag{1-2} \tag{1-3}$$

其中，式（1-1）称为目标函数，式（1-2）称为约束条件，式（1-3）称为非负约束条件。式中，z 称为目标函数，$x_j(j=1,2,\cdots,n)$称为决策变量，$c_j(j=1,2,\cdots,n)$称为价值系数或目标函数系数，$b_j=(j=1,2,\cdots,m)$称为限额系数或右端系数，$a_{ij}(i=1,2,\cdots,m,j=1,2,\cdots,n)$称为技术系数，由技术系数 $a_{ij}(i=1,2,\cdots,m,j=1,2,\cdots,n)$组成的矩阵 $(a_{ij})_{m\times n}$ 称为技术系数矩阵。这里，$c_j(j=1,2,\cdots,n)$，$b_i(i=1,2,\cdots,m)$，$a_{ij}(i=1,2,\cdots,m,j=1,2,\cdots,n)$均为常数。

可行解：将满足线性规划约束条件式（1-2）和式（1-3）的解 $(x_1,x_2,\cdots,x_n)$ 称为线性规划问题的可行解，由所有可行解组成的集合称为可行域。

最优解：称使目标函数取到最优值的可行解为最优解。最优解对应的目标函数值称为最优值。

1.2　线性规划图解法

图解法是在直角坐标系中用作图的方法来求线性规划问题的解，它适用于仅含两个决策变量的线性规划问题的数学模型求解。虽然这种方法的应用范围受到很大的限制，但这种方法简单、直观，特别是有助于理解线性规划问题单纯形法求解的基本原理。

例 1-3　用图解法求解线性规划问题。

$$\max z = x_1 + x_2$$

$$\begin{cases} 2x_1 + x_2 \leqslant 8 & ① \\ 2x_1 + 5x_2 \leqslant 20 & ② \\ x_1 + x_2 \leqslant 5 & ③ \\ x_1, x_2 \geqslant 0 \end{cases}$$

解：

（1）绘制平面直角坐标系 x_1Ox_2。

（2）由约束条件①、②、③所确定的可行域为多边形 $OABCD$ 中任意一点（包括其边界点），见图 1-1 中阴影部分。

（3）绘制法向量。因为我们只关心其方向而不关心其长度，所以将法向量延长。

（4）画一条垂直于法向量的等值线 l。因为目标函数为求最大值，所以让直线 l 沿法向量方向平移，直到移到直线 BC 上为止。

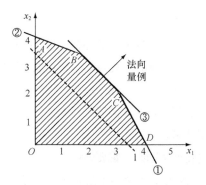

图 1-1　法向量分析的图解法

此时，线段 BC 上任意一点均为最优解。解出点 B、C 的坐标值，分别为 $B\left(\dfrac{5}{3}, \dfrac{10}{3}\right)$，$C(3,2)$，所以最优解为点 B、C 以及线段 BC 内的点。

对应的最优值为 $z^* = 5$。

例 1-4　用图解法求解线性规划问题。

$$\min z = x_1 - x_2$$

$$\text{s.t.} \begin{cases} 2x_1 - x_2 \geqslant -2 \\ x_1 - 2x_2 \leqslant 2 \\ x_1 + x_2 \leqslant 5 \\ x_1 \geqslant 0, x_2 \geqslant 0 \end{cases}$$

解：可行区域 D 如图 1-2 所示。在区域 $OA_1A_2A_3A_4O$ 的内部及边界上的每一个点都是可行点，目标函数的等值线 $z = -x_1 + x_2$（z 取定某一个常值)的法线方向（梯度方向）$(-1,1)$ 是函数值增加最快的方向（负梯度方向是函数值减小最快的方向）。

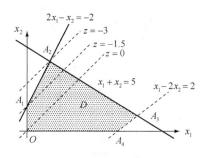

图 1-2　等值线分析的图解法

沿着函数的负梯度方向移动，函数值会减小，当移动到点 $A_2 = (1,4)$ 时，再继续移动就离开区域 D 了。于是 A_2 点就是最优解，而最优值为 $z^* = -3$。

图解法步骤可以总结为：

（1）求可行域。在平面直角坐标系中，可行域是各约束条件所表示的半平面的公共部分。

（2）求最优解。将目标函数 z 看成参数，做出等值线，然后根据原问题求最大值（或最小值）的要求，令等值线沿 z 值增加（或减少）方向在可行域内平行移动，直到找到等值线与可行域最后相交的一点，即为所要求的最优解。

由图解法可以看出，对于一般线性规划的解存在 4 种情况：

（1）唯一最优解，则此最优解只能在可行域的某个顶点上达到；

（2）无穷多最优解，则最优解在顶点所连的线段上达到；

（3）无界解，存在可行解，但目标函数值无界；

（4）无可行解，因而无最优解。

从图解法的几何直观容易得到下面几个重要结论：

（1）线性规划的可行区域 D 是若干个半平面的交集，它形成了一个多面凸集（也可能是空集）。如果可行域无界，线性规划问题的目标函数可能出现无界的情况。

（2）对于给定的线性规划问题，如果它有最优解，最优解总可以在可行域的某个顶点上达到，在这种情况下还包含两种情况：有唯一最优解和有无穷多最优解。因此，寻求线性规划问题的最优解，只需沿着可行域的边界搜索，后面介绍的单纯形法正是循着这个思路来求解线性规划问题最优解的。

1.3 线性规划问题的单纯形法

1.3.1 线性规划问题的标准形式

线性规划问题的标准形式如下：

$$\max z = c_1 x_1 + c_2 x_2 + \cdots + c_n x_n$$
$$\text{s.t.} \begin{cases} a_{11}x_1 + a_{12}x_2 + \cdots + a_{1n}x_n = b_1 \\ \qquad\qquad \vdots \\ a_{m1}x_1 + a_{m2}x_2 + \cdots + a_{mn}x_n = b_m \\ x_1 \geq 0, \, x_2 \geq 0, \cdots, x_n \geq 0 \end{cases} \qquad (1\text{-}4)$$

或简写成

$$\max z = \sum_{j=1}^{n} c_j x_j$$
$$\text{s.t.} \begin{cases} \sum_{j=1}^{n} a_j x_j = b \\ x_j \geq 0 \quad j = 1, 2, \cdots, n \end{cases} \qquad (1\text{-}5)$$

令

$A = \left(a_{ij} \right)_{m \times n},$

$a_j = \left(a_{1j}, a_{2j}, \cdots, a_{mj} \right)^{\mathrm{T}},$

$C = \left(c_1, c_2, \cdots, c_n \right),$

$b = \left(b_1, b_2, \cdots, b_m \right)^{\mathrm{T}},$

$$X = \left(x_1, x_2, \cdots, x_n\right)^{\mathrm{T}},$$

则上述标准线性规划问题可以用矩阵形式表示：

$$\max z = CX$$
$$\text{s.t.} \begin{cases} AX = b \\ X \geqslant 0 \end{cases} \tag{1-6}$$

非标准形式的线性规划问题，可以通过一些简单代换化为标准线性规划问题。

1．最小值问题

目标函数为最小值问题，如 $\min z = \sum\limits_{j=1}^{n} c_j x_j$，可以等价地化为最大值问题，因为

$$\min \sum_{j=1}^{n} c_j x_j = -\left(\max\left(-\sum_{j=1}^{n} c_j x_j\right)\right)。$$

2．不等式约束问题

形如 $a_{j1}x_1 + a_{j2}x_2 + \cdots + a_{jn}x_n \leqslant b_j$ 的不等式约束，可以通过引入所谓 "松弛变量 x_{n+1}" 化为等式约束 $a_{j1}x_1 + a_{j2}x_2 + \cdots + a_{jn}x_n + x_{n+1} = b_j$（其中 $x_{n+1} \geqslant 0$）；而形如 $a_{j1}x_1 + a_{j2}x_2 + \cdots + a_{jn}x_n \geqslant b_j$ 的不等式约束，可以通过引入所谓 "剩余变量 x_{n+2}" 化为等式约束 $a_{j1}x_1 + a_{j2}x_2 + \cdots + a_{jn}x_n - x_{n+2} = b_j$（其中 $x_{n+2} \geqslant 0$）。

3．变量无符号限制问题

变量 x_j 无非负约束条件问题，可以定义 $x_j = x_j^{(1)} - x_j^{(2)}$，其中 $x_j^{(1)} \geqslant 0, x_j^{(2)} \geqslant 0$，从而化为非负约束。

例 1-5 将以下线性规划问题转化为标准形式。

$$\min z = 2x_1 - 3x_2 + x_3$$
$$\text{s.t.} \begin{cases} x_1 - x_2 + 2x_3 \leqslant 3 \\ 2x_1 + 3x_2 - x_3 \geqslant 5 \\ x_1 + x_2 + x_3 = 4 \\ x_1, x_3 \geqslant 0, x_2 \text{无符号限制} \end{cases}$$

解：令 $z' = -z$，引进松弛变量 $x_4 \geqslant 0$，引进剩余变量 $x_5 \geqslant 0$，并令 $x_2 = x_2' - x_2''$，其中，$x_2' \geqslant 0$，$x_2'' \geqslant 0$

得到以下等价的标准形式：

$$\max z' = -2x_1 + 3x_2' - 3x_2'' - x_3$$
$$\text{s.t.} \begin{cases} x_1 - x_2' + x_2'' + 2x_3 + x_4 = 3 \\ 2x_1 + 3x_2' - 3x_2'' - x_3 - x_5 = 5 \\ x_1 + x_2' - x_2'' + x_3 = 4 \\ x_1, x_2', x_2'', x_3, x_4, x_5 \geqslant 0 \end{cases}$$

1.3.2 线性规划解的概念

对于线性规划的标准型：

$$\max z = CX$$
$$\text{s.t.}\begin{cases} AX = b \\ X \geqslant 0 \end{cases}$$

设 $r(A_{m \times n}) = m < n$，将 A 按列分块，记为 $A = (P_1, P_2, \cdots, P_n)$。有以下几个线性规划问题的**基与解**的概念。

（1）**基、基变量、非基变量** A 的任一非奇异 m 阶子矩阵 B 均称为线性规划的一个基；设 $B = (P_1, P_2, \cdots, P_m)$，则称 $P_j (j = 1, 2, \cdots, m)$ 为基向量；称与其相对应的变量 $x_j (j = 1, 2, \cdots, m)$ 为基变量；其余的变量称为非基变量。

（2）**基（本）解、基（本）可行解、最优解** 设 B 是线性规划的一个基，在 $AX=b$ 中，令非基变量取零时由 $AX=b$ 求出的解称为线性规划对应于基 B 的基（本）解，记为 X_B；若 $X_B \geqslant 0$，则称 X_B 为基（本）可行解，且基 B 为可行基；使目标函数取到最大值的基（本）可行解称为最优解。

（3）**退化的基本解** 若基本解中有基变量值为 0，则称之为退化的基（本）解。类似地，有退化的基本可行解和退化的基本最优解。

1.3.3 单纯形法的基本思想

线性规划的有效算法是单纯形法（Simplex Method），它是由美国运筹学家丹捷格于 1947 年首创的。若线性规划问题存在最优解，则必存在某一个基本可行解为最优解，所以对于给定的线性规划问题，其求解思路为：从可行域中的一个基可行解出发，判别它是否是最优解，如果不是，寻找下一个基可行解，并且努力使目标函数得到改进；如此迭代下去，直到找到最优解或判定问题无解为止。

1.3.4 最优性检验与解的判别

对标准型的一般线性规划问题，经过变换、迭代，可将线性规划约束条件中非基变量移至方程右边，得出如下形式

$$x_1 = b_1' - a_{1,m+1}' x_{m+1} - \cdots - a_{1n}' x_n$$
$$x_2 = b_2' - a_{2,m+1}' x_{m+1} - \cdots - a_{2n}' x_n$$
$$\vdots$$
$$x_m = b_m' - a_{m,m+1}' x_{m+1} - \cdots - a_{mn}' x_n$$

即

$$x_i = b_i' - \sum_{j=m+1}^{n} a_{ij}' x_j \quad i=1, 2, \cdots, m \tag{1-7}$$

将式（1-7）代入目标函数式中，整理得

$$z = \sum_{i=1}^{m} c_i b_i' + \sum_{j=m+1}^{n} \left[c_j - \sum_{i=1}^{m} c_i a_{ij}' \right] x_j \tag{1-8}$$

令 $z_0 = \sum_{i=1}^{m} c_i b_i', z_j = \sum_{i=1}^{m} c_i a_{ij}', j = m+1, \cdots, n$ ，于是

$$z = z_0 + \sum_{j=m+1}^{n} (c_j - z_j) x_j$$

再令 $\sigma_j = c_j - z_j$, $j = m+1, \cdots, n$, 其中 σ_j 称为检验数, 则有

$$z = z_0 + \sum_{j=m+1}^{n} \sigma_j x_j \qquad (1\text{-}9)$$

由于 $z_0 = \sum_{i=1}^{m} c_i b_i'$ 是常数, 式 (1-9) 表明, 可以用检验数 σ_j 表示目标函数中的价值系数 c_j 。

定理 1-1 最优解的判别定理 若 $X^{(0)} = [b_1', b_2' \cdots, b_m', 0, \cdots, 0]^{\mathrm{T}}$ 为对应于基 B 的一个基可行解, 对于一切 $j = m+1, \cdots, n$, 有检验数 $\sigma_j \leqslant 0$, 则 $X^{(0)}$ 为最优解。

事实上, 在式 (1-9) 中, 因为 $\sigma_j \leqslant 0$, $x_j \geqslant 0$, 所以对一切 x_j 都有 $z \leqslant z_0$ 。因此, $X^{(0)}$ 为最优解。

定理 1-2 无穷多最优解的判别定理 若 $X^{(0)} = [b_1', b_2' \cdots, b_m', 0, \cdots, 0]^{\mathrm{T}}$ 为对应于基 B 的一个基可行解, 对于一切 $j = m+1, \cdots, n$, 有检验数 $\sigma_j \leqslant 0$, 且存在某个非基变量对应的检验数 $\sigma_{m+k} = 0$, 且存在另一个最优解, 则该线性规划问题有无穷多个最优解。

证明: 令决策变量为 $X = [x_1, x_2, \cdots, x_{m+1}, \cdots, x_{m+k}, \cdots, x_n]^{\mathrm{T}}$, $X^{(0)} = [b_1', b_2' \cdots, b_m', 0, \cdots, 0]^{\mathrm{T}}$ 为线性规划问题的一个最优解。则有

$$z = z_0 + \sum_{j=m+1}^{n} \sigma_j x_j , \quad z_0 = \sum_{i=1}^{m} c_i b_i'$$

若让原来的非基变量仍取值为 0 (x_{m+k} 除外), 则有

$$x_1^{(1)} = b_1' - a_{1,m+k}' x_{m+k}^{(1)}$$
$$x_2^{(1)} = b_2' - a_{2,m+k}' x_{m+k}^{(1)}$$
$$\cdots \cdots$$
$$x_m^{(1)} = b_m' - a_{2,m+k}' x_{m+k}^{(1)}$$

存在 $a_{i,m+k}' > 0$ 时, 取 $x_{m+k}^{(1)} = \dfrac{\min}{a_{i,m+k}'} \left\{ \dfrac{b_i'}{a_{i,m+k}'} \right\} = \dfrac{b_q'}{a_{q,m+k}'} > 0$, 这时 $x_q^{(1)} = b_q' - a_{q,m+k}' x_{m+k}^{(1)} = 0$,

$x_i^{(1)} \geqslant 0$ $(i = 1, 2, \cdots, m; i \neq q)$ 从而, 我们可以得到一个可行解

$$X^{(1)} = [x_1^{(1)}, x_2^{(1)}, \cdots, x_q^{(1)}, \cdots, x_m^{(1)}, 0, \cdots, 0, x_{m+k}^{(1)}, 0, \cdots, 0]^{\mathrm{T}}$$

$$z = \sum_{j=1}^{n} c_j x_j^{(1)} = \sum_{\substack{i=1 \\ i \neq q}}^{m} c_i x_i^{(1)} + c_{m+k} x_{m+k}^{(1)} = \sum_{\substack{i=1 \\ i \neq q}}^{m} c_i (b_i' - c_i a_{i,m+k}' x_{m+k}^{(1)}) + c_{m+k} x_{m+k}^{(1)}$$

$$= \sum_{i=1}^{m} c_i b_i' - c_q b_q' - \sum_{i=1}^{m} c_i a_{i,m+k}' x_{m+k}^{(1)} + c_q a_{q,m+k}' x_{m+k}^{(1)} + c_{m+k} x_{m+k}^{(1)}$$

$$= \sum_{i=1}^{m} c_i b_i' - \sum_{i=1}^{m} c_i a_{i,m+k}' x_{m+k}^{(1)} + c_{m+k} x_{m+k}^{(1)} = \sum_{i=1}^{m} c_i b_i' + (c_{m+k} - \sum_{i=1}^{m} c_i a_{i,m+k}') x_{m+k}^{(1)}$$

$$= \sum_{i=1}^{m} c_i b_i' + \sigma_{m+k} x_{m+k}^{(1)} = \sum_{i=1}^{m} c_i b_i' = z_0$$

故 $X^{(1)}$ 也是最优解。由于 $X^{(1)} \neq X^{(0)}$, 它们的凸组合 $X = \alpha X^{(0)} + (1-\alpha) X^{(1)}$ 也是最优解。

定理 1-3 无界解的判别定理 若 $X^{(0)} = [b_1', b_2' \cdots, b_m', 0, \cdots, 0]^{\mathrm{T}}$ 为对应于基 B 的一个基可行解, 存在某个非基变量对应的检验数 $\sigma_{m+k} > 0$, 并且对应的变量系数 $a_{i,m+k}' \leqslant 0$, $i = 1, 2, \cdots, m$, 则该线性规划问题有无界解 (或称为无最优解)。

证明: 构造一个线性规划问题的新解 $X^{(1)}$, 它的分量为

$$x_i^{(1)} = b_i' - a_{i,m+k}' \lambda (\lambda > 0; i = 1, 2, \cdots, m)$$
$$x_{m+k}^{(1)} = \lambda$$

$$x_j^{(1)} = 0(j = m+1, \cdots, n, \text{但} j \neq m+k)$$

由于 $a'_{i,m+k} \leq 0, i = 1,2\cdots,m$ ，所以对任意的 $\lambda > 0$ 都是可行解。把 $x^{(1)}$ 代入式（1-9）中，$z = z_0 + \sum_{j=m+1}^{n} \sigma_j x_j = z_0 + \lambda \sigma_{m+k}$ ，当 $\lambda \to +\infty$ 时，由于 $\sigma_{m+k} > 0$ ，从而 $z \to +\infty$ 。可见，该线性规划问题目标函数无界。

1.3.5 单纯形法的计算步骤与单纯形表

单纯形表求解线性规划问题的具体步骤为：

（1）找出初始可行基，确定初始基可行解，建立初始单纯形表。

（2）根据各非基变量的检验数对线性规划问题解的情况进行判别。

① 若所有非基变量 x_j （ $j = m+1, \cdots, n$ ）的检验数 $\sigma_j \leq 0$ ，则已得到最优解，问题求解完成。否则转入下一步。

② 若存在非基变量 x_j ，其检验数 $\sigma_j > 0$ ，但对 $i = 1,2,\cdots,m$ ，有 $a_{i,j} \leq 0$ ，则此问题为无界解，停止计算。否则转入下一步。

（3）根据 $\max(\sigma_j \geq 0) = \sigma_k$ ，确定 x_k 为换入变量。如果有两个或多个相同的最大值，选取下标最小的非基变量 x_k 为换入变量。

（4）按 θ 规则，计算 $\theta = \min\left(\dfrac{b_i}{a_{ik}}\middle| a_{ik} > 0\right) = \dfrac{b_l}{a_{lk}}$ ，确定 x_l 为换出变量。如果有两个或多个相同的最小值，选取下标最小的基变量为换出变量。

（5）以 a_{lk} 为主元素进行迭代（运用矩阵的初等行变换），把 x_k 所对应的列向量 $P_k = (a_{1k}, a_{2x}, \cdots, a_{lk}, \cdots, a_{mk})^{\mathrm{T}}$ 转变为第 l 个元素为 1 的向量 $(0 \quad \cdots \quad 0 \quad 1 \quad 0 \quad \cdots \quad 0)^{\mathrm{T}}$ 。同时，将 X_B 列的 x_l 换为 x_k ， C_B 列的 c_l 换为 c_k ，得到新的单纯形表。

重复步骤（2）～（5），直到问题求解结束。

单纯形法的求解过程，就是从一个基可行解转换到另一个相邻的基可行解，每一次基变换，从几何意义上说，就是从一个顶点转换到另一个顶点。

单纯形算法的实质是将非基变量视为一组参数，并将目标函数和基变量都表示成为由非基变量表示的形式。用一个矩阵来表示单纯形法迭代中所需要的全部信息，这就是单纯形表，单纯形法基本计算步骤可以在单纯形表中来完成，如表 1-4 所示。

表 1-4 单纯形表

c_j			c_1	$\cdots$	c_m	c_{m+1}	$\cdots$	C_n	θ_i
C_B	X_B	b	x_1	$\cdots$	x_m	x_{m+1}	$\cdots$	x_n	
c_1	x_1	b_1	1	$\cdots$	0	$a_{1,m+1}$		a_{1n}	θ_1
c_2	x_2	b_2	0	$\cdots$	0	$a_{2,m+1}$	$\cdots$	a_{2n}	θ_2
$\vdots$	$\vdots$	$\vdots$	$\vdots$	$\cdots$	$\vdots$	$\vdots$	$\cdots$	$\vdots$	$\vdots$
c_m	x_m	b_m	0	$\cdots$	1	$a_{m,m+1}$		a_{mn}	θ_m
$c_j - z_j$			0	$\cdots$	0	$c_{m+1} - \sum\limits_{i=1}^{m} c_i a_{i,m+1}$	$\cdots$	$c_n - \sum\limits_{i=1}^{m} c_i a_{in}$	

例 1-6 求线性规划问题：

$$\max z = 2x_1 + 3x_2$$

$$\text{s.t.}\begin{cases} x_1 + 2x_2 \leqslant 8 \\ 4x_1 \qquad \leqslant 16 \\ \qquad 4x_2 \leqslant 12 \\ x_j \geqslant 0, \quad j = 1,2 \end{cases}$$

解： 引入松弛变量 x_3，x_4，x_5（x_3，x_4，$x_5 \geqslant 0$），约束条件化成等式，将原问题进行标准化，得

$$\max z = 2x_1 + 3x_2$$

$$\text{s.t.}\begin{cases} x_1 + 2x_2 + x_3 \qquad\qquad = 8 \\ 4x_1 \qquad\quad + x_4 \qquad = 16 \\ \qquad 4x_2 \qquad\quad + x_5 = 12 \\ x_j \geqslant 0, \quad j = 1,2,3,4,5 \end{cases}$$

（1）确定初始可行基为单位矩阵 $I=[P_3, P_4, P_5]$，基变量为 x_3，x_4，x_5，非基变量为 x_1，x_2，则有

$$\max z = 2x_1 + 3x_2$$

$$\text{s.t.}\begin{cases} x_3 = 8 - x_1 - 2x_2 \\ x_4 = 16 - 4x_1 \\ x_5 = 12 - 4x_2 \\ x_j \geqslant 0, \quad j = 1,2,3,4,5 \end{cases}$$

对应的基可行解 $X^{(0)}=(x_1,x_2,x_3,x_4,x_5)=(0,0,8,16,12)^T$，目标值 $Z=2\times0+3\times0+0\times8+0\times16+0\times12=0$。

将例题求解过程列成单纯形表表格形式，如表 1-5 ~ 表 1-8 所示。

表 1-5　例 1-6 初始单纯形表

	c_j		2	3	0	0	0	
C_B	X_B	b	x_1	x_2	x_3	x_4	x_5	θ
0	x_3	8	1	2	1	0	0	4
0	x_4	16	4	0	0	1	0	—
0	x_5	12	0	[4]	0	0	1	3
	c_j-z_j		2	3	0	0	0	

（2）根据

$$\sigma_{m+k} = \max_j\{\sigma_j | \sigma_j > 0\}, \quad j = 1,2$$

$$\theta_{\min} = \min_{a_{i,k}}\left\{\frac{b_1'}{a_{1,k}'}, \frac{b_2'}{a_{2,k}'}, \frac{b_3'}{a_{3,k}'}\right\} = \frac{b_l'}{a_{l,k}'}$$

确定换入、换出变量后，以 a_{lk} 为主轴元素进行迭代（即高斯消元法或称为旋转运算），把 x_k 换入基变量，对应系数列向量调成单位列向量。

在上述例题中，表 1-5 中非基变量对应的检验数分别为

$$\sigma_1 = c_1 - z_1 = 2 - (0\times1 + 0\times4 + 0\times0) = 2$$

$$\sigma_2 = c_2 - z_2 = 3 - (0\times2 + 0\times0 + 0\times4) = 3$$

因检验数大于 0，$\max(\sigma_1,\sigma_2) = \max(2,3) = 3$，对应的 x_2 为换入变量，计算 θ，

$$\theta_{\min} = \min\left\{\frac{8}{2}, -, \frac{12}{3}\right\} = 3$$

x_2 替换 x_5

$$\begin{cases} x_3 = 2 - x_1 + \dfrac{1}{2}x_5 \\ x_4 = 16 - 4x_1 \\ x_2 = 3 - \dfrac{1}{4}x_5 \\ x_j \geqslant 0, \quad j=1,2,3,4,5 \end{cases}$$

对应的新的基可行解

$X^{(1)} = (0,3,2,16,0)^{\mathrm{T}}$，目标函数取值 $Z=9$。

表 1-6 例 1-6 单纯形表的迭代过程

c_j		2	3	0	0	0	
$C_B X_B$	b	x_1	x_2	x_3	x_4	x_5	θ_i
0 x_3	2	[1]	0	1	0	−1/2	2
0 x_4	16	4	0	0	1	0	4
3 x_2	3	0	1	0	0	1/4	—
$c_j - z_j$		2	0	0	0	−3/4	

进行旋转运算，得到表 1-7。

表 1-7 例 1-6 单纯形表的迭代过程

c_j		2	3	0	0	0	
$C_B X_B$	b	x_1	x_2	x_3	x_4	x_5	θ_i
2 x_1	2	1	0	1	0	−1/2	—
0 x_4	8	0	0	−4	1	[2]	4
3 x_2	3	0	1	0	0	1/4	12
$c_j - z_j$		0	0	−2	0	1/4	

x_5 换入，x_4 换出，再次进行旋转运算，得到表 1-8。

表 1-8 例 1-6 最优单纯形表

c_j		2	3	0	0	0	
$C_B X_B$	b	x_1	x_2	x_3	x_4	x_5	θ_i
2 x_1	4	1	0	0	1/4	0	
0 x_5	4	0	0	−2	1/2	1	
3 x_2	2	0	1	1/2	−1/8	0	
$c_j - z_j$		0	0	−1.5	−1/8	0	

非基变量检验数 $\sigma_3 = c_3 - \sum\limits_{i=1}^{m} c_i a'_{i3} = -1.5$，$\sigma_4 = c_4 - \sum\limits_{i=1}^{m} c_i a'_{i4} = -1/8$，则该线性规划具有唯一最优解，最优解是 $x_1^* = 4, x_2^* = 2, x_3^* = 0, x_4^* = 0, x_5^* = 4$，目标函数最优值 $z^* = 14$。

例 1-7 求线性规划问题：

$$\max z = 2x_1 + 4x_2$$
$$\begin{cases} x_1 + 2x_2 \leqslant 8 \\ x_1 \leqslant 4 \\ x_2 \leqslant 3 \\ x_{1,2} \geqslant 0 \end{cases}$$

解：引入松弛变量 x_3，x_4，x_5（x_3，x_4，$x_5 \geq 0$），约束条件化成等式，将原问题进行标准化，得

$$\max z = 2x_1 + 4x_2$$

$$\begin{cases} x_1 + 2x_2 + x_3 & = 8 \\ x_1 & + x_4 & = 4 \\ x_2 & + x_5 = 3 \\ x_{1,2,3,4,5} \geq 0 \end{cases}$$

建立单纯形表，并进行迭代运算，如表 1-9 所示。

表 1-9 例 1-7 单纯形表的迭代过程

C_B	X_B	b	x_1	x_2	x_3	x_4	x_5	θ
	c_j		2	4	0	0	0	
0	x_3	8	1	2	1	0	0	4
0	x_4	4	1	0	0	1	0	—
0	x_5	3	0	[1]	0	0	1	3
	c_j-z_j		2	4	0	0	0	
0	x_3	2	[1]	0	1	0	−2	2
0	x_4	4	1	0	0	1	0	4
4	x_2	3	0	1	0	0	1	
	c_j-z_j		2	0	0	0	−4	
2	x_1	2	1	0	1	0	−2	
0	x_4	2	0	0	−1	1	2	
4	x_2	3	0	1	0	0	1	
	c_j-z_j		0	0	−2	0	0	

非基变量检验数 $\sigma_3 = -2, \sigma_4 = 0$，迭代已经得到最优解 $X^* = (2,3,0,2,0)^T$，$Z^* = 16$，由于 $\sigma_5 = 0$，如果以 x_5 作为换入变量，x_4 作为换入变量，再次旋转运算，得表 1-10。

表 1-10 例 1-7 最优单纯形表

C_B	X_B	b	x_1	x_2	x_3	x_4	x_5	θ
	c_j		2	4	0	0	0	
2	x_1	4	1	0	0	1	0	
0	x_5	1	0	0	−1/2	1/2	1	
4	x_2	2	0	1	1/2	−1/2	0	
	c_j-z_j		0	0	−2	0	0	

非基变量检验数 $\sigma_3 = -2, \sigma_5 = 0$，得到该线性规划另一最优解，$X^* = (4,2,0,0,1)^T$，$Z^* = 16$，所以该线性规划具有无穷多最优解。

例 1-8 求线性规划问题：

$$\max z = x_1 + x_2$$

$$\begin{cases} x_1 - 2x_2 \leq 2 \\ -2x_1 + x_2 \leq 2 \\ -x_1 + x_2 \leq 4 \\ x_1 \geq 0, x_2 \geq 0 \end{cases}$$

解：引入松弛变量 x_3，x_4，x_5（x_3，x_4，$x_5 \geq 0$），约束条件化成等式，将原问题进行标准

化，得

$$\max z = x_1 + x_2$$

$$\begin{cases} x_1 - 2x_2 + x_3 & = 2 \\ -2x_1 + x_2 + x_4 & = 2 \\ -x_1 + x_2 + x_5 & = 4 \\ x_{1,2,3,4,5} \geqslant 0 \end{cases}$$

建立单纯形，并进行迭代运算，如表 1-11 所示。

表 1-11　例 1-8 单纯形表的迭代过程

	c_j		1	1	0	0	0	θ
C_B	X_B	b	x_1	x_2	x_3	x_4	x_5	
0	x_3	2	[1]	12	1	0	0	2
0	x_4	2	-2	1	0	1	0	—
0	x_5	4	-1	1	0	0	1	—
	$c_j - z_j$		1	1	0	0	0	
1	x_1	2	1	-2	1	0	0	
0	x_4	6	0	-3	2	1	0	
0	x_5	6	0	-1	1	0	1	
	$c_j - z_j$		0	3	-1	0	0	

本例第 2 个单纯形表中，非基变量 x_2 对应的检验数 $\sigma_2 > 0$，并且对应的变量系数 $a_{i,2}' \leqslant 0$（$i = 1, 2, 3$），根据无界解判定定理，该线性规划问题有无界解（或无最优解）。

如果从方程角度来看，第 2 个表格还原为线性方程

$$\max z = 3x_2 - x_3 + 2$$

$$\begin{cases} x_1 - 2x_2 + x_3 & = 2 \\ -3x_2 + 2x_3 + x_4 & = 6 \\ -x_2 + x_3 + x_5 & = 6 \end{cases}$$

即

$$\begin{cases} x_1 = 2 + 2x_2 - x_3 \\ x_4 = 6 + 3x_2 - 2x_3 \\ x_5 = 6 + x_2 - x_3 \end{cases}$$

令 $x_3 = 0$，则

$$\begin{cases} x_1 = 2 + 2x_2 \\ x_4 = 6 + 3x_2 \\ x_5 = 6 + x_2 \end{cases}$$

此时，若 x_2 进基，则 x_1, x_4, x_5 会和基变量 x_2 同时增加，同时目标函数值无限增长，所以本题无界。

1.4　单纯形法的进一步讨论

用单纯形法求解线性规划问题时，通常选单位矩阵为初始可行基，但有时标准化后的约

束方程系数矩阵不包含单位矩阵的全部列向量。当线性规划方程的约束条件为"="或"≥"时，标准化后的约束方程系数矩阵不包含单位矩阵全部列向量，为了便于找到初始基可行解，可以引入人工变量，构造人工可行基，人为产生一个单位矩阵，作为初始可行基。

引用人工变量是用单纯形法求解线性规划问题时解决可行解问题的常用方法。人工变量法的基本思路是若原线性规划问题的系数矩阵中没有构成可行基的完整的单位列向量，则在约束方程中加入一个人工变量，便可在系数矩阵中增加一个单位列向量。由于单位矩阵可以作为基阵，因此可选加入的人工变量为基变量。然后，再通过基变换，使得基变量中不含非零的人工变量。如果在最终的单纯形表中还存在非零的人工变量，则表示线性规划问题无可行解。

对于如下线性规划问题

$$\max z = c_1 x_1 + c_2 x_2 + \cdots + c_n x_n$$

$$\text{s.t.} \begin{cases} a_{11} x_1 + a_{12} x_2 + \cdots + a_{1n} x_n = b_1 \\ a_{21} x_1 + a_{22} x_2 + \cdots + a_{2n} x_n = b_2 \\ \quad\quad\quad\quad\quad \vdots \\ a_{m1} x_1 + a_{m2} x_2 + \cdots + a_{mn} x_n = b_m \\ x_1, x_2, \cdots, x_n \geq 0 \end{cases}$$

首先分别对每个约束方程中加入一个人工变量 $x_{n+1}, x_{n+2}, \cdots, x_{n+m}$ 得到

$$\max z = c_1 x_1 + c_2 x_2 + \cdots + c_n x_n$$

$$\text{s.t.} \begin{cases} a_{11} x_1 + a_{12} x_2 + \cdots + a_{1n} x_n + x_{n+1} = b_1 \\ a_{21} x_1 + a_{22} x_2 + \cdots + a_{2n} x_n + x_{n+2} = b_2 \\ \quad\quad\quad\quad\quad \vdots \\ a_{m1} x_1 + a_{m2} x_2 + \cdots + a_{mn} x_n + x_{n+m} = b_m \\ x_1, x_2, \cdots, x_n, x_{n+1}, \cdots, x_{n+m} \geq 0 \end{cases}$$

这样我们就可选 $x_{n+1}, \cdots, x_{n+m}$ 为基变量，令非基变量 $x_1, x_2, \cdots, x_n = 0$，便可以得到一个初始基可行解 $X^{(0)} = [0, 0, \cdots, 0, b_1, b_2, \cdots, b_m]^T$。

下面介绍两种含有人工变量的线性规划求解方法：大 M 法与两阶段法。

1.4.1 大 M 法

由于人工变量对相应约束方程的恒等性具有破坏性，只要人工变量取值大于 0，原方程的恒等性就会被破坏，目标函数值就不可能是最优，若人工变量取值等于 0，原方程的恒等性就不受到影响。大 M 法下单纯形法的寻优机制会自动将人工变量由基变量转换为非基本量。

当目标函数为 max z，对应的人工变量目标函数价值系数为 $-M$；当目标函数为 min z，对应的人工变量目标函数价值系数为 $+M$，其中 M 为充分大的正数。根据最优检验数判别定理进行基的转换，使得人工变量逐渐换出基底，再寻求原问题的最优解。这种方法我们通常称其为大 M 法，又称惩罚法。

例 1-9 用单纯形法求解线性规划问题：

$$\max z = 2x_1 + 3x_2 - 5x_3$$

$$\text{s.t} \begin{cases} x_1 + x_2 + x_3 = 7 \\ 2x_1 - 5x_2 + x_3 \geq 10 \\ x_1, x_2, x_3 \geq 0 \end{cases}$$

解：将原问题转化为标准型

$$\max z = 2x_1 + 3x_2 - 5x_3$$

$$\text{s.t.} \begin{cases} x_1 + x_2 + x_3 = 7 \\ 2x_1 - 5x_2 + x_3 - x_5 = 10 \\ x_1, x_2, x_3, x_5 \geq 0 \end{cases}$$

然后，再添加人工变量 x_4, x_6，将原线性规划问题变为

$$\max z = 2x_1 + 3x_2 - 5x_3 - Mx_4 - Mx_6$$

$$\text{s.t.} \begin{cases} x_1 + x_2 + x_3 + x_4 = 7 \\ 2x_1 - 5x_2 + x_3 - x_5 + x_6 = 10 \\ x_1, x_2, \cdots, x_6 \geq 0 \end{cases}$$

列出初始单纯形表，在单纯形法迭代运算中，将 M 当作一个充分大的正数进行运算。检验数中含 M 符号的，当 M 的系数为正时，该检验数为正；当 M 的系数为负时，该项检验数为负。

取基变量为 x_4, x_6，建立单纯形表，迭代计算过程如表 1-12 ~ 表 1-14 所示。

表 1-12 例 1-9 初始单纯形表

	c_j		2	3	-5	-M	0	-M	θ_i
C_B	X_B	b	x_1	x_2	x_3	x_4	x_5	x_6	
-M	x_4	7	1	1	1	1	0	0	7
-M	x_6	10	[2]	-5	1	0	-1	1	5
	c_j-z_j		2+3M	3-4M	-5+2M	0	-M	0	

表 1-13 例 1-9 单纯形表的迭代过程

	c_j		2	3	-5	-M	0	-M	θ_i
C_B	X_B	b	x_1	x_2	x_3	x_4	x_5	x_6	
-M	x_4	2	0	[3.5]	0.5	1	0.5	-0.5	4/7
2	x_1	5	1	-2.5	0.5	0	-0.5	0.5	—
	c_j-z_j		0	8+3.5M	-6+0.5M	0	1+0.5M	-1-1.5M	

表 1-14 例 1-9 最优单纯形表

	c_j		2	3	-5	-M	0	-M	θ_i
C_B	X_B	b	x_1	x_2	x_3	x_4	x_5	x_6	
3	x_2	4/7	0	1	0.142857	0.285714	0.142857	-0.14286	—
2	x_1	45/7	1	0	0.857143	0.714286	-0.14286	0.142857	—
	c_j-z_j		0	0	-7.14286	-2.28571-M	-0.14286	0.142857-M	

在最优单纯形表中，人工变量 $x_4 = 0$，$x_6 = 0$，所以线性规划问题有最优解，最优解为 $x_1^* = 45/7$，$x_2^* = 4/7$，$x_3^* = 0$，目标函数值：$z^* = 102/7$。

在最优单纯形表中，如果人工变量仍不为零，则线性规划无最优解。

1.4.2 两阶段法

在用手工计算求解线性规划问题时，用大 M 法处理人工变量不会有问题。但用电子计算

机求解时，对 M 就只能在计算机内输入一个机器最大字长的数字。如果线性规划问题中的一些参数值与这个代表 M 的数相对比较接近，或远远小于这个数字，由于计算机计算时取值上的误差，有可能使计算结果发生错误。

为了克服这个困难，设计分两个阶段来计算添加人工变量的线性规划问题，第一阶段先求原线性规划问题的一个基可行解（人工变量由基变量换出为非基变量）；第二阶段从此可行解出发，继续寻找问题的最优解。这种方法通常称为两阶段法。

原理：当目标函数为 $\max z$，对应的人工变量目标系数为 -1；当目标函数为 $\min z$，对应的人工变量目标系数为 +1。

第一阶段将原目标函数系数暂时取零值。根据最优检验数判别定理进行基的转换，使得人工变量逐渐换出基变量。第二阶段再去掉人工变量对应的列，恢复原线性规划问题的目标函数系数，继续迭代找寻原问题的最优解。

例 1-10 用单纯形法求解线性规划问题：

$$\max z = 2x_1 + 3x_2 - 5x_3$$
$$\text{s.t.}\begin{cases} x_1 + x_2 + x_3 = 7 \\ 2x_1 - 5x_2 + x_3 \geqslant 10 \\ x_1, x_2, x_3 \geqslant 0 \end{cases}$$

解：将原问题转化为标准型

$$\max z = 2x_1 + 3x_2 - 5x_3$$
$$\text{s.t.}\begin{cases} x_1 + x_2 + x_3 = 7 \\ 2x_1 - 5x_2 + x_3 - x_5 = 10 \\ x_1, x_2, x_3, x_5 \geqslant 0 \end{cases}$$

第一阶段。先在以上问题的约束条件中加入人工变量，给出第一阶段的线性规划问题：

$$\max \omega = -x_4 - x_6$$
$$\text{s.t.}\begin{cases} x_1 + x_2 + x_3 + x_4 = 7 \\ 2x_1 - 5x_2 + x_3 - x_5 + x_6 = 10 \\ x_1, x_2, \cdots, x_6 \geqslant 0 \end{cases}$$

这里取基变量为 x_4, x_6，建立单纯形表并迭代运算，可得表 1-15 ~ 表 1-17。

表 1-15 例 1-10 第一阶段初始单纯形表

	c_j		0	0	0	-1	0	-1	θ_i
C_B	X_B	b	x_1	x_2	x_3	x_4	x_5	x_6	
-1	x_4	7	1	1	1	1	0	0	7
-1	x_6	10	[2]	-5	1	0	-1	1	5
	$c_j - z_j$		3	-4	2	0	-1	0	

表 1-16 例 1-10 第一阶段单纯形表的迭代过程

	c_j		0	0	0	-1	0	-1	θ_i
C_B	X_B	b	x_1	x_2	x_3	x_4	x_5	x_6	
-1	x_4	2	0	[3.5]	0.5	1	0.5	-0.5	4/7
0	x_1	5	1	-2.5	0.5	0	-0.5	0.5	—
	$c_j - z_j$		0	3.5	0.5	0	0.5	-1.5	

表1-17 例1-10第一阶段最优单纯形表

	c_j		0	0	0	−1	0	−1	θ_i
C_B	X_B	b	x_1	x_2	x_3	x_4	x_5	x_6	
0	x_2	4/7	0	1	1/7	2/7	1/7	−1/7	
0	x_1	45/7	1	0	0.857143	0.714286	−0.14286	0.142857	
	$c_j−z_j$		0	0	0	−1	0	−1	

这里 x_4、x_6 是人工变量。第一阶段我们已求得 $\omega=0$，因人工变量 $x_6=0$，$x_4=0$，所以$(45/7, 4/7, 0, 0)^T$ 是原问题的基本可行解。于是可以进入第二阶段的计算。

第二阶段。将第一阶段的最终计算表中的人工变量所在列取消，并将目标函数系数换成原问题的目标函数系数，重新计算检验数行，可得如下第二阶段的单纯形表，如表1-18所示。

表1-18 例1-10第二阶段最优单纯形表

	c_j		2	3	−5	0	θ_i
C_B	X_B	b	x_1	x_2	x_3	x_5	
3	x_2	4/7	0	1	1/7	1/7	
2	x_1	45/7	1	0	0.857143	−0.14286	
	$c_j−z_j$		0	0	−7.14286	−0.14286	

所有检验数 $\sigma_j \leqslant 0$，所以 $x_1{}^*=45/7$，$x_2{}^*=4/7$，$x_3{}^*=0$ 是原线性规划问题的最优解，目标函数值：$z^*=102/7$。

1.5 线性规划应用举例与分析

线性规划目前应用非常广泛也非常成功，但由于实际问题是复杂的、千变万化的，因此要根据问题的求解目标，分析问题内在逻辑关系，正确构建线性规划模型。

例 1-11 （合理下料问题）某工厂要制作 100 套专用钢架，每套钢架需要用长为 2.9m、2.1m 和 1.5m 的圆钢各一根。已知原料每根长 7.4m，现考虑应如何下料，可使所用原料最省？

解：利用 7.4m 长的圆钢截成 2.9m、2.1m、1.5m 的圆钢共有表1-19所示的 8 种下料方案。

表1-19 下料方案表

方案 毛坯/m	方案1	方案2	方案3	方案4	方案5	方案6	方案7	方案8
2.9	2	1	1	1	0	0	0	0
2.1	0	2	1	0	3	2	1	0
1.5	1	0	1	3	0	2	3	4
合计	7.3	7.1	6.5	7.4	6.3	7.2	6.6	6.0
剩余料头	0.1	0.3	0.9	0.0	1.1	0.2	0.8	1.4

一般情况下，可以设 $x_1, x_2, x_3, x_4, x_5, x_6, x_7, x_8$ 分别为上面 8 种方案下料的原材料根数，根据

目标的要求，建立如下目标函数。

材料根数最少：

$$\min z = x_1 + x_2 + x_3 + x_4 + x_5 + x_6 + x_7 + x_8$$

约束方程是要满足各种方案剪裁得到的 2.9m、2.1m、1.5m 三种圆钢各自不少于 100 个，即

2.9m：$2x_1 + x_2 + x_3 + x_4 \geq 100$

2.1m：$2x_2 + x_3 + 3x_5 + 2x_6 + x_7 \geq 100$

1.5m：$x_1 + x_3 + 3x_4 + 2x_6 + 3x_7 + 4x_8 \geq 100$

非负条件　$x_1, x_2, x_3, x_4, x_5, x_6, x_7, x_8 \geq 0$

这样可建立如下数学模型：

$$\min z = x_1 + x_2 + x_3 + x_4 + x_5 + x_6 + x_7 + x_8$$

$$\text{s.t.} \begin{cases} 2x_1 + x_2 + x_3 + x_4 & \geq 100 \\ 2x_2 + x_3 + 3x_5 + 2x_6 + x_7 & \geq 100 \\ x_1 + x_3 + 3x_4 + 2x_6 + 3x_7 + 4x_8 & \geq 100 \\ x_1, x_2, x_3, x_4, x_5, x_6, x_7, x_8 \geq 0 \end{cases}$$

利用单纯形法求解可得：$x^* = (10, 50, 0, 30, 0, 0, 0, 0)^\mathrm{T}$，最少使用的材料为 90（根），各种圆钢数均正好 100 个。

有同学可能会考虑从料头最省的角度建立模型：

$$\min z = 0.1x_1 + 0.3x_2 + 0.9x_3 + 0x_4 + 1.1x_5 + 0.2x_6 + 0.8x_7 + 1.4x_8$$

$$\text{s.t.} \begin{cases} 2x_1 + x_2 + x_3 + x_4 & \geq 100 \\ 2x_2 + x_3 + 3x_5 + 2x_6 + x_7 & \geq 100 \\ x_1 + x_3 + 3x_4 + 2x_6 + 3x_7 + 4x_8 & \geq 100 \\ x_1, x_2, x_3, x_4, x_5, x_6, x_7, x_8 \geq 0 \end{cases}$$

利用单纯形法求解可得：$x^* = (0, 0, 0, 100, 0, 50, 0, 0)^\mathrm{T}$，最少的剩余料头为 10m。这时 2.9m 和 2.1m 的圆钢数正好 100 个，而 1.5m 的圆钢数多 300 个。显然，这不是最优解，为什么会出现误差呢？仔细思考会发现，原因出现在方案 4 的剩余料头为零，求解过程中目标函数最小对它失去了作用。

例 1-12　（连续投资问题）某企业现有资金 200 万元，计划在今后 5 年内给 A，B，C，D 4 个项目投资。根据有关情况的分析得知：

对于项目 A，从第一年到第五年，每年年初都可进行投资，当年末就能收回本利 110%；

对于项目 B，从第一年到第四年，每年年初都可进行投资，当年末能收回本利 125%，但是要求每年最大投资额不能超过 30 万元；

对于项目 C，若投资则必须在第三年年初投资，到第五年年末能收回本利 140%，但是限制最大投资额不能超过 80 万元；

对于项目 D，若投资则需在第二年年初投资，到第五年年末能收回本利 155%，但是规定最大投资额不能超过 100 万元；

根据测定每万元每次投资的风险指数为：项目 A 为 1，项目 B 为 3，项目 C 为 4，项目 D 为 5.5。

问题：应如何确定这些项目的每年投资额，使得第五年年末拥有资金的本利金额为最大？

解：（1）确定决策变量。本题是一个连续投资的问题，由于需要考虑每年年初对不同项目的投资数，为了便于理解，建立双下标决策变量。

设 $x_{ij}(i=1,2,3,4,5;\ j=1,2,3,4)$ 表示第 i 年初投资于项目 A($j=1$)、项目 B($j=2$)、项目 C($j=3$)、项目 D($j=4$)的金额。根据题意，我们建立如下决策变量：

	第一年年初	第二年年初	第三年年初	第四年年初	第五年年初
项目 A	x_{11}	x_{21}	x_{31}	x_{41}	x_{51}
项目 B	x_{12}	x_{22}	x_{32}	x_{42}	
项目 C			x_{33}		
项目 D		x_{24}			

（2）考虑约束条件。由于项目 A 的投资当年末就可以收回本息，因此在每一年的年初必然把所有的资金都投入到各项目中，否则一定不是最优的。下面我们分年来考虑。

第一年年初：由于只有项目 A 和项目 B 可以投资，又应把全部 200 万元资金投出去，于是有：

$$x_{11}+x_{12}=200$$

第二年年初：由于项目 B 要次年年末才可收回投资，故第二年年初的资金只有第一年年初对项目 A 投资后在年末收回的本利 $110\% x_{11}$，而投资项目为 A，B 和 D，于是有：

$$x_{21}+x_{22}+x_{24}=1.1x_{11}$$

整理后得：

$$-1.1x_{11}+x_{21}+x_{22}+x_{24}=0$$

第三年年初：年初的资金为第二年年初对项目 A 投资后在年末收回的本利 $110\% x_{21}$，以及第一年年初对项目 B 投资后在年末收回的本利 $125\% x_{12}$。可投资项目有 A，B 和 C，于是有：

$$x_{31}+x_{32}+x_{33}=1.1x_{21}+1.25x_{12}$$

整理后得：

$$-1.1x_{21}-1.25x_{12}+x_{31}+x_{32}+x_{33}=0$$

第四年年初：年初的资金为第三年年初对项目 A 投资后在年末收回的本利 $110\% x_{31}$，以及第二年年初对项目 B 投资后在年末收回的本利 $125\% x_{22}$。可投资项目只有 A 和 B，于是有：

$$x_{41}+x_{42}=1.1x_{31}+1.25x_{22}$$

整理后得：

$$-1.1x_{31}-1.25x_{22}+x_{41}+x_{42}=0$$

第五年年初：年初的资金为第四年年初对项目 A 投资后在年末收回的本利 $110\% x_{41}$，以及第三年年初对项目 B 投资后在年末收回的本利 $125\% x_{32}$。可投资项目只有 A，于是有：

$$x_{51}=1.1x_{41}+1.25x_{32}$$

整理后得：

$$-1.1x_{41}-1.25x_{32}+x_{51}=0$$

其他的还有项目 B，C，D 的投资限制以及各决策变量的非负约束。

项目 B 的投资限制：　　$x_{i2} \leq 30$（$i = 1, 2, 3, 4$）

项目 C 的投资限制：　　$x_{33} \leq 80$

项目 D 的投资限制：　　$x_{24} \leq 100$

各决策变量的非负约束：x_{i1}，x_{j2}，x_{33}，$x_{24} \geq 0$（$i = 1, 2, 3, 4, 5$；$j = 1, 2, 3, 4$）

（3）建立目标函数。问题要求在第五年末公司这 200 万元用于 4 个项目投资的运作获得本利最大，而第五年末的本利获得有 4 项：

第五年年初对项目 A 投资后，在年末收回的本利 110% x_{51}；

第四年年初对项目 B 投资后，在年末收回的本利 125% x_{42}；

第三年年初对项目 C 投资后，在年末收回的本利 140% x_{33}；

第二年年初对项目 D 投资后，在年末收回的本利 155% x_{24}。

于是得到目标函数为：

$$z = 1.1x_{51} + 1.25x_{42} + 1.4x_{33} + 1.55x_{24}$$

根据上面的分析得到线性规划模型：

$$\max z = 1.1x_{51} + 1.25x_{42} + 1.4x_{33} + 1.55x_{24}$$

$$\text{s.t.} \begin{cases} x_{11} + x_{12} = 200 \\ -1.1x_{11} + x_{21} + x_{22} + x_{24} = 0 \\ -1.1x_{21} - 1.25x_{12} + x_{31} + x_{32} + x_{33} = 0 \\ -1.1x_{31} - 1.25x_{22} + x_{41} + x_{42} = 0 \\ -1.1x_{41} - 1.25x_{32} + x_{51} = 0 \\ x_{i2} \leq 30 \ (i = 1, 2, 3, 4) \\ x_{33} \leq 80 \\ x_{24} \leq 100 \\ x_{i1}, x_{i2}, x_{33}, x_{24} \geq 0 \ (i = 1, 2, 3, 4, 5; \ j = 1, 2, 3, 4) \end{cases}$$

例 1-13　（场地租借问题）某厂在今后四个月内需租用仓库堆存货物。已知各个月所需的仓库面积数如表 1-20 所示。又知，当租借合同期限越长时，场地租借费用享受的折扣优待越大，有关数据如表 1-21 所示。

表 1-20　场地面积需求

月份 i	1	2	3	4
所需场地面积（百米²）	15	10	20	12

表 1-21　场地租借费用

合同租借期限	1 个月	2 个月	3 个月	4 个月
租借费用（元/百米²）	2800	4500	6000	7300

租借仓库的合同每月都可办理，每份合同应具体说明租借的场地面积和租借期限。工厂在任何一个月初办理签约时可签一份，也可同时签若干份租借场地面积数和租借期限不同的合同。为使所付的场地总租借费用最小，试建立一个线性规划模型。

解：设 x_{ij} 为第 i 个月初签订的租借期限为 j 个月的合同租借面积（单位：百米^2），于是，有下列决策变量：

一月签订：$\quad x_{11} \qquad x_{12} \qquad x_{13} \qquad x_{14}$

二月签订：$\qquad\qquad\quad x_{21} \qquad x_{22} \qquad x_{23}$

三月签订：$\qquad\qquad\qquad\qquad x_{31} \qquad x_{32}$

四月签订：$\qquad\qquad\qquad\qquad\qquad\quad x_{41}$

各个月生效的合同的租借面积为：

第一个月：$x_{11} + x_{12} + x_{13} + x_{14}$

第二个月：$x_{12} + x_{13} + x_{14} + x_{21} + x_{22} + x_{23}$

第三个月：$x_{13} + x_{14} + x_{22} + x_{23} + x_{31} + x_{32}$

第四个月：$x_{14} + x_{23} + x_{32} + x_{41}$

从而，我们得如下线性规划模型：

$$\min z = 2800 \sum_{i=1}^{4} x_{i1} + 4500 \sum_{i=1}^{3} x_{i2} + 6000 \sum_{i=1}^{2} x_{i3} + 7300 x_{14}$$

$$\text{s.t.} \begin{cases} x_{11} + x_{12} + x_{13} + x_{14} \geqslant 15 \\ x_{12} + x_{13} + x_{14} + x_{21} + x_{22} + x_{23} \geqslant 10 \\ x_{13} + x_{14} + x_{22} + x_{23} + x_{31} + x_{32} \geqslant 20 \\ x_{14} + x_{23} + x_{32} + x_{41} \geqslant 12 \\ x_{1j} \geqslant 0, \ j = 1, \cdots, 4 \\ x_{2j} \geqslant 0, \ j = 1, 2, 3 \\ x_{31} \geqslant 0, \ x_{32} \geqslant 0, \ x_{41} \geqslant 0 \end{cases}$$

例 1-14 （环境保护问题）某河流旁设置有甲、乙两座化工厂，如图 1-3 所示。已知流经甲厂的河水日流量为 $500 \times 10^4 \, \text{m}^3$，在两厂之间有一条河水日流量为 $200 \times 10^4 \, \text{m}^3$ 的支流。甲、乙两厂每天生产工业污水分别为 $2 \times 10^4 \, \text{m}^3$ 和 $1.4 \times 10^4 \, \text{m}^3$，甲厂排出的污水经过主流和支流交叉点 P 后已有 20% 被自然净化。按环保要求，河流中工业污水的含量不得超过 0.2%，为此两厂必须自行处理一部分工业污水，甲、乙两厂处理每万立方米污水的成本分别为 1000 元和 800 元。问：在满足环保要求的条件下，各厂每天应处理多少污水，才能使两厂的总费用最少？试建立规划模型。

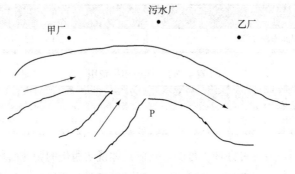

图 1-3 河流及工厂位置

解：设甲、乙两厂每天分别处理污水量为 x、y（单位：$10^4 \, \text{m}^3$）

目标函数 $\min z = 1000x + 800y$

在甲厂到 P 点之间，河水中污水含量不得超过 0.2%，所以满足

$$\frac{2-x}{500} \leqslant \frac{2}{1000}$$

在 P 点到乙厂之间，河水中污水含量也不得超过 0.2%，所以应满足

$$\frac{(2-x)(1-0.2)}{500+200} \leqslant \frac{2}{1000}$$

流经乙厂以后，河水中污水含量仍不得超过 0.2%，所以应满足

$$\frac{(2-x)(1-0.2)+(1.4-y)}{500+200} \leqslant \frac{2}{1000}$$

综上，得线性规划模型：

$$\min z = 1000x + 800y$$

$$\text{s.t.} \begin{cases} x \geqslant 1 \\ 0.8x + y \geqslant 1.6 \\ x \leqslant 2 \\ y \leqslant 1.4 \\ x \geqslant 0, \ y \geqslant 0 \end{cases}$$

求解结果为 $x = 1 \times 10^4 \text{m}^3, y = 0.8 \times 10^4 \text{m}^3$，总费用最少为 1640 元。

1.6　软件求解线性规划问题

运筹学软件工具有很多，如 Spreadsheet、Mathematica、Matlab、QSB、LINDO、LINGO 等，这里就 Spreadsheet 及 Mathematica 在线性规划中的应用作一介绍。

Spreadsheet 建模与求解是近年来国际上流行的、使用面较广的一种运筹学求解工具，它是在 Excel 内置的规划求解模块中对需要解决的问题进行描述与展开，然后建立求解模型，并使用 Excel 的命令与功能进行模拟、优化等分析。Excel 直观的界面、出色的计算功能和图表工具，使其成为最流行的微机数据处理软件之一。运用 Spreadsheet 不但可以处理线性规划问题，还可处理整数规划、目标规划、图论、网络计划、对策论、排队论、存储论等经典的运筹学问题。Spreadsheet 建模与求解具有操作简便、界面友好的特点，可以方便、快捷地求出运筹学问题的解，特别是使用者不需要经过太多培训就可以掌握，非常适合于企业日常管理决策工作的需要。

Mathematica 是世界著名的数学软件，它是美国犹太裔学者 Wolfram S. 及其伙伴所开发的一个科学计算软件。它拥有范围广泛的数学计算功能，支持比较复杂的数值计算和符号计算，目前它已被应用于许多科学领域，包括物理、生物、社会学等学科。Mathematica 在运筹学的线性规划、整数规划、动态规划、最短路等内容中都能发挥其强大的计算功能。

下面通过开篇案例来分析 Spreadsheet 求解的一般过程。

例 1-15 某昼夜服务的电信客户服务中心，每天各时间段内所需客户服务人员数如表 1-22 所示。

表 1-22 时间分段及人数需求

班次	时间	所需人数
1	6：00—10：00	60
2	10：00—14：00	70
3	14：00—18：00	60
4	18：00—22：00	50
5	22：00—2：00	20
6	2：00—6：00	30

设客户服务中心客户服务人员分别在各时间段一开始时上班，并连续工作八小时，问该客户服务中心怎样安排客户服务人员，既能满足工作需要，又只需配备最少客户服务人员？

解：设 x_i 表示第 i 班次时开始上班的客户服务人员数，建立如下求解模型。

目标函数：$\min f(x) = x_1 + x_2 + x_3 + x_4 + x_5 + x_6$

约束条件：s.t.
$$\begin{cases} x_1 + x_6 \geqslant 60 \\ x_1 + x_2 \geqslant 70 \\ x_2 + x_3 \geqslant 60 \\ x_3 + x_4 \geqslant 50 \\ x_4 + x_5 \geqslant 20 \\ x_5 + x_6 \geqslant 30 \\ x_1, x_2, x_3, x_4, x_5, x_6 \geqslant 0 \end{cases}$$

且 $x_1, x_2, x_3, x_4, x_5, x_6$ 为整数

下面就该案例来说明如何利用 Spreadsheet 来求解。

Spreadsheet 中的"规划求解"模块可以求解该问题，在使用"规划求解"前需要加载该模块。在 Excel 2010 版本中，首先要进入 Excel 主界面，单击主界面左上角的"文件"选项卡，在列表中单击"选项"，这时会弹出"Excel 选项"对话框，在对话框中单击"加载项"，在对话框中的"管理"下拉列表中选择"Excel 加载项"（一般默认情况下不用选择），然后再单击"转到"命令，这时会弹出"加载宏"对话框，在对话框中勾选"规划求解加载项"，再单击"确定"，"规划求解"工具便加载完成了，这时在"数据"选项卡中就会出现"规划求解"，这时便可以在 Excel 2010 中使用规划求解了。（加载后在每次启动 Excel 2010 时，都会自动加载该工具。）

（1）将求解模型及数据输入 Spreadsheet 工作表中。在工作表中的 B1~G1 单元格分别输入 $x_1, x_2, x_3, x_4, x_5, x_6$，B2~G2 单元格分别表示决策变量的取值。B3~G9 单元格数据为技术系数矩阵，H3~H9 单元格值为目标函数及约束 1~6 不等式符号左边部分，如 H3=SUMPRODUCT(B3:G3,B2:G2)，即 H3=1*x_1+1*x_2+1*x_3+1*x_4+1*x_5+1*x_6，其余 H4~H9 含义雷同。I4~I9 单元格数据为约束 1~6 不等式符号右端系数，如图 1-4 所示。

	A	B	C	D	E	F	G	H	I
		x1	x2	x3	x4	x5	x6		
1								目标函数及约束1~6	
2	决策变量								
3	目标函数	1	1	1	1	1	1	0	右端系数
4	约束1系数	1	0	0	0	0	0	0	60
5	约束2系数	1	1	0	0	0	0	0	70
6	约束3系数	0	1	1	0	0	0	0	60
7	约束4系数	0	0	1	1	0	0	0	50
8	约束5系数	0	0	0	1	1	0	0	20
9	约束6系数	0	0	0	0	1	1	0	30
10									

图 1-4　Spreadsheet 数据输入

（2）单击"工具"菜单中的"规划求解"命令，弹出"规划求解参数"对话框，如图 1-5 所示。在"规划求解参数"对话框中设置目标单元格为 H3，选中"最小值"前的单选按钮，设置可变单元格为 B2:G2。单击"规划求解参数"对话框中的"添加"按钮，打开"添加约束"对话框，单击单元格引用位置文本框，然后选定工作表的 H4 单元格，则在文本框中显示"H4"，选择">="约束条件，在约束值文本框中输入 I4 单元格，则在文本框中显示"I4"。单击"添加"按钮，把所有的约束条件都添加到"规划求解参数"对话框的"约束"列表框中。由于这里 6 个约束不等式符号都是">="，因此可以一次输入。按照同样的方法继续输入决策变量的非负约束与整数约束，如图 1-5 所示。

图 1-5　"规划求解参数"对话框

（3）在"规划求解参数"对话框中单击"求解"按钮，弹出"规划求解结果"对话框，选中"保存规划求解结果"前的单选按钮，单击"确定"按钮，工作表中就显示出规划求解的结果，如图 1-6 所示。

	A	B	C	D	E	F	G	H	I
		x1	x2	x3	x4	x5	x6		
1								目标函数及约束1~6	
2	决策变量	45	25	35	15	15	15		
3	目标函数	1	1	1	1	1	1	150	右端系数
4	约束1系数	1	0	0	0	0	0	60	60
5	约束2系数	1	1	0	0	0	0	70	70
6	约束3系数	0	1	1	0	0	0	60	60
7	约束4系数	0	0	1	1	0	0	50	50
8	约束5系数	0	0	0	1	1	0	30	20
9	约束6系数	0	0	0	0	1	1	30	30
10									

图 1-6　求解结果显示

从图 1-6 中可以看出，该客户服务中心 6 个班次开始上班的客户服务人员数分别为 45 人、25 人、35 人、15 人、15 人、15 人，既能满足工作需要，又只需配备最少客户服务人员，配备最少客户服务人员数为 150 人。如果要生成运算结果报告，可在"规划求解结果"对话框中选择"报告"列表框中的"运算结果报告"。单击"确定"按钮，则产生运算结果报告表，在该表中对约束条件和结果作出了更为详细的说明。

本章小结

线性规划与单纯形法是运筹学中研究较早、发展较快、应用广泛、方法较成熟的一个重要分支，它是辅助人们进行科学管理决策的一种重要数学方法。线性规划为合理地利用有限的人力、物力、财力等资源做出最优决策，提供科学的依据。随着计算机技术的发展和普及，线性规划的应用越来越广泛，它已成为人们为合理利用有限资源制订最佳决策的有力工具。

习题

1. 用图解法求解线性规划：

$$\min z = -3x_1 + 2x_2$$
$$\begin{cases} 2x_1 + 4x_2 \leqslant 22 \\ -x_1 + 4x_2 \leqslant 10 \\ 2x_1 - x_2 \leqslant 7 \\ x_1 - 3x_2 \leqslant 1 \\ x_1, x_2 \geqslant 0 \end{cases}$$

2. 用图解法求解线性规划：

$$\min z = 2x_1 + x_2$$
$$\begin{cases} -x_1 + 4x_2 \leqslant 24 \\ x_1 + x_2 \geqslant 8 \\ 5 \leqslant x_1 \leqslant 10 \\ x_2 \geqslant 0 \end{cases}$$

3. 用图解法求解线性规划：

$$\max z = 5x_1 + 6x_2$$
$$\text{s.t.} \begin{cases} 2x_1 - x_2 \geqslant 2 \\ -2x_1 + 3x_2 \leqslant 2 \\ x_1, x_2 \geqslant 0 \end{cases}$$

4. 用图解法求解线性规划：

$$\max z = 2x_1 + x_2$$
$$\begin{cases} 5x_1 \leqslant 15 \\ 6x_1 + 2x_2 \leqslant 24 \\ x_2 + x_2 \leqslant 5 \\ x_1, x_2 \geqslant 0 \end{cases}$$

5. 用图解法求解线性规划：

$$\max z = 2x_1 + 3x_2$$

$$\begin{cases} x_1 + 2x_2 \leqslant 8 \\ 4x_1 \leqslant 16 \\ 4x_2 \leqslant 12 \\ x_j \geqslant 0, \ j = 1,\ 2 \end{cases}$$

6. 将线性规划模型化为标准形式：

$$\min z = x_1 - 2x_2 + 3x_3$$

$$\begin{cases} x_1 + x_2 + x_3 \leqslant 7 \\ x_1 - x_2 + x_3 \geqslant 2 \\ -3x_1 + x_2 + 2x_3 = -5 \\ x_1 \geqslant 0, \ x_2 \geqslant 0, \ x_3 \ \text{无约束} \end{cases}$$

7. 将线性规划模型化为标准形式：

$$\min z = x_1 + 2x_2 + 3x_3$$

$$\begin{cases} -2x_1 + x_2 + x_3 \leqslant 9 \\ -3x_1 + x_2 + 2x_3 \geqslant 4 \\ 4x_1 - 2x_2 - 3x_3 = -6 \\ x_1 \leqslant 0, \ x_2 \geqslant 0, \ x_3 \ \text{无约束} \end{cases}$$

8. 用单纯形法求解下面线性规划问题的解：

$$\max z = 3x_1 + 3x_2 + 4x_3$$

$$\begin{cases} 3x_1 + 4x_2 + 5x_3 \leqslant 40 \\ 6x_1 + 4x_2 + 3x_3 \leqslant 66 \\ x_1, x_2, x_3 \geqslant 0 \end{cases}$$

9. 用单纯形法求解线性规划问题：

$$\max z = 70x_1 + 120x_2$$

$$\begin{cases} 9x_1 + 4x_2 \leqslant 360 \\ 4x_1 + 6x_2 \leqslant 200 \\ 3x_1 + 10x_2 \leqslant 300 \\ x_1, x_2 \geqslant 0 \end{cases}$$

10. 用单纯形法求解线性规划问题：

$$\max z = 4x_1 + 3x_2$$

$$\begin{cases} 2x_1 + 2x_2 \leqslant 3000 \\ 5x_1 + 2.5x_2 \leqslant 4000 \\ x_1 \leqslant 500 \\ x_1, x_2 \geqslant 0 \end{cases}$$

11. 用单纯形法求解线性规划问题：

$$\max z = 10x_1 + 6x_2 + 4x_3$$

$$\begin{cases} x_1 + x_2 + x_3 \leqslant 100 \\ 10x_1 + 4x_2 + 5x_3 \leqslant 600 \\ 2x_1 + 2x_2 + 6x_3 \leqslant 300 \\ x_1, x_2, x_3 \geqslant 0 \end{cases}$$

12. 用单纯形法求解线性规划问题：

$$\max z = 2x_1 + x_2$$

$$\begin{cases} 5x_2 \leqslant 15 \\ 6x_1 + 2x_2 \leqslant 24 \\ x_1 + x_2 \leqslant 5 \\ x_1 \geqslant 0, \ x_2 \geqslant 0 \end{cases}$$

13. 用单纯形法求解线性规划问题：

$$\max z = 2.5x_1 + x_2$$

$$\text{s.t.} \begin{cases} 3x_1 + 5x_2 \leqslant 15 \\ 5x_1 + 2x_2 \leqslant 10 \\ x_1, x_2 \geqslant 0 \end{cases}$$

14. 用单纯形法求解线性规划问题：

$$\max z = 2x_1 + x_2$$

$$\begin{cases} 5x_2 \leqslant 15 \\ 6x_1 + 2x_2 \leqslant 24 \\ x_1 + x_2 \leqslant 5 \\ x_1 \geqslant 0, \ x_2 \geqslant 0 \end{cases}$$

15. 用单纯形法求解线性规划问题：

$$\max z = x_1 + x_2$$

$$\begin{cases} x_1 - 2x_2 \leqslant 2 \\ -2x_1 + x_2 \leqslant 2 \\ -x_1 + x_2 \leqslant 4 \\ x_1 \geqslant 0, \ x_2 \geqslant 0 \end{cases}$$

16. 用单纯形法求解线性规划问题：

$$\max z = 2x_1 + 4x_2$$

$$\begin{cases} x_1 + 2x_2 \leqslant 8 \\ x_1 \leqslant 4 \\ x_2 \leqslant 3 \\ x_1 \geqslant 0, \ x_2 \geqslant 0 \end{cases}$$

17. 用单纯形法求解线性规划问题：

$$\max z = 3x_1 + 5x_2$$

$$\begin{cases} x_1 + \leqslant 4 \\ 2x_2 \leqslant 12 \\ 3x_1 + 2x_2 \leqslant 18 \\ x_1 \geqslant 0, \ x_2 \geqslant 0 \end{cases}$$

18. 用大 M 法求解线性规划问题：

$$\min z = 5x_1 + 2x_2 + 4x_3$$

$$\begin{cases} 3x_1 + x_2 + 2x_3 \geqslant 4 \\ 6x_1 + 3x_2 + 5x_3 \geqslant 10 \\ x_1, x_2, x_3 \geqslant 0 \end{cases}$$

19. 用大 M 法求解线性规划问题:

$$\min z = 540x_1 + 450x_2 + 720x_3$$

$$\begin{cases} 3x_1 + 5x_2 + 9x_3 \geq 70 \\ 9x_1 + 5x_2 + 3x_3 \geq 30 \\ x_1, x_2, x_3 \geq 0 \end{cases}$$

20. 用人工变量法求解线性规划问题:

$$\min z = -3x_1 + x_3$$

$$\begin{cases} x_1 + x_2 + x_3 \leq 4 \\ -2x_1 + x_2 - x_3 \geq 1 \\ 3x_2 + x_3 = 9 \\ x_1 \geq 0, \ x_2 \geq 0, \ x_3 \geq 0 \end{cases}$$

21. 用人工变量法求解线性规划问题:

$$\min z = -3x_1 - 2x_2$$

$$\begin{cases} 2x_1 + x_2 \leq 2 \\ 3x_1 + 4x_2 \geq 12 \\ x_1 \geq 0, \ x_2 \geq 0 \end{cases}$$

22. 某厂生产甲、乙两种产品,这两种产品均需要 A、B、C 三种资源,每种产品的资源消耗量及单位产品销售后所能获得的利润值以及这三种资源的储备如表 1-23 所示。

表 1-23　单位产品资源消耗量及利润

	A	B	C	
甲	9	4	3	70
乙	4	6	10	120
	360	200	300	

试建立使得该厂能获得最大利润的生产计划的线性规划模型。

23. 某公司生产甲、乙两种产品,生产所需原材料、工时和零件等有关数据如表 1-24 所示。

表 1-24　原材料、工时和零件数据

	甲	乙	可用量
原材料（吨/件）	2	2	3000 吨
工时（工时/件）	5	2.5	4000 工时
零件（套/件）	1		500 套
产品利润（元/件）	4	3	

建立使利润最大的生产计划的数学模型。

24. 一家工厂制造甲、乙、丙 3 种产品,需要 3 种资源——技术服务、劳动力和行政管理。每种产品的资源消耗量、单位产品销售后所能获得的利润值以及这 3 种资源的储备量如表 1-25 所示。

表 1-25　单位产品的资源消耗量与利润

	技术服务	劳动力	行政管理	单位利润
甲	1	10	2	10
乙	1	4	2	6
丙	1	5	6	4
资源储备量	100	600	300	

建立使得该厂能获得最大利润的生产计划的线性规划模型。

25．工厂每月生产 A、B、C 3 种产品，单件产品的原材料消耗量、设备台时的消耗量、资源限量及单件产品利润如表 1-26 所示。

表 1-26　单件产品资源消耗量与利润

资源＼产品	A	B	C	资源限量
材料（kg）	1.5	1.2	4	2500
设备（台时）	3	1.6	1.2	1400
利润（元/件）	10	14	12	

根据市场需求，预测 3 种产品最低月需求量分别是 150 件、260 件、120 件，最高需求量是 250 件、310 件、130 件，试建立该问题数学模型，使每月利润最大。

26．A、B 两种产品，都需要经过前后两道工序，每一个单位产品 A 需要前道工序 1 小时和后道工序 2 小时，每单位产品 B 需要前道工序 2 小时和后道工序 3 小时。可供利用的前道工序有 11 小时，后道工序有 17 小时。每加工一个单位产品 B 的同时，会产生两个单位的副产品 C，且不需要任何费用，产品 C 一部分可出售盈利，其余只能加以销毁。出售 A、B、C 的利润分别为 3 元、7 元、2 元，每单位产品 C 的销毁费用为 1 元。预测表明，产品 C 最多只能售出 13 个单位。试建立总利润最大的生产计划数学模型。

27．某公司生产的产品 A，B，C 和 D 都要经过下列工序：刨、立铣、钻孔和装配。已知每单位产品所需工时及本月四道工序可用生产时间如表 1-27 所示。

表 1-27　单位产品所需工时及工序可用生产时间

	刨	立铣	钻孔	装配
A	0.5	2.0	0.5	3.0
B	1.0	1.0	0.5	1.0
C	1.0	1.0	1.0	2.0
D	0.5	1.0	1.0	3.0
可用生产时间（小时）	1800	2800	3000	6000

又知 4 种产品对利润贡献及本月最少销售需要单位如表 1-28 所示。

表 1-28　产品利润贡献与本月最少销售需求

产品	最少销售需要单位	元/单位
A	100	2

产品	最少销售需要单位	元/单位
B	600	3
C	500	1
D	400	4

问该公司该如何安排生产，可使利润收入为最大？试建立求解模型。

28. 某食品厂在第一车间用 1 单位原料 N 可加工 3 单位产品 A 及 2 单位产品 B，产品 A 可以按单位售价 8 元出售，也可以在第二车间继续加工，单位生产费用要增加 6 元，加工后单位售价增加 9 元。产品 B 可以按单位售价 7 元出售，也可以在第三车间继续加工，单位生产费用要增加 4 元，加工后单位售价可增加 6 元。原料 N 的单位购入价为 2 元，上述生产费用不包括工资在内。3 个车间每月最多有 20 万工时，每工时工资 0.5 元，每加工 1 单位 N 需要 1.5 工时，若 A 继续加工，每单位需 3 工时，如 B 继续加工，每单位需 2 工时。原料 N 每月最多能得到 10 万单位。问如何安排生产，使工厂获利最大？试建立求解模型。

29. 某工厂明年根据合同，每个季度末向销售公司提供产品，有关信息如表 1-29 所示，若当季生产的产品过多，季末有积余，则一个季度每积压一吨产品需支付存贮费 0.2 万元。现该厂考虑明年的最佳生产方案，使该厂在完成合同的情况下全年的生产费用最低，试建立线性规划模型。

表 1-29 季度生产能力、生产成本、需求量表

季度 j	生产能力 a_j（吨）	生产成本 d_j（万元/吨）	需求量 b_j（吨）
1	30	15.0	20
2	40	14.0	20
3	20	15.3	30
4	10	14.8	10

30. 甲方战略轰炸机队指挥官得到了摧毁乙方坦克生产能力的命令。根据情报，乙方有 3 个生产坦克部件的工厂，位于不同的地点。只要破坏其中任一个工厂的生产设施，就可以有效地停止乙方坦克的生产。

该轰炸机队现有重型和中型两种轰炸机，其数量和燃油耗量如表 1-30 所示。

表 1-30 飞机类型、数量和燃油耗量

编号 $i^\#$	飞机类型	每千米耗油量（升）	飞机架数
1#	重型	1.9	40
2#	中型	1.26	28

根据情报分析，空军基地与各工厂的距离和各类型飞机命中目标的概率如表 1-31 所示。

表 1-31 距离和命中目标概率

工厂 $j^\#$	距离（千米）	摧毁目标概率	
		重型（1#）	中型（2#）
1#	450	0.10	0.08

工厂 $j^{\#}$	距离（千米）	摧毁目标概率	
		重型（$1^{\#}$）	中型（$2^{\#}$）
$2^{\#}$	480	0.20	0.16
$3^{\#}$	570	0.15	0.12

甲方为完成此项任务至多能提供 2818212 升汽油。而对于任何类型飞机，不论去轰炸哪一个工厂，都必须有足够往返的燃料和 455 升备用燃料。试问指挥官为执行任务应向 3 个工厂派遣每种类型的飞机各多少架，才能使成功的概率最大？

第2章 对偶理论与灵敏度分析

学习目标

- 对偶问题
- 对偶定理
- 对偶单纯形法
- 灵敏度分析

开篇案例

某工厂在计划期内要安排生产甲、乙两种产品，已知生产单位产品所需要的设备台时及 A、B 两种原材料的消耗量，该工厂每生产一件产品甲可获利 2 元，每生产一件产品乙可获利 3 元，如表 2-1 所示。

表 2-1 生产单位产品设备台时、原材料消耗量和资源拥有量

资源 \ 产品	甲	乙	资源拥有量
设备	1	2	8 台时
原材料 A	4	0	16kg
原材料 B	0	4	12kg

假设该工厂决定不再生产甲、乙产品，而将其出租或出售，这时该如何考虑每种资源的定价？

解：设 y_1, y_2, y_3 分别为出租单位设备台时的租金和出让单位原材料 A、B 的附加额。试考虑，若用一个单位台时和 4 个单位原材料 A 生产一件产品甲，可获利 2 元，那么生产每件产品甲的设备台时和原材料出租和出让的收入应不低于生产一件甲产品的利润，即 $y_1 + 4y_2 \geq 2$。同理，将生产每件乙产品的设备台时和原材料出租和出让的收入应不低于生产一件乙产品的利润，即 $2y_1 + 4y_3 \geq 3$。将工厂所有设备台时和资源都出租和出让，其收入为 $\omega = 8y_1 + 16y_2 + 12y_3$。

对工厂来说，ω 越大越好，但对接受者来说，支付的越少越好，所以工厂只能在满足大于等于所有产品的利润前提下，使其总收入尽可能小，才能实现其愿望。为此，得到如下模型：

$$\min \omega = 8y_1 + 16y_2 + 12y_3$$

$$\begin{cases} y_1 + 4y_2 & \geqslant 2 \\ 2y_1 & + 4y_3 \geqslant 3 \\ y_j \geqslant 0, \quad j = 1, 2, 3 \end{cases}$$

通过该模型的求解，即可得到工厂出租和出让 3 种资源的收入不低于生产产品的定价策略。

2.1 线性规划问题的对偶及其变换

对偶理论是线性规划中的重要内容之一，每个线性规划问题都伴随一个与之相对应的线性规划问题，一个问题称为原问题，另一个则称为其对偶问题。原问题与对偶问题有着非常密切的关系，对偶理论深刻地揭示了原问题和对偶问题的内在联系，为进一步深入研究线性规划理论提供了依据。

2.1.1 对偶问题的提出

例 2-1 已知资料如表 2-2 所示，问怎样安排生产计划，才能使得既能充分利用现有资源，又能使得总利润最大？

表 2-2 单位产品资源消耗与利润

单件消耗　　　　产品　　资源	甲	乙	资源限制
A	5	2	200
B	2	3	100
C	1	5	150
单件利润	10	18	

根据线性规划理论，可假设甲、乙两种产品的产量分别为 x_1、x_2 件，使得总利润最大：

$$\max z = 10x_1 + 18x_2$$

$$\begin{cases} 5x_1 + 2x_2 \leqslant 200 \\ 2x_1 + 3x_2 \leqslant 100 \\ x_1 + 5x_2 \leqslant 150 \\ x_1, x_2 \geqslant 0 \end{cases}$$

如果从另一个角度来讨论这个问题，现假设：该厂的决策者不是考虑自己生产甲、乙两种产品，而是将厂里的现有资源用于接受外来加工任务，只收取加工费。试问该决策者应如何制定合理的收费标准（接受外来加工任务利润至少不比生产产品获利少）。

这个问题可以从两个方面来思考：（1）要求每种资源收回的费用不能低于自己生产时的可获利润；（2）定价又不能太高，因为要使对方能够接受。

假设 y_1, y_2, y_3 分别为 3 种资源的收费定价，每种资源收回的费用不能低于自己生产时的可获利润，所以有

$$\begin{cases} 5y_1 + 2y_2 + y_3 \geqslant 10 \\ 2y_1 + 3y_2 + 5y_3 \geqslant 18 \\ y_1, y_2, y_3 \geqslant 0 \end{cases}$$

从承租方来看，是使租金 $200y_1 + 100y_2 + 150y_3$ 最少，则对承租方应有如下模型：

$$\min \omega = 200y_1 + 100y_2 + 150y_3$$

$$\begin{cases} 5y_1 + 2y_2 + y_3 \geqslant 10 \\ 2y_1 + 3y_2 + 5y_3 \geqslant 18 \\ y_1, y_2, y_3 \geqslant 0 \end{cases}$$

对以上模型进行求解，得出的结果就是租赁双方决策者认为的最优方案。

把生产模型（原问题）与租赁模型（对偶问题）进行对比：

$$\max z = 10x_1 + 18x_2$$

$$\begin{cases} 5x_1 + 2x_2 \leqslant 200 \\ 2x_1 + 3x_2 \leqslant 100 \quad （原问题） \\ x_1 + 5x_2 \leqslant 150 \\ x_1, x_2 \geqslant 0 \end{cases}$$

$$\min \omega = 200y_1 + 100y_2 + 150y_3$$

$$\begin{cases} 5y_1 + 2y_2 + y_3 \geqslant 10 \\ 2y_1 + 3y_2 + 5y_3 \geqslant 18 \quad （对偶问题） \\ y_1, y_2, y_3 \geqslant 0 \end{cases}$$

将站在生产者的立场上建立起来的数学模型同站在承租方立场上所建立的数学模型加以对比，可以发现它们的参数是一一对应的。即建立后一个模型并不需要在前一个模型的基础上增加任何补充信息。也即后一个线性规划问题是前一个线性规划问题从相反角度所作的阐述；如果前者称为线性规划的原问题，那么后者就称为其**对偶问题**。

2.1.2　对偶问题的一般形式

线性规划原问题的标准形式为：

$$\max z = c_1x_1 + c_2x_2 + \cdots + c_nx_n$$

$$\begin{cases} a_{11}x_1 + a_{12}x_2 + \cdots + a_{1n}x_n \leqslant b_1 \\ a_{21}x_1 + a_{22}x_2 + \cdots + a_{2n}x_n \leqslant b_2 \\ \qquad\qquad\vdots \\ a_{m1}x_1 + a_{m2}x_2 + \cdots + a_{mn}x_n \leqslant b_m \\ x_1, x_2, \cdots, x_n \geqslant 0 \end{cases} \qquad （2\text{-}1）$$

用 $y_i(i = 1, 2, \cdots, m)$ 代表第 i 种资源的估价，则其对偶问题的形式为：

$$\min \omega = b_1y_1 + b_2y_2 + \cdots + b_my_m$$

$$\begin{cases} a_{11}y_1 + a_{21}y_2 + \cdots + a_{m1}y_m \geqslant c_1 \\ a_{12}y_1 + a_{22}y_2 + \cdots + a_{m2}y_m \geqslant c_2 \\ \qquad\qquad\vdots \\ a_{1n}y_1 + a_{2n}y_2 + \cdots + a_{mn}y_m \geqslant c_n \\ y_i \geqslant 0 (i = 1, 2, \cdots, m) \end{cases} \qquad （2\text{-}2）$$

用矩阵形式表示，对称形式的线形规划问题的原问题为：

$$\max z = CX$$
$$\begin{cases} AX \leqslant b \\ X \geqslant 0 \end{cases} \qquad (2\text{-}3)$$

其对偶问题为：

$$\min \omega = Yb$$
$$\begin{cases} YA \geqslant C \\ Y \geqslant 0 \end{cases} \qquad (2\text{-}4)$$

如果将目标函数求极大值、约束条件取小于等于号、决策变量非负的线性规划问题称为对称形式的原问题，对称形式的原问题与其对偶问题的对应关系可概括为：

（1）若原问题目标函数求极大值，那么对偶问题目标函数求极小值；

（2）原问题决策变量的数目等于对偶问题约束条件的数目；

（3）原问题约束条件的数目等于对偶问题决策变量的数目；

（4）原问题的价值系数 c_j 成为对偶问题的资源系数 b_i；

（5）原问题的资源系数 b_i 成为对偶问题的价值系数 c_j；

（6）原问题的技术系数矩阵与对偶问题的技术系数矩阵互为转置；

（7）原问题约束条件为"≤"，对偶问题约束条件为"≥"；

（8）原问题决策变量大于等于零，对偶问题决策变量大于等于零。

一般地，如果原问题是 MAX 问题，则其对偶问题是 MIN 问题，按表 2-3 可将其对偶问题写出。

表 2-3　最大值原问题与最小值对偶问题相互关系

原问题		对偶问题
MAX 问题		MIN 问题
有 m 个约束条件		有 m 个变量
第 j 个约束条件为≤关系		第 j 个变量≥0
第 j 个约束条件为≥关系	一一对应	第 j 个变量≤0
第 j 个约束条件为等式关系		第 j 个变量无非负约束，是自由变量
第 i 个变量≥0		第 i 个约束条件为≥关系
第 i 个变量≤0		第 i 个约束条件为≤关系
第 i 个变量无非负约束，是自由变量		第 i 个约束条件为=关系
资源向量		价值向量
价值向量		资源向量

如果原问题是 MIN 问题，则其对偶问题是 MAX 问题，按表 2-4 可将其对偶问题写出。

表 2-4　最小值原问题与最大值对偶问题相互关系

原问题		对偶问题
MIN 问题	一一对应	MAX 问题
有 m 个约束条件		有 m 个变量

原问题		对偶问题
第 j 个约束条件为 ≤ 关系		第 j 个变量 ≤ 0
第 j 个约束条件为 ≥ 关系		第 j 个变量 ≥ 0
第 j 个约束条件为等式关系		第 j 个变量无非负约束，是自由变量
第 i 个变量 ≥ 0	一一对应	第 i 个约束条件为 ≤ 关系
第 i 个变量 ≤ 0		第 i 个约束条件为 ≥ 关系
第 i 个变量无非负约束，是自由变量		第 i 个约束条件为 = 关系
资源向量		价值向量
价值向量		资源向量

例 2-2 写出下列线性规划问题的对偶问题。

$$\max z = 2x_1 + 2x_2 - 4x_3$$

$$\begin{cases} x_1 + 3x_2 + 3x_3 \leqslant 30 \\ 4x_1 + 2x_2 + 4x_3 \leqslant 80 \\ x_1, \ x_2, \ x_3 \geqslant 0 \end{cases}$$

解： 其对偶问题为

$$\min w = 30y_1 + 80y_2$$

$$\begin{cases} y_1 + 4y_2 \geqslant 2 \\ 3y_1 + 2y_2 \geqslant 2 \\ 3y_1 + 4y_2 \geqslant -4 \\ y_1, \ y_2 \geqslant 0 \end{cases}$$

例 2-3 写出下列线性规划问题的对偶问题。

$$\min z = 2x_1 + 8x_2 - 4x_3$$

$$\begin{cases} x_1 + 3x_2 - 3x_3 \geqslant 30 \\ -x_1 + 5x_2 + 4x_3 = 80 \\ 4x_1 + 2x_2 - 4x_3 \leqslant 50 \\ x_1 \leqslant 0, \ x_2 \geqslant 0, \ x_3 无限制 \end{cases}$$

解： 其对偶问题为

$$\max w = 30y_1 + 80y_2 + 50y_3$$

$$\begin{cases} y_1 - y_2 + 4y_3 \geqslant 2 \\ 3y_1 + 5y_2 + 2y_3 \leqslant 8 \\ -3y_1 + 4y_2 - 4y_3 = -4 \\ y_1 \geqslant 0, \ y_2 无限制, \ y_3 \leqslant 0 \end{cases}$$

2.2　线性规划对偶问题的基本性质

假定原问题为：

$$\max z = \sum_{j=1}^{n} c_i x_j$$

$$\begin{cases} \sum_{j=1}^{m} a_{ij}x_j \leqslant b_i \ (i=1,\cdots,m) \\ x_j \geqslant 0 \ (j=1,\cdots,n) \end{cases} \tag{2-5}$$

其对偶问题为：

$$\max w = \sum_{i=1}^{m} b_i x_i$$

$$\begin{cases} \sum_{i=1}^{m} a_{ij}x_i \geqslant c_j \ (i=1,\cdots,m) \\ x_j \geqslant 0 \ (j=1,\cdots,n) \end{cases} \tag{2-6}$$

性质 1（对称性） 对偶问题的对偶问题是原问题。

证明：设原问题为

$$\max z = CX$$
$$\text{s.t.} \begin{cases} AX \leqslant b \\ X \geqslant 0 \end{cases} \tag{2-7}$$

对偶问题为

$$\min w = Yb$$
$$\text{s.t.} \begin{cases} YA \geqslant C \\ Y \geqslant 0 \end{cases} \tag{2-8}$$

对偶问题的对偶问题为

$$\max \varphi = CU$$
$$\text{s.t.} \begin{cases} AU \leqslant b \\ U \geqslant 0 \end{cases} \tag{2-9}$$

比较式（2-7）和式（2-9），显然二者是等价的，命题得证。

性质 2（弱对偶性） 设原问题为式（2-7），对偶问题为式（2-8），$\bar{X}$ 是原问题的任意一个可行解，$\bar{Y}$ 是对偶问题的任意一个可行解，那么总有

$$C\bar{X} \leqslant \bar{Y}b \tag{2-10}$$

证明：根据式（2-7），由于 $AX \leqslant b$，又由于 $\bar{Y} \geqslant 0$，从而必有

$$\bar{Y}A\bar{X} \leqslant \bar{Y}b \tag{2-11}$$

根据式（2-8），由于 $YA \geqslant c$，又由于 $\bar{X} \geqslant 0$，从而必有

$$\bar{Y}A\bar{X} \geqslant C\bar{X} \tag{2-12}$$

结合式（2-11）和式（2-12），立即可得 $C\bar{X} \leqslant \bar{Y}b$，命题得证。

性质 3（最优性） 设 X^* 是原问题式（2-7）的可行解，Y^* 是对偶问题式（2-8）的可行解，$CX^* = Y^*b$ 时，X^* 是原问题式（2-7）的最优解，Y^* 是对偶问题式（2-8）的最优解。

证明：设 $\bar{X}$ 是式（2-7）的最优解，那么有

$$C\bar{X} \geqslant CX^* \quad\quad\quad (2\text{-}13)$$

由于 $CX^* = Y^*b$ ，那么

$$C\bar{X} \geqslant Y^*b \quad\quad\quad (2\text{-}14)$$

根据弱对偶性质，又有

$$C\bar{X} \leqslant Y^*b \quad\quad\quad (2\text{-}15)$$

从而 $C\bar{X} = CX^*$ ，也就是 X^* 是原问题式(2-7)的最优解。

同理，也可证明 Y^* 是对偶问题式(2-8)的最优解。

性质 4（无界性）设原问题为无界解，则对偶问题无解。

证明： 用反证法证明。设原问题为式(2-7)，对偶问题为式(2-8)。假定对偶问题有解，那么存在一个可行解为 $\bar{Y}$ 。这时对偶问题的目标函数值为 $\bar{Y}b = T$ 。由于原问题为无界解，那么一定存在一个可行解 $\bar{X}$ 满足 $C\bar{X} > T$ ，因此 $C\bar{X} > \bar{Y}b$ 。而根据弱对偶性，又有 $C\bar{X} \leqslant \bar{Y}b$ ，发生矛盾。从而对偶问题没有可行解。

性质 5（强对偶性、对偶性定理）若原问题有最优解，那么对偶问题也有最优解，且最优目标函数值相等。

证明： 设 B 为原问题式(2-7)的最优基，那么当基为 B 时的检验数为 $C - C_B B^{-1}A$ ，其中 C_B 为由基变量的价值系数组成的价值向量。

既然 B 为原问题式(2-7)的最优基，那么有 $C - C_B B^{-1}A \leqslant 0$ 。

令 $Y = C_B B^{-1}$ ，那么有 $C - YA \leqslant 0 \Rightarrow YA \geqslant C$ ，从而 $Y = C_B B^{-1}$ 是对偶问题式(2-8)的可行解。

这样一来，$Y = C_B B^{-1}$ 是对偶问题的可行解，$X_B = B^{-1}b$ 是原问题的最优基可行解。

由于 $CX = C_B X_B + C_N X_N = C_B B^{-1}b$ ，而 $Yb = C_B B^{-1}b$ ，从而有 $CX = Yb$ 。根据性质 3，命题得证。

性质 6（对偶松弛定理、松弛性）若 $\hat{X}$ ，$\hat{Y}$ 分别是原问题和对偶问题的可行解，那么 $\hat{Y}X_s = 0$ 和 $Y_s\hat{X} = 0$ ，当且仅当 $\hat{X}$ ，$\hat{Y}$ 为最优解。

证明： 设原问题和对偶问题的标准型是：

$$\begin{array}{cc} \text{原问题} & \text{对偶问题} \\ \max z = CX & \min \omega = Yb \\ \text{s.t.} \begin{cases} AX \leqslant b \\ X \geqslant 0 \end{cases} & \text{s.t.} \begin{cases} YA \geqslant C \\ Y \geqslant 0 \end{cases} \end{array}$$

将原问题目标函数中的系数向量 C 用 $C = YA - Y_s$ 代替后，得到

$$Z = CX = (YA - Y_s)X = YAX - Y_sX \quad\quad\quad (2\text{-}16)$$

将对偶问题的目标函数中系数列向量用 $b = AX + X_s$ 代替后，得到

$$\omega = Yb = Y(AX + X_s) = YAX + YX_s \quad\quad\quad (2\text{-}17)$$

若 $\hat{X}X_s = 0$ ，$Y_s\hat{X} = 0$ ，则 $C\hat{X} = \hat{Y}A\hat{X} = \hat{Y}b$ ，由最优性可知 $\hat{X}$ ，$\hat{Y}$ 分别是原问题和对偶问题的最优解。

又若 $\hat{X}$ ，$\hat{Y}$ 分别是原问题和对偶问题的可行解，再根据最优性，则有 $C\hat{X} = \hat{Y}b$

由式（2-16）和式（2-17），必有 $\hat{Y}X_s = 0$ ，$Y_s\hat{X} = 0$ 。

2.3 对偶单纯形法

2.3.1 对偶单纯形法的基本思路

前面介绍的单纯形法可以解决一切线性规划问题，但它对于某些特殊问题，虽然也可解决，但计算量较大。对偶单纯形法是根据对偶原理和单纯形法的原理而设计出来求解线性规划问题的一种方法（而不能简单地将它理解为是求解对偶问题的方法）。

例如将线性规划问题

$$\min z = cx \qquad\qquad \max z' = -cx$$

$$\text{s.t.}\begin{cases} Ax \geq b \\ x \geq 0 \end{cases} \qquad \text{化为标准形式 s.t.}\begin{cases} Ax - x_s = b \\ x, x_s \geq 0 \end{cases}$$

在约束方程中出现了一个负单位矩阵，若将剩余变量 x_s 取作初始基变量，则初始基 $B_0 = (P_{n+1}, P_{n+2}, \cdots, P_{n+m}) = -I_m$，初始解 $x_{B_0} = (B_0)^{-1}b = -I_m b = -b \leq 0$ 不满足可行性。因此不能将 $-I_m$ 取作初始基，为了求得初始基本可行解，需在约束方程左边增加一组人工变量，通过大 M 法或两阶段法进行计算，这就显得很不方便，且（$-I_m$）也没能利用上。

考察一般的标准形式的线性规划问题及其对偶问题：

$$\max z = cx \qquad\qquad \min \omega = yb$$

$$(\text{P}) \quad \text{s.t.}\begin{cases} Ax = b \\ x \geq 0 \end{cases}(\text{D}) \qquad \text{s.t.}\begin{cases} yA \geq c \\ y\,\text{无符号限制} \end{cases}$$

设 B 为原问题（P）的一个基，不妨设

$$B = (P_1, P_2, \cdots, P_m)$$

$$\text{则 } x^{(0)} = \begin{pmatrix} x_B \\ x_N \end{pmatrix} = \begin{pmatrix} B^{-1}b \\ 0 \end{pmatrix} \qquad\qquad (2\text{-}18)$$

为原问题（P）的一个基本解；且当

$$x_B = B^{-1}b \geq 0 \qquad\qquad (2\text{-}19)$$

时，则 $x^{(0)}$ 为一个基可行解，B 为可行基；进一步，若检验数满足

$$\sigma = c - c_B B^{-1} A \leq 0 \qquad\qquad (2\text{-}20)$$

则 $x^{(0)}$ 为原问题（P）的一个最优解，这时 B 称为最优基。

以上概念都是对原问题（P）而言的，因此，我们更将条件式（2-19）称为可行性条件；条件式（2-20）称为最优性条件。

原始单纯形法的基本思路是：从满足可行性条件式（2-19）的一个基可行解出发，经过换基运算迭代到另一个基可行解，即总是保持解的可行性不变[满足条件式（2-19）]，变化的只是检验数向量 σ，它从不满足 $\sigma \leq 0$，逐步迭代到 $\sigma \leq 0$ 成立，一旦达到 $\sigma \leq 0$，也就得到了原问题的最优解。

再从对偶的观点来解释这个问题，令 $y = c_B B^{-1}$，代入式（2-20）得

$$yA \geq c \qquad\qquad (2\text{-}21)$$

即 y 是对偶问题（D）的一个可行解。条件式（2-21）称为对偶可行性条件，即最优性条件式（2-20）与对偶可行性条件式（2-21）是等价的，因此，如果一个原始可行基 B 是原问题（P）的最优基，则 $y = c_B B^{-1}$ 就是对偶问题（D）的一个可行解，此时对应的目标函数值 $w = yb = c_B B^{-1}$，等于原问题（P）的目标函数值，可知 $y = c_B B^{-1}$ 也是对偶问题（D）的最优解。

若原问题（P）的一个基本解 $x = \begin{pmatrix} B^{-1}b \\ 0 \end{pmatrix}$ 对应的检验数向量满足条件式（2-20），即

$$\sigma = (\sigma_B, \sigma_N) = (0, c_N - c_B B^{-1} N) \leqslant 0$$

则称 x 为（P）的一个正则解。

于是可知，原问题（P）的正则解 x 与对偶问题（D）的可行解 y 是一一对应的，它们由同一个基 B 所决定，我们称这一基为正则基。

因此，我们可以设想另一条求解思路，即在迭代过程中，始终保持对偶问题解的可行性，而原问题的解由不可行逐渐向可行性转化，一旦原问题的解也满足了可行性条件，也就达到了最优解。也即在保持正则解的正则性不变条件下，在迭代过程中，使原问题解的不可行性逐步消失，一旦迭代到可行解时，即达到了最优解。这正是对偶单纯形法的思路，这个方法并不需要把原问题化为对偶问题，利用原问题与对偶问题的数据相同（只是所处位置不同）这一特点，直接在反映原问题的单纯形表上进行运算。

2.3.2　对偶单纯形法的计算步骤

求解如下标准形式线性规划问题：

$$\max z = cx$$
$$\text{s.t.} \begin{cases} Ax = b \\ x \geqslant 0 \end{cases}$$

对偶单纯形法的计算步骤如下：

（1）找一个正则基 B 和初始正则解 $x^{(0)}$；将原问题化为关于基 B[不妨设 $B = (P_1, P_2, \cdots, P_m)$]的典式，列初始对偶单纯形表，如表 2-5 所示。

表 2-5　对偶单纯形表

c_j			c_1	c_2	$\cdots$	c_m	c_{m+1}	c_{m+2}	$\cdots$	c_n
c_B	x_B	b	x_1	x_2	$\cdots$	x_m	x_{m+1}	x_{m+2}	$\cdots$	x_n
c_1	x_1	b_1'	1	0	$\cdots$	0	a'_{1m+1}	a'_{1m+2}	$\cdots$	a'_{1n}
c_2	x_2	b_2'	0	1	$\cdots$	0	a'_{2m+1}	a'_{2m+2}	$\cdots$	a'_{2n}
$\vdots$	$\vdots$	$\vdots$	$\vdots$	$\vdots$		$\vdots$	$\vdots$	$\vdots$		$\vdots$
c_m	x_m	b_m'	0	0	$\cdots$	1	a'_{mm+1}	a'_{mm+2}	$\cdots$	a'_{mn}
	$c_j - z_j$		0	0	$\cdots$	0	σ_{m+1}	σ_{m+2}	$\cdots$	σ_n

（2）若 $b' = B^{-1}b \geqslant 0$，则停止计算，当前的正则解 $x = B^{-1}b$，即为原问题的最优解；否则转下一步。

（3）确定离（换出）基变量：

令 $b_r' = \min\{b_i' \mid 1 \leqslant i \leqslant m\}$，（显然 $b_r' < 0$）

则取相应的变量，x_r 为离（换出）基变量。

（4）若 $a_{rj}' \geqslant 0$（$j = 1, 2, \cdots, n$），则停止计算，原问题无可行解。否则转下一步。

（5）确定进（换入）基变量；若 $\theta = \min\left\{\dfrac{\sigma_j}{a_{rj}'} \mid a_{rj}' < 0, \quad 1 \leqslant j \leqslant n\right\} = \dfrac{\sigma_k}{a_{rk}'}$，则取相应的变量 x_k 为进（换入）基变量。

（6）以 a_{rk}' 为主元进行换基运算，得到新的正则解，转（2）。

例 2-4 用对偶单纯形法求解

$$\min z = 15x_1 + 5x_2 + 11x_3$$

$$\text{s.t.} \begin{cases} 3x_1 + 2x_2 + 2x_3 \geqslant 5 \\ 5x_1 + x_2 + 2x_3 \geqslant 4 \\ x_1, x_2, x_3 \geqslant 0 \end{cases}$$

解： 将问题化为

$$\max z' = -15x_1 - 5x_2 - 11x_3$$

$$\text{s.t.} \begin{cases} -3x_1 - 2x_2 - 2x_3 + x_4 \quad\;\; = -5 \\ -5x_1 - \;\; x_2 - 2x_3 \quad\;\; + x_5 = -4 \\ x_j \geqslant 0 \;\; (j = 1, 2, 3, 4, 5) \end{cases}$$

其中 x_4, x_5 为松弛变量，取初始正则基

$$B = (P_4, P_5)$$

则问题已化为关于基 B 的典式，初始正则解为：

$$x^{(0)} = (0, 0, 0, -5, -4)^{\mathrm{T}}$$

及目标函数值 $z^{(0)} = 0$。

列对偶单纯形表并进行迭代如表 2-6 所示，由表 2-6（Ⅰ）可知，因为

$$\min\{-5, 4\} = -5$$

表 2-6　对偶单纯形法求解例 2-4 的单纯形表过程

| | c_B | x_B | b | -15 | -5 | -11 | 0 | 0 |
				x_1	x_2	x_3	x_4	x_5
Ⅰ	0	x_4	-5	-3	$[-2]$	-2	1	0
	0	x_5	-4	-5	-1	-2	0	1
		$c_j - z_j$		-15	-5	-11	0	0
Ⅱ	-5	x_2	$5/2$	$3/2$	1	1	$-1/2$	0
	0	x_5	$-3/2$	$[-7/2]$	0	-1	$-1/2$	1
		$c_j - z_j$		$-15/2$	0	-6	$-5/2$	0
Ⅲ	-5	x_2	$13/7$	0	1	$4/7$	$-5/7$	$3/7$
	-15	x_1	$3/7$	1	0	$2/7$	$1/7$	$-2/7$
		$c_j - z_j$		0	0	$-27/7$	$-10/7$	$-15/7$

故应取 x_4 为换出基变量，又因为

$$\theta = \min\left\{\frac{-15}{-3}, \frac{-5}{-2}, \frac{-11}{-2}\right\} = 2.5$$

故应取 x_2 为换入基变量，以 $a_{12} = -2$ 为主元作换基运算，得表 2-6（Ⅱ），又由该表可知，

因为 $\min\left\{\frac{5}{2}, -\frac{3}{2}\right\} = -\frac{3}{2}$

故应取 x_5 为换出基变量，又因为

$$\theta = \min\left\{\frac{-\dfrac{15}{2}}{-\dfrac{2}{2}}, \frac{-6}{-1}, \frac{-\dfrac{5}{2}}{-\dfrac{1}{2}}\right\} = \frac{15}{7}$$

故应取 x_1 为换入基变量，以 $a'_{21} = -\frac{7}{2}$ 为主元作换基运算，得表 2-6（Ⅲ），至此，基变量的取值已全部非负，检验已全部非正，故已求得最优解

$$x^* = \left(\frac{3}{7}, \frac{13}{7}, 0, 0, 0\right)^{\mathrm{T}}$$

及相应的目标函数最优值

$$z'^* = -\frac{110}{7}$$

原问题的目标函数最优值

$$z^* = \frac{110}{7}$$

由表 2-6（Ⅲ）还可以看出，其对偶问题的最优解为

$y^* = \left(\frac{10}{7}, \frac{15}{7}\right)$ 及目标函数最优值 $w^* = \frac{110}{7}$。

例 2-5 用对偶单纯形法求解

$$\min z = 2x_1 + 4x_2 + 6x_3$$
$$\text{s.t.}\begin{cases} 2x_1 - x_2 + x_3 \geqslant 10 \\ x_1 + 2x_2 + 2x_3 \leqslant 12 \\ 2x_2 - x_3 \geqslant 4 \\ x_j \geqslant 0, \ (j=1,2,3) \end{cases}$$

解： 将问题化为：

$$\max z' = -2x_1 - 4x_2 - 6x_3$$
$$\text{s.t.}\begin{cases} -2x_1 + x_2 - x_3 + x_4 = -10 \\ x_1 + 2x_2 + 2x_3 + x_5 = 12 \\ -2x_2 + x_3 + x_6 = -4 \\ x_j \geqslant 0, \ j=1,2,\cdots,6 \end{cases}$$

其中 x_4, x_5, x_6 为松弛变量，取初始正则基

$$B = (P_4, P_5, P_6)$$

则问题已变换为关于基 B 的典式，初始正则解为：

$x^{(0)} = (0,0,0,-10,12,-4)^T$ 及目标函数值 $z'^{(0)}=0$。

用对偶单纯形法求解，迭代过程如表 2-7 所示。

表 2-7 对偶单纯形法求解例 2-5 的单纯形表过程

| | c_B | x_B | b | -2 | -4 | -6 | 0 | 0 | 0 |
				x_1	x_2	x_3	x_4	x_5	x_6
	0	x_4	-10	$[-2]$	1	-1	1	0	0
I	0	x_5	12	1	2	2	0	1	0
	0	x_6	-4	0	-2	1	0	0	1
		c_j-z_j		-2	-4	-6	0	0	0
	-2	x_1	5	1	$-1/2$	$1/2$	$-1/2$	0	0
II	0	x_5	7	0	$5/2$	$3/2$	$1/2$	1	0
	0	x_6	-4	0	$[-2]$	1	0	0	1
		c_j-z_j		0	-5	-5	-1	0	0
	-2	x_1	6	1	0	$1/4$	$-1/2$	0	$-1/4$
III	0	x_5	2	0	0	$11/4$	$1/2$	1	$5/4$
	-4	x_2	2	0	1	$-1/2$	0	0	$-1/2$
		c_j-z_j		0	0	$-15/2$	-1	0	$-5/2$

由表 2-6（III）可知，基变量的取值已全部非负，检验数已全部非正，故已求得最优

解：$x^* = (6,2,0,0,2,0)^T$ 及原问题目标函数最优值 $z^* = 20$。

从以上求解过程可以看到，对偶单纯形法与原始单纯形法的计算步骤类似，但又有所不同，对偶单纯形法有以下优点：

（1）初始解可以是非可行解，当检验数都为负数时，就可以进行基的变换，这时不需要加入人工变量，因此，可以简化计算；

（2）变量多于约束条件的线性规划问题，用对偶单纯形法计算可以减少计算工作量，因此，对变量较少而约束条件很多的线性规划问题，可先将它变换成对偶问题，然后用对偶单纯形法求解。

2.4 对偶问题的经济解释——影子价格

2.4.1 影子价格的概念

考虑一对对称的对偶问题

$$\max z = cx \qquad\qquad \min \omega = yb$$

原问题（P） s.t. $\begin{cases} Ax \leqslant b \\ x \geqslant 0 \end{cases}$ 　　对偶问题（D） s.t. $\begin{cases} yA \geqslant c \\ y \geqslant 0 \end{cases}$

从对偶问题的基本性质可知，当（P）问题求得最优解 x^* 时，其（D）问题也得到最优解 y^*，且有

$$z^* = \sum_{j=1}^{n} c_j x_j^* = \sum_{i=1}^{m} b_i y_i^* = \omega^* \tag{2-22}$$

对偶变量 y_i^* 的意义代表在资源最优利用条件下对单位第 i 种资源的估价，这种估价不是资源的市场价格，而是根据资源在生产中作出的贡献而得到的估价，称之为影子价格。

资源的影子价格有赖于资源的利用情况，不同企业，即使是相同的资源，其影子价格也不一定相同，就是同一个企业，由于企业生产任务、产品结构等情况发生变化，资源的影子价格也随之改变。

在式（2-22）中对 z 求 b_i 的偏导数，得 $\dfrac{\partial z^*}{\partial b_i} = y_i^*$，这说明 y_i^* 的值相当于在资源得到最优利用的生产条件下，b_i 每增加一个单位时目标函数 z 的增量，所以，影子价格是一种边际价格。

例 2-6 某企业产品的单位产值对 3 种资源的单位消耗及资源的现有数量如表 2-8 所示，经理对其生产的甲、乙两种产品，用线性规划来确定最优的产量方案。

表 2-8　产品单位消耗及资源的数量

资源 \ 产品	甲	乙	资源限制
A	1	3	90
B	2	1	80
C	1	1	45
单位产值	5	4	

用单纯形法解这个线性规划问题，得初始及最优单纯形表（见表 2-9）。

表 2-9　单纯形法求解过程

c_B	x_B	b	x_1 (5)	x_2 (4)	x_3 (0)	x_4 (0)	x_5 (0)
0	x_3	90	1	3	1	0	0
0	x_4	80	2	1	0	1	0
0	x_5	45	1	1	0	0	1
$c_j - z_j$			5	4	0	0	0
0	x_3	25	0	0	0	2	-5
5	x_1	35	1	0	0	1	-1
4	x_2	10	0	1	0	-1	2
$c_j - z_j$			0	0	0	-1	-3

求解结果说明最优生产方案为甲产品生产 35 件，乙产品生产 10 件，总产值达到最大为 215。

同时在最优单纯形表中，得到对偶解，即影子价格：资源 A 的影子价格 $y_1 = 0$；资源 B 的影子价格 $y_2 = 1$；资源 C 的影子价格 $y_3 = 3$。

资源 A 的影子价格为零，说明增加这种资源不会增加总的产值，如在表 2-9 的初始表中将 90 改为 91，则最优单纯形表为表 2-10，这说明资源 A 的增加不改变产品生产方案，也不增加总的产值。

表 2-10　最优单纯形表

| c_B | x_B | b | c_j | | | | |
| | | | 5 | 4 | 0 | 0 | 0 |
			x_1	x_2	x_3	x_4	x_5
0	x_3	26	0	0	1	2	−5
5	x_1	35	1	0	1	1	−1
4	x_2	10	0	1	0	−1	2
	$c_j - z_j$		0	0	0	−1	−3

如果资源 C 增加一个单位从 45 改为 46，最优单纯形表为表 2-11。

表 2-11　最优单纯形表

| c_B | x_B | b | c_j | | | | |
| | | | 5 | 4 | 0 | 0 | 0 |
			x_1	x_2	x_3	x_4	x_5
0	x_3	20	0	0	1	2	−5
5	x_1	34	1	0	0	1	−1
4	x_2	12	0	1	0	−1	2
	$c_j - z_j$		0	0	0	−1	−3

这说明增加一个单位的资源 C 以后，最优生产方案为甲产品生产 34 件，乙产品生产 12 件，总产值由原来的 215 件增加到 218 件，增加了 3 个单位，即为该资源的影子价格或边际价格。

由对偶问题的互补松弛定理中有 $\sum_{j=1}^{n} a_{ij} x_j^* < b_i$ 时，$y_i^* = 0$；当 $y_i^* > 0$ 时，有 $\sum_{j=1}^{n} a_{ij} x_j^* = b_i$，这表明生产过程中，如果某种资源 b_i 未得到充分利用时，该种资源的影子价格为零；又当资源的影子价格不为零时，表明该种资源在生产中已耗费完毕。

2.4.2　影子价格在企业经营管理中的应用

影子价格在企业经营管理中的用处很多，可从以下方面来理解：

（1）影子价格说明增加哪一种资源对增加经济效益最有利。如例 2-6 中的 3 种资源的影子价格为（0,1,3），说明首先应考虑增加资源 C，因为相比之下它能给收益带来的增加最大。

（2）影子价格又是一种机会成本，企业经营决策者可以把本企业资源的影子价格与当时的市场价格进行比较，当年 i 种资源的影子价格高于市场价格时，则企业可以买进该种资源；而当某种资源的影子价格低于市场价格时（特别是当影子价格为零时），则企业可以卖出该种资源，以获得较大的利润。

2.5 线性规划的灵敏度分析

在前面讨论线性规划问题时，总是假定 a_{ij}，b_i，c_j 都是常数，但在实际问题中，这些数据往往是估计值或预测值，因此会有一定的误差。而且随着情况的变化，这些数据也会经常发生改变。例如，市场行情的变化会引起价值系数 c_j 的变化；工艺条件的改变会引起消耗系数 a_{ij} 的变化；资源数量 b_i 也会视经济效益而进行调整；增加新产品会引起决策变量的增加；增加新的资源限制会引起约束条件的增加等。因此很自然会提出这样的问题，当这些参数中的一个或几个发生变化时，问题的最优解会有什么变化，或者这些参数在一个多大范围内变化时，问题的最优基不变。这就是灵敏度分析所需研究解决的问题。

灵敏度分析就是分析、研究线性规划模型参数 a_{ij}，b_i，c_j 的取值变化对最优解或最优基的影响，它在应用线性规划解决实际问题的过程中是非常有用的。

当然，当线性规划问题中的一个或几个参数变化时，可以用单纯形法重新计算，确定最优解有无变化，但这样做既麻烦又没有必要。由单纯形法的迭代过程可知，只需在最终单纯形表中，看这些数据变化后，是否仍满足可行性、最优性的条件，如果不满足，再从该表开始进行迭代计算，使之可行并求得最优解。同样，讨论在保持现有最优基不变，找出这些数据变化的范围，即所谓数据的稳定区间，也可通过最终单纯形表中对可行性条件 $x_B = B^{-1}b \geqslant 0$ 和最优性条件 $\sigma_N = c_N - c_B B^{-1}N \leqslant 0$ 的讨论得到。

2.5.1 目标函数中价值系数 c_j 的变化分析

目标函数中价值系数 c_j 的变化会引起 σ_j 的变化，从而影响最优性条件能否成立，可以分别就 c_j 是对应的非基变量和基变量两种情况来讨论。

（1）若 c_j 是非基变量 x_j 的系数，则 c_j 改变为 $c'_j = c_j + \Delta c_j$ 时，则变化后的检验数为：

$$\sigma'_j = c_j + \Delta c_j - c_B B^{-1}P_j$$

要保持原最优基不变，必须满足

$$\sigma'_j = c_j + \Delta c_j - c_B B^{-1}P_j \leqslant 0，即 \Delta c_j \leqslant -\sigma_j$$

由此可以确定 Δc_j 的变化范围了。当超出这个范围时，原最优基将不再是最优解了。为了求新的最优解，可在原最优单纯形表的基础上，继续往下迭代，以求得新的最优解。

（2）若 c_r 是基变量 x_r 的系数，则 c_r 改变为 $c'_r = c_r + \Delta c_r$ 将影响到所有非基变量的检验数，这时

$$(c_B + \Delta c_B)B^{-1}A = c_B B^{-1}A = c_B B^{-1}A + (0,\cdots,\Delta c_r,\cdots,0)B^{-1}A$$
$$= c_B B^{-1}A + \Delta c_r(a'_{r1}, a'_{r2}, \cdots, a'_{rn})$$

其中 $(a'_{r1}, a'_{r2}, \cdots, a'_{rm})$ 是矩阵 $B^{-1}A$ 的第 r 行，于是变化后的检验数为：

$$\sigma'_j = c_j - c_B B^{-1} P_j - \Delta c_r a'_{rj} = \sigma_j - \Delta c_r a'_{rj} \qquad (j = 1, 2, \cdots, n)$$

要求原最优基不变，则必须满足

$$\sigma'_j = \sigma_j - \Delta c_r a'_{rj} \leq 0 \ (j = 1, 2, \cdots, n)$$

于是得到：

当 $a'_{rj} < 0$ 时，有 $\Delta c_r \leq \dfrac{\sigma_j}{a'_{rj}}$；

当 $a'_{rj} > 0$ 时，有 $\Delta c_r \geq \dfrac{\sigma_j}{a'_{rj}}$，

因此，Δc_r 的允许变化范围是：

$$\max_j \left\{ \frac{\sigma_j}{a'_{rj}} \Big| a'_{rj} > 0 \right\} \leq \Delta c_r \leq \min_j \left\{ \frac{\sigma_j}{a'_{rj}} \Big| a'_{rj} < 0 \right\}$$

例 2-7 已知线性规划的标准形式为

$$\max z = -x_1 + 2x_2 + x_3 + 0 \cdot x_4 + 0 \cdot x_5$$

$$\begin{cases} x_1 + x_2 + x_3 + x_4 \quad\quad = 6 \\ 2x_1 - x_2 \quad\quad\quad\quad + x_5 = 4 \\ x_{1-5} \geq 0 \end{cases}$$

其最优单纯形表如表 2-12 所示。

表 2-12　最优单纯形表

c_j			-1	2	1	0	0	θ
C_B	X_B	b	x_1	x_2	x_3	x_4	x_5	
2	x_2	6	1	1	1	1	0	
0	x_5	10	3	0	1	1	1	
	$c_j - z_j$		-3	0	-1	-2	0	

问：（1）当 C_1 由 -1 变为 4 时，求新问题的最优解。

（2）讨论 C_2 在什么范围内变化时，原有的最优解仍是最优解。

解：（1）由表可知，C_1 是非基变量的价值系数，因此 C_1 的改变只影响 σ_1

$$\sigma_1' = c_1' - z_1' = (c_1 + \Delta c_1) - c_B B^{-1} p_1 = (c_1 - c_B B^{-1} p_1) + \Delta c_1 = \sigma_1 + \Delta c_1 = -3 + 5 = 2 > 0$$

可见最优性准则已不满足，继续迭代，如表 2-13 所示。

表 2-13　例 2-7 单纯形表迭代过程

C_j			4	2	1	0	0	θ
C_B	X_B	b	x_1	x_2	x_3	x_4	x_5	
2	x_2	6	1	1	1	1	0	6
0	x_5	10	[3]	0	1	1	1	10/3
	$c_j - z_j$		2	0	-1	-2	0	
2	x_2	8/3	0	1	2/3	2/3	-1/3	
4	x_1	10/3	1	0	1/3	1/3	1/3	
	$c_j - z_j$		0	0	-5/3	-8/3	-2/3	

（2）要使原最优解仍为最优解，只要在新的条件下满足 $\sigma \leqslant 0$，因为 x_2 是基变量，所以所有的检验数值都将发生变化

$$\sigma = C - C_B B^{-1} A$$

$$= (c_1, c_2', c_3, c_4, c_5) - C_B B^{-1} (p_1, p_2, p_3, p_4, p_5)$$

$$= (-1, c_2', 1, 0, 0) - (c_2', c_5) \begin{pmatrix} 1 & 0 \\ 1 & 1 \end{pmatrix} \begin{pmatrix} 1 & 1 & 1 & 1 & 0 \\ 2 & -1 & 0 & 0 & 1 \end{pmatrix}$$

$$= (-1, c_2', 1, 0, 0) - (c_2', 0) \begin{pmatrix} 1 & 1 & 1 & 1 & 0 \\ 3 & 0 & 1 & 1 & 1 \end{pmatrix}$$

$$= (-1, c_2', 1, 0, 0) - (c_2', c_2', c_2', c_2', 0)$$

$$= (-1 - c_2', 0, 1 - c_2', -c_2', 0) \leqslant 0$$

即 $\begin{cases} -1 - c_2' \leqslant 0 \\ 1 - c_2' \leqslant 0 \\ -c_2' \leqslant 0 \end{cases}$

则 $c_2' \geqslant 1$ $\qquad c_2 + \Delta c_2 \geqslant 1$ $\qquad \Delta c_2 \geqslant -1$

所以当 x_2 的系数 $\Delta c_2 \geqslant -1$ 时，原最优解仍能保持为最优解。

2.5.2 约束条件中资源数量 b_i 的变化分析

由于 $x_B = B^{-1} b$，$z = c_B B^{-1} b$，因而资源数量 b_i 的变化会影响到原最优解的可行性与目标函数值。

设某个资源数量 b_r 变化为 $b_r' = b_r + \Delta b_r$，并假设原问题的其他系数不变，则使最终单纯形表中原问题的解相应地变化为：

$$x_B' = B^{-1}(b + \Delta b)$$

其中 $b = (b_1, b_2, \cdots, b_r, \cdots, b_m)^T$

$$\Delta b = (0, \cdots, \Delta b_r, \cdots, 0)^T$$

这时 $x_B' = B^{-1}(b + \Delta b) = B^{-1} b + B^{-1} \Delta b$

$$= B^{-1} b + B^{-1} \begin{pmatrix} 0 \\ \vdots \\ \Delta b_r \\ \vdots \\ 0 \end{pmatrix} = \begin{pmatrix} b_1' \\ \vdots \\ b_i' \\ \vdots \\ b_m' \end{pmatrix} + \begin{pmatrix} a_{1r}' \Delta b_r \\ \vdots \\ a_{ir}' \Delta b_r \\ \vdots \\ a_{mr}' \Delta b_r \end{pmatrix} = \begin{pmatrix} b_1' + a_{1r}' \Delta b_r \\ \vdots \\ b_i' + a_{ir}' \Delta b_r \\ \vdots \\ b_m' + a_{mr}' \Delta b_r \end{pmatrix}$$

其中 $(a_{1r}', a_{2r}', \cdots, a_{mr}')^T$ 为 B^{-1} 中的第 r 列，若要求最优基 B 不变，则必须 $x_B' \geqslant 0$，即 $b_i' + a_{ir}' \Delta b_r \geqslant 0$（$i = 1, 2, \cdots, m$），由此可导出：

当 $a_{ir}' > 0$ 时，有 $\Delta b_r \geqslant -\dfrac{b_i'}{a_{ir}'}$

当 $a_{ir}' < 0$ 时，有 $\Delta b_r \leqslant -\dfrac{b_i'}{a_{ir}'}$

因此，Δb_r 的允许变化范围是：

$$\max\left\{-\frac{b'_i}{a'_{ir}}\,|\,a'_{ir}>0\right\}\leqslant \Delta b_r\leqslant \min\left\{-\frac{b'_i}{a'_{ir}}\,|\,a'_{ir}<0\right\}$$

当 b 改变为 $b+\Delta b$ 以后，若解的可行性不变，则目标函数变为

$z'=c_B B^{-1}(b+\Delta b)=z^{*}+c_B B^{-1}\Delta b$。

例 2-8　已知线性规划问题及其最优单纯形表（见表 2-14）

$$\max z=-x_1-x_2+4x_3$$

$$\begin{cases}x_1+x_2+2x_3\leqslant 9\\ x_1+x_2-x_3\leqslant 2\\ -x_1+x_2+x_3\leqslant 4\\ x_{1,2,3}\geqslant 0\end{cases}$$

表 2-14　最优单纯形表

	C_j		-1	-1	4	0	0	0
C_B	X_B	b	x_1	x_2	x_3	x_4	x_5	x_6
-1	x_1	1/3	1	$-1/3$	0	1/3	0	$-2/3$
0	x_5	6	0	2	0	0	1	1
4	x_3	13/3	0	2/3	1	1/3	0	1/3
	c_j-z_j		0	-4	0	-1	0	-2

若右端列向量 $b=\begin{bmatrix}9\\2\\4\end{bmatrix}\to\begin{bmatrix}3\\2\\3\end{bmatrix}$，求新问题的最优解。

解：$X_B=B^{-1}(b+\Delta b)=\begin{bmatrix}1&0&2\\1&1&-1\\-1&0&1\end{bmatrix}^{-1}\begin{bmatrix}3\\2\\3\end{bmatrix}=\begin{bmatrix}1/3&0&-2/3\\0&1&1\\1/3&0&1/3\end{bmatrix}\begin{bmatrix}3\\2\\3\end{bmatrix}=\begin{bmatrix}-1\\5\\2\end{bmatrix}$

因为 -1 小于 0，因此继续迭代（见表 2-15）。

表 2-15　单纯形表迭代

	C_j		-1	-1	4	0	0	0
C_B	X_B	b	x_1	x_2	x_3	x_4	x_5	x_6
-1	x_1	-1	1	$-1/3$	0	1/3	0	[$-2/3$]
0	x_5	5	0	2	0	0	1	1
4	x_3	2	0	2/3	1	1/3	0	1/3
	c_j-z_j		0	-4	0	-1	0	-2
	σ_j/a_{rj}			12				3

根据对偶单纯形法，计算得到表 2-16。

表 2-16　对偶单纯形求解过程

	C_j		-1	-1	4	0	0	0
0	x_6	3/2	$-3/2$	1/2	0	$-1/2$	0	1
0	x_5	7/2	3/2	3/2	0	1/2	1	0
4	x_3	3/2	1/2	1/2	1	1/2	0	0
	c_j-z_j		-3	-3	0	-2	0	0

所以新问题的最优解为 $X^*=(0,0,3/2,0,7/2,3/2)'$，$z^*=6$。

2.5.3 增加一个变量 x_j 的分析

增加一个变量在实际问题中反映为增加一种新的产品。若增加一个新的变量 x_{n+1}，它对应的价值系数为 c_{n+1}，在约束系数矩阵中的对应列向量 $P_{n+1}=(a_{1,n+1},a_{2,n+1},\cdots,a_{n,n+1})^{\mathrm{T}}$，则把 x_{n+1} 看成非基变量，在原来的最优单纯形表中增加一列 $P'_{n+1}=B^{-1}P_{n+1}=(a'_{1,n+1},a'_{2,n+1},\cdots,a'_{n,n+1})^{\mathrm{T}}$ 及检验数 $\sigma_{n+1}=c_{n+1}-c_nB^{-1}P_{n+1}=c_{n+1}-yP_{n+1}$ 就得到了新问题的单纯形表，若 $\sigma_{n+1}\leqslant 0$，则原问题最优解不变；若 $\sigma_{n+1}>0$，则按单纯形法继续迭代计算找出最优。

例 2-9 已知线性规划问题及其最优单纯形表（见表 2-17）

$$\max z = -x_1 - x_2 + 4x_3$$

$$\begin{cases} x_1 + x_2 + 2x_3 \leqslant 9 \\ x_1 + x_2 - x_3 \leqslant 2 \\ -x_1 + x_2 + x_3 \leqslant 4 \\ x_{1\sim3} \geqslant 0 \end{cases}$$

表 2-17 最优单纯形表

C_B	X_B	b	-1 x_1	-1 x_2	4 x_3	0 x_4	0 x_5	0 x_6
-1	x_1	$1/3$	1	$-1/3$	0	$1/3$	0	$-2/3$
0	x_5	6	0	2	0	0	1	1
4	x_3	$13/3$	0	$2/3$	1	$1/3$	0	$1/3$
c_j-z_j			0	-4	0	-1	0	-2

现增加一个新变量 x_7，且 $c_7=3$，$P_7=(3,1,-3)^{\mathrm{T}}$，求新问题的最优解。

解：由表知 $B^{-1}=\begin{pmatrix} 1/3 & 0 & -2/3 \\ 0 & 1 & 1 \\ 1/3 & 0 & 1/3 \end{pmatrix}$

所以 $p_7' = B^{-1}p_7 = \begin{pmatrix} 1/3 & 0 & -2/3 \\ 0 & 1 & 1 \\ 1/3 & 0 & 1/3 \end{pmatrix}\begin{pmatrix} 3 \\ 1 \\ -3 \end{pmatrix} = \begin{pmatrix} 3 \\ -2 \\ 0 \end{pmatrix}$

$$\sigma_7 = c_7 - C_B B^{-1}p_7 = 3 - (-1,0,4)\begin{pmatrix} 3 \\ -2 \\ 0 \end{pmatrix} = 6 > 0$$

所以继续迭代（见表 2-18）。

表 2-18 单纯形表迭代

C_B	X_B	b	-1 x_1	-1 x_2	4 x_3	0 x_4	0 x_5	0 x_6	3 x_7
-1	x_1	$1/3$	1	$-1/3$	0	$1/3$	0	$-2/3$	$[3]$
0	x_5	6	0	2	0	0	1	1	-2
4	x_3	$13/3$	0	$2/3$	1	$1/3$	0	$1/3$	0

C_j			-1	-1	4	0	0	0	3
C_B	X_B	b	x_1	x_2	x_3	x_4	x_5	x_6	x_7
	c_j-z_j		0	-4	0	-1	0	-2	6
3	x_7	1/9	1/3	$-1/9$	0	1/9	0	$-2/9$	1
0	x_5	56/9	2/3	16/9	0	2/9	1	5/9	0
4	x_3	13/3	0	2/3	1	1/3	0	1/3	0
	c_j-z_j		-2	$-10/3$	0	$-5/3$	0	$-2/3$	0

所以，得到最优解 $X^* = (0,0,13/3,0,56/9,0,1/9)^T$，$Z^* = 52/3$。

2.5.4 约束条件中技术系数 a_{ij} 的变化

根据变动的系数 a_{ij} 处于矩阵 A 中的哪一列，又可分为两种情况来考虑。

1. 非基变量 x_j 的系数列向量 P_j 的变化分析

对于最优基 B 而言，非基变量 x_j 的系数列向量 P_j 改变为 $P'_j = P_j + \Delta P_j$，则变化后的检验数为：

$$\sigma'_j = c_j - c_B B^{-1} P'_j = c_j - c_B B^{-1}(P_j + \Delta P_j) = \sigma_j - y\Delta P_j$$

其中 $y = c_B B^{-1}$ 为原问题的对偶可行解，要使原最优基 B 保持不变，则必须 $\sigma'_j \leq 0$，即 $y\Delta P_j \geq \sigma_j$。

2. 基变量 x_j 的系数列向量 P_j 的变化分析

对于最优基 B 而言，当基变量 x_j 的系数列向量 P_j 发生变化时，将使相应的 B、B^{-1} 都发生变化，因此，它不仅影响现行最优解的可行性，也影响到它的最优性。

例 2-10 已知线性规划问题及其最优单纯形表

$$\max z = 2x_1 + 3x_2 + x_3$$

$$\begin{cases} \dfrac{1}{3}x_1 + \dfrac{1}{3}x_2 + \dfrac{1}{3}x_3 + x_4 = 1 \\ \dfrac{1}{3}x_1 + \dfrac{4}{3}x_2 + \dfrac{7}{3}x_3 \qquad + x_5 = 3 \\ x_{1,2,3,4,5} \geq 0 \end{cases}$$

最优单纯形表如表 2-19 所示。

表 2-19 最优单纯形表

C_j			2	3	1	0	0	
C_B	X_B	b	x_1	x_2	x_3	x_4	x_5	
2	x_1	1	1	0	-1	4	-1	6
3	x_2	2	0	1	2	-1	1	10/3
	c_j-z_j		0	0	-3	-5	-1	

若 p_3 由原来的 $\begin{bmatrix} 1/3 \\ 7/3 \end{bmatrix}$ 变为 $\begin{bmatrix} 1/10 \\ 1/3 \end{bmatrix}$，最优解将如何改变？

解： 计算 $p_3' = B^{-1}p_3' = \begin{pmatrix} 4 & -1 \\ -1 & 1 \end{pmatrix}\begin{pmatrix} 1/10 \\ 1/3 \end{pmatrix} = \begin{pmatrix} 1/15 \\ 7/30 \end{pmatrix}$

$\sigma = 1 - (2 \quad 3)\begin{pmatrix} 1/15 \\ 7/30 \end{pmatrix} = 1/6 > 0$，所以继续迭代（见表 2-20）。

表 2-20　单纯形表迭代过程

	C_j		2	3	1	0	0	
C_B	X_B	b	x_1	x_2	x_3	x_4	x_5	
2	x_1	1	1	0	1/15	4	-1	15
3	x_2	2	0	1	[7/30]	-1	1	60/7
	c_j-z_j		0	0	1/6	-5	-1	
2	x_1	3/7	1	-2/7	0	30/7	-9/7	15
1	x_3	60/7	0	-30/7	1	-30/7	-30/7	60/7
	c_j-z_j		0	-5/7	0	-30/7	-12/7	

所以得到最优解 $X^* = (3/7, 0, 60/7, 0, 0)^{\mathrm{T}}$，$z^* = 66/7$。

2.5.5　增加新的约束条件

增加一个约束条件在实际问题中相当于增添一道工序，设在原线性规划问题中，增加一个新的约束条件：

$$a_{m+1,1}x_1 + a_{m+1,2}x_2 + \cdots + a_{m+1,n}x_n \leqslant b_{m+1}$$

则首先把已求得的原问题的最优解

$$x^* = (x_1^*, x_2^*, \cdots, x_m^*)^{\mathrm{T}}$$

代入新增加的约束条件中，如果条件满足，则原问题的最优解 x^* 仍为新问题的最优解，结束；如果条件不满足，则将新增加的约束条件直接添加到最终单纯形表中重新求解。

例 2-11　已知线性规划问题及其最优单纯形表（见表 2-21）

表 2-21　最优单纯形表

	c_j		-1	-1	4	0	0	0
C_B	X_B	b	x_1	x_2	x_3	x_4	x_5	x_6
-1	x_1	1/3	1	-1/3	0	1/3	0	-2/3
0	x_5	6	0	2	0	0	1	1
4	x_3	13/3	0	2/3	1	1/3	0	1/3
	c_j-z_j		0	-4	0	-1	0	-2

现增加新约束 $-3x_1 + x_2 + 6x_3 \leqslant 17$，求新问题的最优解。

解： 将原问题的最优解代入新增约束 $-3 \times \dfrac{1}{3} + 0 + 6 \times \dfrac{13}{3} = 25 > 17$

不满足新增加的约束条件，因此引入松弛变量 x_7 后，新增约束变为

$-3x_1 + x_2 + 6x_3 + x_7 = 17$，加进最优表得表 2-22。

表2-22　单纯形表迭代

c_j			-1	-1	4	0	0	0	0
C_B	X_B	b	x_1	x_2	x_3	x_4	x_5	x_6	x_7
-1	x_1	1/3	1	-1/3	0	1/3	0	-2/3	0
0	x_5	6	0	2	0	0	1	1	0
4	x_3	13/3	0	2/3	1	1/3	0	1/3	0
0	x_7	17	-3	1	6	0	0	0	1

规格化，继续运用对偶单纯形法求解（见表2-23）。

表2-23　对偶单纯形法迭代过程

c_j			-1	-1	4	0	0	0	0
C_B	X_B	b	x_1	x_2	x_3	x_4	x_5	x_6	x_7
-1	x_1	1/3	1	-1/3	0	1/3	0	-2/3	0
0	x_5	6	0	2	0	0	1	1	0
4	x_3	13/3	0	2/3	1	1/3	0	1/3	0
0	x_7	-8	0	-4	0	-1	0	[-4]	1
c_j-z_j			0	-4	0	-1	0	-2	0
σ_j / a_{rj}'				1		1		1/2	
-1	x_1	5/3	1	1/3	0	1/2	0	0	-1/6
0	x_5	4	0	1	0	-1/4	1	0	1/4
4	x_3	11/3	0	1/3	1	1/4	0	0	1/12
0	x_6	2	0	1	0	1/4	0	1	-1/4
c_j-z_j			0	-2	0	-1/2	0	0	-1/2

所以得到最优解为：$X^* = (5/3, 0, 11/3, 0, 4, 2, 0)^T$，$Z^* = 13$。

本章小结

对偶理论与灵敏度分析是研究线性规划中原问题与对偶问题之间关系的理论。在线性规划早期发展中最重要的发现是对偶问题，即每一个线性规划问题有一个与它对应的对偶线性规划问题（称为对偶问题）。对偶问题与原问题之间存在着多方面的对应关系。对偶问题能提供原问题最优解的许多重要信息，有助于对原问题的求解和分析。

习题

1. 对偶问题和对偶变量的经济意义是什么？

2. 简述对偶单纯形法的计算步骤。它与单纯形法的异同之处是什么？

3. 什么是资源的影子价格？它和相应的市场价格之间有什么区别？

4. 如何根据原问题和对偶问题之间的对应关系，找出两个问题变量之间、解及检验数之间的关系？

5. 写出下列线性规划的对偶问题

（1）
$$\max z = 2x_1 + 2x_2 - 4x_3$$
$$\begin{cases} x_1 + 3x_2 + 3x_3 \leqslant 30 \\ 4x_1 + 2x_2 + 4x_3 \leqslant 80 \\ x_1,\ x_2,\ x_3 \geqslant 0 \end{cases}$$

（2）
$$\min z = 2x_1 + 8x_2 - 4x_3$$
$$\begin{cases} x_1 + 3x_2 - 3x_3 \geqslant 30 \\ -x_1 + 5x_2 + 4x_3 = 80 \\ 4x_1 + 2x_2 - 4x_3 \leqslant 50 \\ x_1 \leqslant 0,\ x_2 \geqslant 0,\ x_3 无限制 \end{cases}$$

6. 用对偶单纯形法求解线性规划问题

$$\min z = 4x_1 + 2x_2 + 6x_3$$
$$\begin{cases} 2x_1 + 4x_2 + 8x_3 \geqslant 24 \\ 4x_1 + x_2 + 4x_3 \geqslant 8 \\ x_1,\ x_2,\ x_3 \geqslant 0 \end{cases}$$

7. 已知线性规划问题

$$\max z = x_1 + 2x_2 + 3x_3 + 4x_4$$
$$\begin{cases} x_1 + 2x_2 + 2x_3 + 3x_4 \leqslant 20 \\ 2x_1 + x_2 + 3x_3 + 2x_4 \leqslant 20 \\ x_1,\ x_2,\ x_3,\ x_4 \geqslant 0 \end{cases}$$

其对偶问题的最优解为 $y_1^* = 6/5$，$y_2^* = 1/5$，试用对偶定理求该线性规划问题的最优解。

8. 某厂利用原料 A、B 生产甲、乙、丙 3 种产品，已知生产单位产品所需原料数、单件利润及有关数据见表 2-24，分别回答下列问题：

表 2-24　单位产品所需原料数与单件利润

	甲	乙	丙	原料拥有量
A	6	3	5	45
B	3	4	5	30
单件利润	4	1	5	

（1）建立线性规划模型，求该厂获利最大的生产计划；

（2）若产品乙、丙的单件利润不变，产品甲的利润在什么范围变化时，上述最优解不变？

（3）若有一种新产品丁，其原料消耗定额：A 为 3 单位，B 为 2 单位，单件利润为 2.5 单位，问该种产品是否值得安排生产，并求新的最优计划；

（4）若原材料 A 市场紧缺，除拥有量外一时无法购进，而原材料 B 如数量不足可去市场购买，单价为 0.5，问该厂应否购买，以购买多少为宜？

（5）由于某种原因该厂决定暂停甲产品的生产，试重新确定该厂的最优生产计划。

9. 某厂生产甲、乙、丙 3 种产品，分别经过 A、B、C 3 种设备加工。已知生产单位产品所需的设备台时数、设备的现有加工能力及每件产品的利润见表 2-25。

表2-25　单位产品所需设备台时数、设备的现有加工能力及每件产品的利润

	甲	乙	丙	设备能力（台时）
A	1	1	1	100
B	10	4	5	600
C	2	2	6	300
单位产品利润（元）	10	6	4	

（1）建立线性规划模型，求该厂获利最大的生产计划；

（2）产品丙每件的利润增加到多大时才值得安排生产？如产品丙每件的利润增加到50/6，求最优生产计划；

（3）产品甲的利润在多大范围内变化时，原最优计划保持不变？

（4）设备A的能力如为$100+10\theta$，确定保持原最优基不变的θ的变化范围。

（5）如有一种新产品丁，加工一件需设备 A、B、C 的台时各为 1 小时、4 小时、3 小时，预期每件的利润为 8 元，是否值得安排生产？

（6）如合同规定该厂至少生产 10 件产品丙，试确定最优计划的变化。

10. 表 2-26 是某一约束条件用"≤"连接的线性规划问题最优单纯形表，其中x_4、x_5为松弛变量。

表2-26　线性规划问题最优单纯形表

X_B	b	x_1	x_2	x_3	x_4	x_5
x_3	5/2	0	1/2	1	1/2	0
x_1	5/2	1	−1/2	0	−1/6	1/3
σ_j		0	−4	0	−4	−2

要求：

（1）写出原线性规划问题及其对偶问题的数学模型；

（2）直接由表写出对偶问题的最优解；

（3）其他条件不变时，约束条件右端项b_1在何范围内变化，上述最优基不变？

（4）若以单价 2.5 购入第一种资源是否值得，为什么？若有人愿意购买第二种资源应要价多少，为什么？

第3章 运输问题

学习目标

- 掌握运输问题的基本概念与数学模型
- 掌握运输平衡问题的求解方法——表上作业法
- 掌握运输不平衡问题的处理方法
- 了解运输问题的应用
- 掌握计算机求解运输问题的实现

 开篇案例

某公司计划通过银行贷款150万元，内部发放股票80万元和社会发行债券120万元的方式来筹集资金，以便发展生产。公司将这些资金用于开发甲、乙、丙3种产品生产线的投资。初步估计，在不同形式的资金筹集方式下，3种新产品的生产线建成后为公司带来的年净收益如表3-1所示（每10万元投资带来的净利润）。问该公司如何合理安排这笔筹集资金，可使每年获得的净收益最大？

表3-1 数据表

净利润\投资方向\资金来源	甲产品	乙产品	丙产品	资金筹集数（万元）
银行贷款	1.8	1.5	1.2	150
内部股票	0.9	1.0	1.1	80
外部债券	1.0	0.7	0.8	120
投资额（万元）	200	80	70	20

在经济生产活动中，物流配送成为企业经营过程中面临的一个重要而又棘手的问题。如何有效地将物资以最低运输成本配送到各个需求地成为供应企业必须解决的问题。譬如煤炭、钢铁、粮食等，在全国有若干生产基地，如何根据已有的交通网制定调运方案，花费最小的运输成本将这些物资运到各个需求地。这类问题可以归结为运输问题。

一般的运输问题就是解决如何把某种产品从若干个产地调运到若干个销售地，在每个产地的供应量和每个销售地的需求量已知，并知道各地之间的运输单价的前提下，确定一个使得总的运输费用最小的方案。

运输问题是一类特殊的线性规划问题，与我们在前面两章讨论的一般性线性规划问题不同，其约束方程组的系数矩阵具有特殊的结构，这就需要我们采用不同的甚至更为简便的求解方法来解决这类在实际工作中经常遇到的问题。运输问题不仅代表了物资合理调运、车辆合理调度问题，有些其他类型的问题经过适当变换后也可以转变为运输问题。

3.1 运输问题的数学模型

3.1.1 运输问题的数学模型

运输问题可以用如下的数学语言来描述：

设有 m 个产地 A_i（sources）生产某种物资，其产量分别为 a_i，$i=1,2,\cdots,m$；供应给 n 个销地 B_j（destinations），其需求量分别为 b_j，$j=1,2,\cdots,n$；从产地 A_i 到销地 B_j 的单位运价为 c_{ij}，运输量为 x_{ij}。问如何调运可使总运费最小。

根据以上数据，可以汇总得到以下两个表格，如表 3-2 和表 3-3 所示。

表 3-2　运输问题数据表

运价　销地　产地	1	2	$\cdots$	n	产量 a_i
1	c_{11}	c_{12}	$\cdots$	c_{1n}	a_1
2	c_{21}	c_{22}	$\cdots$	c_{2n}	a_2
$\vdots$			$\vdots$		$\vdots$
m	c_{m1}	c_{m2}	$\cdots$	c_{mn}	a_m
销量 b_j	b_1	b_2	$\cdots$	b_n	

表 3-3　运输问题方案表

运量　销地　产地	1	2	$\cdots$	n	产量 a_i
1	x_{11}	x_{12}	$\cdots$	x_{1n}	a_1
2	x_{21}	x_{22}	$\cdots$	x_{2n}	a_2
$\vdots$			$\vdots$		$\vdots$
m	x_{m1}	x_{m2}	$\cdots$	x_{mn}	a_m
销量 b_j	b_1	b_2	$\cdots$	b_n	

为得到总运费最低的调运方案，可以求解以下数学模型：

$$\min z = \sum_{i=1}^{m} \sum_{j=1}^{n} c_{ij} x_{ij}$$

$$\text{s.t.} \begin{cases} \sum\limits_{j=1}^{n} x_{ij} = a_i & i=1,2,\cdots,m & (3\text{-}1a) \\ \sum\limits_{i=1}^{m} x_{ij} = b_j & j=1,2,\cdots,n & (3\text{-}1b) \\ x_{ij} \geqslant 0 & \end{cases} \qquad (3\text{-}1)$$

其中，约束条件式（3-1a）为产地约束，即从第 i 个产地 A_i 的调出量；约束条件式（3-1b）为销地约束，即给第 j 个销地 B_j 的调入量。

模型式（3-1）即为运输问题的数学模型。

3.1.2 运输问题类型

根据总产量和总销量间的关系，可以将运输问题分为如下产销平衡和产销不平衡两种类型。

1．产销平衡问题

如果 $\sum\limits_{i=1}^{m} a_i = \sum\limits_{i=1}^{n} b_j$ ，即总产量等于总销量，称为产销平衡问题。

2．产销不平衡问题

如果 $\sum\limits_{i=1}^{m} a_i > \sum\limits_{i=1}^{n} b_j$ ，即总产量大于总销量，或

$\sum\limits_{i=1}^{m} a_i < \sum\limits_{i=1}^{n} b_j$ ，即总产量小于总销量，

均称为产销不平衡问题。

例 3-1 现有两个产地向 3 个销地销售某种产品。每个产地的供应量分别是：A_1 为 200kg，A_2 为 300kg；每个销地的需求量分别是：B_1 为 150kg，B_2 为 150kg，B_3 为 200kg。各产地运往各销地的单位运价如表 3-4 所示。

表 3-4　单位运价表和产销平衡表

销地 产地	B_1	B_2	B_3	a_i
A_1	6	4	6	200kg
A_1	6	5	5	300kg
b_j	150kg	150kg	200kg	500kg

假设 A_i 到 B_j 的运输量为 x_{ij} ，则该问题的数学模型为：

$$\min z = 6x_{11} + 4x_{12} + 6x_{13} + 6x_{21} + 5x_{22} + 5x_{23}$$

$$\text{s.t.} \begin{cases} x_{11} + x_{12} + x_{13} = 200 \\ x_{21} + x_{22} + x_{23} = 300 \\ x_{11} + x_{21} = 150 \\ x_{12} + x_{22} = 150 \\ x_{13} + x_{23} = 200 \\ x_{ij} \geqslant 0; i=1,2; j=1,2,3 \end{cases} \qquad (3\text{-}2)$$

3.1.3 变量 x_{ij} 的系数列向量的特征

例 3-1 中数学模型的系数矩阵为

$$A = \begin{bmatrix} x_{11} & x_{12} & x_{13} & x_{21} & x_{22} & x_{23} \\ 1 & 1 & 1 & 0 & 0 & 0 \\ 0 & 0 & 0 & 1 & 1 & 1 \\ 1 & 0 & 0 & 1 & 0 & 0 \\ 0 & 1 & 0 & 0 & 1 & 0 \\ 0 & 0 & 1 & 0 & 0 & 1 \end{bmatrix}$$

从例 3-1 可以看出，运输问题的数学模型包含了 $m \times n$ 变量，$m + n$ 个约束方程，约束条件均为等式，其系数矩阵的结构比较松散且特殊。

$$\begin{array}{c} \begin{matrix} x_{11} & x_{12} & \cdots & x_{1n} & x_{21} & x_{22} & \cdots & x_{2n} & \cdots & x_{m1} & x_{m2} & \cdots & x_{mn} \end{matrix} \\ \begin{matrix} u_1 \\ u_2 \\ \vdots \\ u_m \\ v_1 \\ v_2 \\ \vdots \\ v_n \end{matrix} \begin{bmatrix} 1 & 1 & \cdots & 1 & & & & & & & & & \\ & & & & 1 & 1 & \cdots & 1 & & & & & \\ & & & & & & & & \ddots & & & & \\ & & & & & & & & & 1 & 1 & \cdots & 1 \\ 1 & & & & 1 & & & & & 1 & & & \\ & 1 & & & & 1 & & & & & 1 & & \\ & & \ddots & & & & \ddots & & & & & \ddots & \\ & & & 1 & & & & 1 & & & & & 1 \end{bmatrix} \end{array} \left.\begin{matrix} \\ \\ \\ \\ \end{matrix}\right\} m \text{行} \\ \left.\begin{matrix} \\ \\ \\ \\ \end{matrix}\right\} n \text{行}$$

该系数矩阵中对应于变量 x_{ij} 的系数向量 P_{ij}，其分量中除第 i 个和第 $m+j$ 个为 1 以外，其余的都为 0，即

$$P_{ij} = \begin{pmatrix} 0 \\ \vdots \\ 1 \\ \vdots \\ 1 \\ \vdots \\ 0 \end{pmatrix} \begin{matrix} \\ \rightarrow i \text{位置} \\ \\ \rightarrow m+j \text{位置} \\ \\ \end{matrix}$$

3.1.4 运输问题的特点

运输问题具有如下特点：

（1）运输问题的数学模型是一个线性规划模型。

（2）约束系数矩阵高度"退化"。

（3）产销平衡问题一定有可行解和最优解。

● 目标函数值 $z^* \geq 0$，下方有界。

（4）$r(A) = r(\hat{A}) = m+n-1$。

- $\hat{A}$：系数增广矩阵。
- 基变量个数 $m+n-1$。

3.2 表上作业法

运输问题的数学模型，如果用单纯形法求解，需要加入很多人工变量，而且迭代的时候经常出现退化解，使得求解过程非常复杂。因此我们采用一种比较简便的计算方法，即表上作业法（也称作运输单纯形法）。其具体步骤可归纳如下：

（1）确定初始方案，即找出初始基可行解，需在产销平衡表上给出 $m+n-1$ 个数字格；

（2）求非基变量检验数，判断是否达到最优解。如已是最优解，停止计算，否则转入下一步；

（3）确定换入、换出变量，找出新的可行解，在表上用闭回路法调整；

（4）重复（2），（3），直至求出最优解。

表上作业法的步骤也可以用图 3-1 表示。

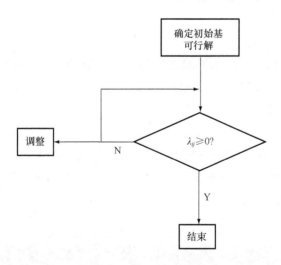

图 3-1　表上作业法图解

以上所有运算都可以在表上完成。可以看到，这种表上作业法的思路与单纯形法完全相同，只是具体做法有所差异。下面通过例子来说明表上作业法的计算步骤。

例 3-2　某公司经销某种产品，下设 3 个加工厂，该公司把这些产品分别运往 4 个经销点。已知从各工厂到各销售点的单位产品运价如表 3-5 所示。问各公司该如何调运产品，才能在满足各个销售点需要量的前提下，使运输总成本最低？

表 3-5 运输问题数据表

运价　销地 产地	B_1	B_2	B_3	B_4	产量 a_i（吨）
A_1	3	11	3	10	7
A_2	1	9	2	8	4
A_3	7	4	10	5	9
销量 b_j（吨）	3	6	5	6	20

3.2.1 确定初始基可行解

与一般线性规划模型不同，产销平衡的运输问题总存在可行解，而确定初始基可行解的方法很多。一般说来，我们希望采用的方法是既简便又尽可能地接近最优解。下面介绍两种方法：最小元素法和伏格尔（Vogel）法。

1．最小元素法（"就近调运"）

这种方法的基本思想是：就近供应，即从单位运价中选择最小运价开始确定供销关系，然后划去该运价所行或列；然后次小，直至给出初始可行解。具体方法如下：

（1）找到运价中最小的元素，确定供销关系。

- 若销量满足划掉列；
- 若产量满足划掉行；
- 若产、销同时满足，在对应同时划掉的那行或那列的任意空格处填 0，再同时划掉那行或那列（通常在那行或那列的 min 运价处填 0）。

（2）重复第（1）步。

以例 3-2 进行讨论。

第一步，在表 3-5 中找出最小运价为 1，表示先将 A_2 的产品供应给 B_1。因 $a_2 > b_1$，说明 A_2 的产品除满足 B_1 的需求外，还剩余 1 吨，所以在(A_2 ，B_1)的交叉处填上 3，并将满足销量所在的 B_1 列划去，见表 3-6。

表 3-6 最小元素法确定初始可行解步骤 I

销地 产地	B_1	B_2	B_3	B_4	a_i
A_1	3	11	3	10	7
A_2	3　1	9	2	8	4
A_3	7	4	10	5	9
b_j	3	6	5	6	20

第二步，在表 3-6 的未划去的元素中再找出最小运价 2，确定 A_2 多余的 1 吨产品供应

B_3, A_2 的产量全部满足, 划掉其所在的 A_2 行, 得到表 3-7。

表 3-7　最小元素法确定初始可行解步骤Ⅱ

产地＼销地	B_1	B_2	B_3	B_4	a_i
A_1	3	11	3	10	7
A_2	1 3	9	2 1	8	4
A_3	7	4	10	5	9
b_j	3	6	5	6	20

第三步, 在表 3-7 的未划去的元素中再找出最小运价 3; 重复进行下去, 直至所有运价都被划掉, 得到一个运输方案, 如表 3-8 所示。这一方案的总运费为

$$Z = 3 \times 1 + 6 \times 4 + 1 \times 2 + 4 \times 3 + 3 \times 10 + 3 \times 5 = 86 \text{ 元}。$$

表 3-8　最小元素法确定的初始可行解

产地＼销地	B_1	B_2	B_3	B_4	a_i
A_1	3	11	3 4	10 3	7
A_2	1 3	9	2 1	8	4
A_3	7	4 6	10	5 3	9
b_j	3	6	5	6	20

说明:

在表 3-8 中, 我们最终填入了 6 个数字, 这些数字所在的格我们称为**数字格**, 其他格称为**空格**。

- 每填一个数字, 划掉一行或一列;
- 填最后一个数字同时划掉一行和一列;
- 共填了 $(m+n-1)$ 个数字格, 即给出了 $(m+n-1)$ 个基变量的值;
- 这 $(m+n-1)$ 个基变量对应的列向量是线性独立的。

产销同时满足的情况:

如表 3-9 所示的运输问题, 先找出最小运价 1, 确定第一个数字格 3, 划掉 B_1 列; 再确定第二个数字格 6, 此时既满足 A_3 的产量, 又满足 B_2 的销量, 需同时划掉 A_3 行和 B_2 列。为能够保证 $(m+n-1=3+4-1=6)$ 个数字格, 需要在对应同时划掉的 A_3 行或 B_2 列的任意空格处(即在▲所在区域)填 0, 通常在 A_3 行和 B_2 列的 min 运价处填 0, 即在 (A_3, B_4) 处填 0, 再同时划掉 A_3 行和 B_2 列。

表 3-9 产销同时满足补 0 情形

产地＼销地	B_1	B_2	B_3	B_4	a_i
A_1	3	11 ▲	4	5	7
A_2	7	7 ▲	3	8	4
A_3	1　3	2　6	10 ▲	6 ▲	9
b_j	3	6	5	6	20

2. 伏格尔法

最小元素法虽然操作简单，但为了节省一处的费用，有时会在其他处要多花几倍的运费。因此人们又提出伏格尔法，其基本思想是：如某地产品不能按最小运费供应，就考虑次小运费；这样就有一个差额，差额越大，说明不能按最小运费调运的时候运费增加越多；所以，在差额最大处应优先按照最小运费调运。

仍以例 3-2 说明伏格尔法的计算方法和步骤如下：

（1）计算各行和各列的最小运费和次小运费的差额，并填入该表的最右列和最下行；

（2）在所有行差、列差中找到 max 差额，选出它所在行或列中的 min 运费，确定供销关系（填入数字）；划掉满足产量的行或满足销量的列；若产、销同时满足，在对应同时划掉的那行或那列的任意空格处填 0，再同时划掉那行或那列；

● max 差额有多个时，可任选其一。

（3）对未划掉的元素再分别计算各行和各列的最小运费和次小运费的差额，并填入该表的最右列和最下行；

重复步骤（1）、（2），直至给出初始解，如表 3-10 和表 3-11 所示。

表 3-10 伏格尔法确定初始可行解步骤 I

产地＼销地	B_1	B_2	B_3	B_4	a_i	行差
A_1	3	11	3	10	7	0
A_2	1	9	2	8	4	1
A_3	7	4　6	10	5	9	2
b_j	3	6	5	6	20	
列差	2	5	1	3		

表 3-11　伏格尔法确定初始可行解步骤Ⅱ

产地\销地	B_1	B_2	B_3	B_4	a_i	行差
A_1	3	11	3	10	7	0
A_2	1	9	2	8	4	1
A_3	7	4 （6）	10	5 （3）	9	2
b_j	3	6	5	6	20	
列差	2		1	3		

重复进行，得到用伏格尔法给出的初始可行解如表 3-12 所示。此时总运价为
$$Z = 3 \times 1 + 6 \times 4 + 5 \times 3 + 2 \times 10 + 1 \times 8 + 3 \times 5 = 85\ 元。$$

表 3-12　伏格尔法确定的初始可行解步骤

产地\销地	B_1	B_2	B_3	B_4	a_i
A_1	3	11	3 （5）	10 （2）	7
A_2	1 （3）	9	2	8 （1）	4
A_3	7	4 （6）	10	5 （3）	9
b_j	3	6	5	6	20

由以上可见，伏格尔法同最小元素法除在确定供求关系的原则上不同外，其余步骤相同，但伏格尔法给出的初始可行解更接近最优解。

3.2.2　最优解的判定

与单纯形法相同，检验运输问题方案是否为最优方案也是通过检验数进行的。判别的方法是计算空格（非基变量）的检验数 $c_{ij} - C_B B^{-1} P_{ij}(i, j \in N)$。因运输问题的目标函数是要求实现最小化，所以当所有非基变量检验数 $c_{ij} - C_B B^{-1} P_{ij} \geqslant 0$ 时为最优解。

下面介绍两种求空格检验数的方法。

1．闭回路法

闭回路是指从空格出发，水平或竖直向前划；遇到数字拐 90°（不是遇到所有数字都拐），继续前进；直到回到起始空格为止。从每一空格出发，一定可以找到唯一的闭回路。

仍以例 3-2 进行讨论。闭回路的经济解释为：在已给出初始解的表 3-8 中，从任一空格如 (A_1, B_1) 出发，让 A_1 的产品调运 1 吨给 B_1，为了保持产销平衡，就要进行依次调整，在 (A_1, B_3) 减少 1 吨，(A_2, B_3) 增加 1 吨，(A_2, B_1) 减少 1 吨。这样就构成了以 (A_1, B_1) 为起点，其他为数字格的闭回路，如表 3-13 所示。

表 3-13　空格（A_1，B_1）的闭回路

销地 产地	B_1		B_2		B_3		B_4		a_i
A_1	(+1)	3		11	4 (−1)	3	3	10	7
A_2	3 (−1)	1		9	1 (+1)	2		8	4
A_3		7	6	4		10	3	5	9
b_j	3		6		5		6		20

可见这样调整后的方案会使运费增加 (+1)×3+(−1)×3+(+1)×2+(−1)×1=1（元）。

将 "1" 这个数填入 (A_1, B_1) 格，就是相应的检验数。类似地，可以计算其他空格的检验数，如表 3-14 所示。

表 3-14　各空格的闭回路和检验数

空格	闭回路	检验数
（11）	（11）→（13）→（23）→（21）→（11）	1
（12）	（12）→（32）→（34）→（14）→（12）	2
（22）	（22）→（23）→（13）→（14）→（34）→（32）→（22）	1
（24）	（24）→（23）→（13）→（14）→（24）	−1
（31）	（31）→（21）→（23）→（13）→（14）→（34）→（31）	10
（33）	（33）→（34）→（14）→（13）→（33）	12

当检验数还存在负数时，说明没有达到最优解，需要改进，改进方法见 3.2.3 小节。

2．位势法

用闭回路法计算检验数时，需要找到每一空格的闭回路。当产销点很多时，这种计算很烦琐。下面介绍一种更为简便的方法——位势法。

设 u_i、v_j 分别代表各行势、列势，并假定 $u_1 = 0$，则对数字格而言，有 $u_i + v_j = c_{ij}$。

空格的检验数为：$\sigma_{ij} = c_{ij} - (u_i + v_j)$。

位势法的具体计算方法和步骤如下：

（1）在初始可行解的表格上增加一行一列，在列中填入 u_i，在行中填入 v_j。

（2）计算位势。令 $u_1 = 0$，根据 $u_i + v_j = c_{ij}(i, j \in B)$，相继计算 u_i，v_j。

由 $u_1 + v_3 = 3$，可得 $v_3 = 3$；

由 $u_1 + v_4 = 10$，可得 $v_4 = 10$；

由 $u_3 + v_4 = 5$，可得 $u_3 = -5$；

以此类推，计算所有 u_i，v_j。

（3）根据 $\sigma_{ij} = c_{ij} - (u_i + v_j)(i, j \in N)$ 计算所有空格的检验数。

如 $\sigma_{12} = c_{12} - (u_1 + v_2) = 11 - (0 + 9) = 2$

上述计算可以直接在表上进行，最终结果如表 3-15 所示。

表 3-15　位势法计算的检验数

销地 产地	B_1		B_2		B_3		B_4		u_i
A_1	（1）	3	（2）	11	（0）	3	（0）	10	0
						3		10	
A_2	（0）	1	（1）	9	（0）	2	（−1）	8	−1
		1				2			
A_3	（10）	7	（0）	4	（12）	10	（0）	5	−5
				4				5	
v_j	2		9		3		10		

表 3-15 中还有负检验数，说明没有达到最优解，需要进行改进。

3.2.3　改进方法——闭回路调整法

从最小负检验数所对应的空格进行调整，使最小负检验数所对应的空格达到最大的调整量。具体方法如下：

（1）找出最小负检验数所对应空格的闭回路；

（2）确定最大调整量 $\theta = \min$ （偶数顶点数字格）；奇数顶点加 θ，偶数顶点减 θ。

● 如果调整后有两个数字格都变为 0，则取任一个（一般取运价的 min）填为 0，其余的为空格。

针对例 3-2，$\theta = \min(1,3) = 1$，得到的调整表格如表 3-16 所示。

表 3-16　闭回路调整

销地 产地	B_1		B_2		B_3		B_4		a_i
A_1		3		11	4(+1)	3	3(−1)	10	7
A_2	3	1		9	1(−1)	2	(+1)	8	4
A_3		7	6	4		10	3	5	9
b_j	3		6		5		6		20

此时，调整后的运输方案如表 3-17 所示，此时总运价为 $Z = 3 \times 1 + 6 \times 4 + 5 \times 3 + 2 \times 10 + 1 \times 8 + 3 \times 5 = 85$ 元。

表 3-17　闭回路调整后的运输方案

产地＼销地	B_1	B_2	B_3	B_4	a_i
A_1	3	11	3 / 5	10 / 2	7
A_2	1 / 3	9	2	8 / 1	4
A_3	7	4 / 6	10	5 / 3	9
b_j	3	6	5	6	20

对于表 3-17,再计算各空格的检验数,见表 3-18,所有检验数均为非负,故表 3-17 中的解为最优解。最小总运价为 $Z = 3\times1+6\times4+5\times3+2\times10+1\times8+3\times5 = 85$ 元。

表 3-18　闭回路调整后的检验数

产地＼销地	B_1	B_2	B_3	B_4	u_i
A_1	3 / (0)	11 / (2)	3 / 3	10 / 10	0
A_2	1 / 1	9 / (2)	2 / (1)	8 / (1)	-2
A_3	7 / (9)	4 / 4	10 / (12)	5 / (12)	-5
v_j	3	9	3	10	

3.2.4　运输问题解的情况

如前所示,产销平衡的运输问题一定存在最优解。那么是有唯一最优解,还是有无穷多最优解?与单纯形法中的结论类似,当某个非基变量(空格)的检验数为 0 时,该问题有无穷多最优解。

在表 3-18 中,空格 (A_1,B_1) 的检验数为 0,标明例 3-2 有无穷多最优解。可在表 3-18 中以空格 (A_1,B_1) 为调入格,找到闭回路 (11) → (14) → (24) → (21) → (11),调整量 $\theta = \min(2,3) = 2$,得到调整后的另一最优解,如表 3-19 所示。

表 3-19　另一最优解

产地＼销地	B_1	B_2	B_3	B_4	a_i
A_1	3 / +2	11	3 / 5	10 / 2-2	7
A_2	1 / 3-2	9	2	8 / 1+2	4
A_3	7	4 / 6	10	5 / 3	9
b_j	3	6	5	6	20

3.3 产销不平衡的运输问题

前面所讲的表上作业法都是以产销平衡为前提的。但是实际问题可能是不平衡的，必须先转化成为产销平衡后再进行求解，具体做法如下：

（1）供大于求，即 $\sum_{i=1}^{m} a_i > \sum_{i=1}^{n} b_j$ 时，增加一个虚拟销地 D_{n+1}（也就是在表中增加一列），该虚拟销地的销量为 $b_{n+1} = \sum_{i=1}^{m} a_i - \sum_{i=1}^{n} b_j$。由于该运输并不真实发生，故令其单位运价为 $c_{i,n+1} = 0, i = 1, 2, \cdots, m$。这样原问题就转化成一个运输平衡问题。

（2）供小于求，即 $\sum_{i=1}^{m} a_i < \sum_{i=1}^{n} b_j$ 时，增加一个虚拟产地 S_{m+1}（也就是在表中增加一行），该虚拟产地的产量为 $a_{m+1} = \sum_{i=1}^{n} b_j - \sum_{i=1}^{m} a_i$。由于该运输并不真实发生，故令其单位运价为 $c_{m+1,j} = 0, i = 1, 2, \cdots, n$。同样，原问题也转化成一个运输平衡问题。

需要说明的是，如果某一销地的销量必须满足时，就不能由虚拟产地供应，此时，虚拟产地到该销地的运价就应为 $c'_{m+1,j} = M$。

例 3-3 甲、乙、丙 3 个城市每年需要煤炭分别为 320 万吨、250 万吨、350 万吨，由 A、B 两处煤矿负责供应。已知煤炭年供应量分别为：A—400 万吨，B—450 万吨。由煤矿至各城市的单位运价（万元/万吨）见表 3-20。由于需大于供，根据实际情况决定，甲城市供应量可减少 0~30 万吨，乙城市需求量必须全部满足，丙城市供应量不少于 270 万吨。试求将供应量分配完又使总运价最低的调运方案。

表 3-20 运输数据表

产地＼销地	甲	乙	丙	a_i（万吨）
A	15	18	22	400
B	21	25	16	450
b_j	320	250	350	

由题目可得，三城市每年煤炭的总需求量为：320+250+350 = 920 万吨，两处煤矿的供应量为：400+450 = 850 万吨，属于供小于求的情况，因此虚拟一个煤矿 C，其供应量为 920-850 = 70 万吨。各煤矿到各城市的单位运价见表 3-21。

表 3-21　增加虚拟煤矿 C 后的数据表

产地＼销地	甲	甲'	乙	丙	丙'	a_i
A	15	15	18	22	22	400
B	21	21	25	16	16	450
C	M	0	M	M	0	70
b_j	290	30	250	270	80	20

利用伏格尔法求出初始可行解，如表 3-22 所示。

表 3-22　伏格尔法求出初始可行解

产地＼销地	甲	甲'	乙	丙	丙'	a_i
A	15 150	15	18 250	22	22	400
B	21 140	21	25	16 270	16 40	450
C	M	0 30	M	M	0 40	70
b_j	290	30	250	270	80	20

用位势法求各非基变量的检验数，如表 3-23 所示。

表 3-23　位势法计算的各检验数

产地＼销地	甲	甲'	乙	丙	丙'	u_i
A	15	15 (5)	18	22 (12)	22 (12)	0
B	21	21 (5)	25 (1)	16	16	6
C	M ($M-5$)	0	M ($M-8$)	M (M)	0	-10
v_j	15	10	18	10	10	

表 3-23 中所有非基变量的检验数均为非负，故表 3-22 的解为最优解。按照此方案调运的总运价最低，为 14650 万元。

3.4　应用举例

例 3-4　某公司在 3 个工厂中专门生产一种产品。在未来的 4 个月中，有 4 个处于国内不同区域的潜在顾客（批发商）很可能大量订购。顾客 1 是公司优先级别最高的顾客，所以他的全部订购量都应该满足；顾客 2 和顾客 3 也是公司很重要的顾客，所以营销经理认为作为最低限度至少要满足他们订单的 1/3；对于顾客 4，销售经理认为并不需要进行特殊考虑。由于运输成本上的差异，销售一件产品得到的净利润也不同，很大程度上取决于哪个工厂供应哪个顾客（见表 3-24）。问应向每一个顾客供应多少货物，以使公司总利润最大？

表 3-24　工厂供应顾客的相关数据

	单位利润（元）				产量（件）
	顾客 1	顾客 2	顾客 3	顾客 4	
工厂 1	55	42	46	53	8000
工厂 2	37	18	32	48	5000
工厂 3	29	59	51	35	7000
最小采购量（件）	7000	3000	2000	0	
最大采购量（件）	7000	9000	6000	8000	

解： 该问题要求满足不同顾客的需求（采购量），即最小采购量≤实际供给量≤最大采购量。3 个工厂的总产量为 20000 件，4 个顾客的最低采购量为 12000 件，最高采购量为 30000 件，大于总产量。为保持产销平衡，虚拟一个工厂 4，其产量为 10000 件。

由于每个顾客的需求分为必须满足和不一定满足两部分，故将其视为两个顾客。必须满足的顾客其采购量不能由虚拟工厂提供，令其单位利润为 M（M 为任意大正数）；不一定满足的顾客其采购量由虚拟工厂提供，令其单位利润为 0。由此可得该问题的产销平衡及单位利润表，如表 3-25 所示。

表 3-25　例 3-4 的产销平衡及单位利润表

	顾客 1	顾客 2	顾客 2′	顾客 3	顾客 3′	顾客 4	顾客 4′	产量（件）
工厂 1	55	42	42	46	46	53	53	8000
工厂 2	37	18	18	32	32	48	48	5000
工厂 3	29	59	59	51	51	35	35	7000
工厂 4	M	M	0	M	0	M	0	10000
采购量（件）	7000	3000	6000	2000	4000	0	8000	

设 x_{ij} 为工厂 i 供应给顾客 j 的产品数量，则该问题的数学模型为

$$\max z = 55x_{11} + 42x_{12} + 46x_{13} + 53x_{14} + 37x_{21} + 18x_{22} + 32x_{23} + 48x_{24} + 29x_{31}$$
$$+ 59x_{32} + 51x_{33} + 35x_{34}$$

$$\text{s.t.}\begin{cases} x_{11} + x_{12} + x_{13} + x_{14} = 8000 & （工厂1） \\ x_{21} + x_{22} + x_{23} + x_{24} = 5000 & （工厂2） \\ x_{31} + x_{32} + x_{33} + x_{34} = 7000 & （工厂3） \\ x_{11} + x_{21} + x_{31} = 7000 & （顾客1） \\ 3000 \leqslant x_{12} + x_{22} + x_{32} \leqslant 9000 & （顾客2） \\ 2000 \leqslant x_{13} + x_{23} + x_{33} \leqslant 6000 & （顾客3） \\ x_{14} + x_{24} + x_{34} \leqslant 8000 & （顾客4） \\ x_{ij} \geqslant 0(i=1,2,3; j=1,2,3,4) \end{cases}\tag{3-3}$$

模型的求解结果如表 3-26 所示。

表 3-26　例 3-4 最优解

	顾客 1	顾客 2	顾客 3	顾客 4	总供给量（件）
工厂 1	7000		1000		8000
工厂 2				5000	5000
工厂 3		6000	1000		7000
顾客总需求量（件）	7000	6000	2000	5000	

例 3-5　某机床厂生产某一规格的机床。已知该厂各季度的生产能力及生产每台柴油机的成本如表 3-27 所示。按合同规定须于当年每个季度末分别提供 15 台、10 台、20 台、30 台同一规格的机床。如果生产出来的机床当季不交货的，每台每积压一个季度需储存、维护等费用 0.1 万元。要求在完成合同的情况下做出使该厂全年生产（包括储存、维护）费用最小的生产计划。

表 3-27　柴油机生产成本表

季度	生产能力（台）	单位成本（万元）
1	20	10.9
2	40	11.2
3	35	11.1
4	15	11.5

解：由于每个季度生产的机床不一定当季交货，所以设 x_{ij} 为第 i 季度生产的用于第 j 季度交货的机床数。

每个季度生产的用于当季的和以后各季交货的机床数不能超过该季度的生产能力，即

$$\begin{cases} x_{11} + x_{12} + x_{13} + x_{14} \leqslant 20 \\ x_{22} + x_{23} + x_{24} \leqslant 40 \\ x_{33} + x_{34} \leqslant 35 \\ x_{44} \leqslant 15 \end{cases}\tag{3-4}$$

根据合同要求，必须满足

$$\begin{cases} x_{11}=15 \\ x_{12}+x_{22}=10 \\ x_{13}+x_{23}+x_{33}=20 \\ x_{14}+x_{24}+x_{34}+x_{44}=30 \end{cases} \qquad (3\text{-}5)$$

第 i 季度生产的用于第 j 季度交货的每台机床的实际成本 c_{ij} 应该是该季度单位成本加上储存、维护等费用，其具体值见表 3-28。

表 3-28　交货机床实际成本数据

季度	I	II	III	IV
1	10.9	11.0	11.1	11.2
2		11.2	11.3	11.4
3			11.1	11.2
4				11.5

设 a_i 为第 i 季度的生产能力，b_j 为第 j 季度的合同供应量，则问题可写成

$$\min z = \sum_{i=1}^{4}\sum_{j=1}^{4} c_{ij}x_{ij}$$

$$\text{s.t.} \begin{cases} \sum_{j=1}^{4} x_{ij} \leqslant a_i & i=1,2,3,4 \\ \sum_{i=1}^{4} x_{ij} = b_j & j=1,2,3,4 \\ x_{ij} \geqslant 0 & i,j=1,2,3,4 \end{cases} \qquad (3\text{-}6)$$

值得注意的是，当 $i>j$ 时，应使 $x_{ij}=0$。为实现这一要求，在上述模型中，令对应的 $c_{ij}=M$，M 为一个充分大的正数。由于各季度总生产能力为 110（=20+40+35+15），而各季度合同总需求量为 75（=15+10+20+30），故增加一个虚拟的销售季度 5，使问题变成产销平衡的运输模型，其产销平衡表和单位运价如表 3-29 所示。

表 3-29　产销平衡表和单位运价表

交货季度＼生产季度	1	2	3	4	5	产量 a_i（台）
1	10.9	11.0	11.1	11.2	0	20
2	M	11.2	11.3	11.4	0	40
3	M	M	11.1	11.2	0	35
4	M	M	M	11.5	0	15
需求量 b_j（台）	15	10	20	30	35	110

用表上作业法可求得最优方案为：

1 季度生产 20 台，其中 15 台于当季交货，5 台于 4 季度交货；

2 季度生产 20 台，其中 10 台于当季交货，10 台于 4 季度交货；

3 季度生产 35 台，其中 20 台于当季交货，15 台于 4 季度交货。

按该方案生产，机床厂全年生产（包括储存、维护）费用为 836 万元。

例 3-6 华中金刚石锯片厂有两条生产线，分别生产直径 900mm～1800mm 大锯片基体 20000 片，直径 350mm～800mm 中小锯片基体 40000 片。公司在全国有 25 个销售网点，主要销售区域集中在福建、广东、广西、四川、山东 5 个石材主产区。为完成总厂的要求，公司决定一方面拿出 10%的产量稳定与前期各个客户的联系以保证将来的市场区域份额；另一方面，面临如何将剩余的 90%的产量合理分配给 5 个石材主产区和其他省区，以获取最大的利润。各个销售区的最低需求、销售固定费用、每片平均运费、每片从总厂库房的购进价与当地的销售价差贡献等自然情况如表 3-30 所示。问应如何分配给各个销售区，才能使得总利润为最大？

表 3-30 大锯片和中小锯片的相关数据

销售区域	销售固定费用（万元）	规格直径 900mm～1800mm					规格直径 350mm～800mm				
		最低需求（片）	最高需求（片）	每片平均运费（元）	每片零售与出厂价差（元）	每片利润（元）	最低需求（片）	最高需求（片）	每片平均运费（元）	每片零售与出厂价差（元）	每片利润（元）
福建	21	3500	8000	80	350	270	7500	22000	22	85	63
广东	10	2000	6000	60	300	240	4500	20000	15	75	60
广西	9	2500	6000	75	370	295	4000	15000	25	85	60
四川	8	2500	6000	80	380	300	5000	20000	25	89	64
山东	7	2000	8000	78	320	242	4000	18000	21	80	59
其他省区	90	2000	未做统计	90	350	260	4000	未做统计	28	85	57

解：该问题数据较多，但经过分析整理，其产量在最高与最低需求之间，目标函数是求利润最大化。表 3-30 可以简化为表 3-31。

表 3-31 大锯片和中小锯片的主要数据

销售区域		福建	广东	广西	四川	山东	其他省区
销售固定费用（万元）		21	10	9	8	7	90
每片利润（元）	规格直径 900mm～1800mm	270	240	295	300	242	260
	规格直径 350mm～800mm	63	60	60	64	59	57

对于该问题，构建数学模型如下：

设 x_{ij} 为公司分配给区域 j 物品 i 的数量（$i=1,2; j=1,2,\cdots,6$），其中 $i=1$，2 分别表示大锯片和中小锯片，$j=1,2,\cdots,6$ 分别表示福建、广东、广西、四川、山东和其他各省区，则有：

$$\max z = 270x_{11} + 240x_{12} + 295x_{13} + 300x_{14} + 242x_{15} + 260x_{15} + 63x_{21} + 60x_{22} + 60x_{23} + 64x_{24} + 59x_{25} + 57x_{26}$$
$$-210000 - 100000 - 90000 - 80000 - 70000 - 900000$$

$$\text{s.t.}\begin{cases} x_{11}+x_{12}+x_{13}+x_{14}+x_{15}+x_{16}=18000 \\ x_{21}+x_{22}+x_{23}+x_{24}+x_{25}+x_{26}=36000 \\ 3500 \leqslant x_{11} \leqslant 8000,\ 2000 \leqslant x_{12} \leqslant 6000,\ 2500 \leqslant x_{13} \leqslant 6000 \\ 2500 \leqslant x_{14} \leqslant 6000,\ 2000 \leqslant x_{15} \leqslant 8000,\ x_{16} \geqslant 2000 \\ 7500 \leqslant x_{21} \leqslant 22000,\ 4500 \leqslant x_{22} \leqslant 20000,\ 4000 \leqslant x_{23} \leqslant 15000 \\ 5000 \leqslant x_{24} \leqslant 20000,\ 4000 \leqslant x_{25} \leqslant 18000,\ x_{26} \geqslant 4000 \\ x_{ij} \geqslant 0(i=1,2;\ j=1,2,\cdots,6) \end{cases} \tag{3-7}$$

求解该问题，得公司最大利润为 573.1 万元，最优分配方案如表 3-32 所示。

表 3-32　最优分配方案

销售区域 锯片产品	福建	广东	广西	四川	山东	其他省区
大锯片	3500	2000	2500	6000	2000	2000
中小锯片	7500	4500	4000	12000	4000	4000

3.5　计算机求解运输问题的实现

例 3-7　某公司有 3 个加工厂 A_1、A_2、A_3 生产某产品，每日的产量分别为：7 吨、4 吨、9 吨；该公司把这些产品分别运往 4 个销售点 B_1、B_2、B_3、B_4，各销售点每日销量分别为：3 吨、6 吨、5 吨、6 吨；从各工厂到各销售点的单位产品运价如表 3-33 所示。问该公司应如何调运这些产品，在满足各销售点的需要量的前提下，使总运费最少？

表 3-33　各工厂到各销售点的单位产品运价（元/吨）

运价 产地	B_1	B_2	B_3	B_4	产量 a_i（吨）
A_1	3	11	3	10	7
A_2	1	9	2	8	4
A_3	7	4	10	5	9
销量 b_j（吨）	3	6	5	6	20

解：由于总产量（7+4+9=20）=总销量（3+6+5+6=20），故该问题为产销平衡问题。其数学模型如下：

设从 A_i 运往 B_j 的运量为 $x_{ij}(i,j=1,2,3)$，

$$\min z = 3x_{11}+11x_{12}+3x_{13}+10x_{14}$$
$$+x_{21}+9x_{22}+2x_{23}+8x_{24}$$
$$+7x_{31}+4x_{32}+10x_{33}+5x_{34}$$

$$\text{s.t.}\begin{cases} x_{11}+x_{12}+x_{13}+x_{14}=7 \\ x_{22}+x_{22}+x_{23}+x_{24}=4 \\ x_{31}+x_{32}+x_{33}+x_{34}=9 \\ x_{11}+x_{21}+x_{31}=3 \\ x_{12}+x_{22}+x_{32}=6 \\ x_{13}+x_{23}+x_{33}=5 \\ x_{14}+x_{24}+x_{34}=6 \\ x_{ij}\geqslant 0, i,j=1,2,3 \end{cases} \tag{3-8}$$

与一般线性规划问题的解法类似，首先需建立运输问题的电子表格，如图 3-2 所示。

	A	B	C	D	E	F	G	H	I
1									
2									
3		单位运价	销地B1	销地B2	销地B3	销地B4			
4		产地A1	3	11	3	10			
5		产地A2	1	9	2	8			
6		产地A3	7	4	10	5			
7									
8		运输量	销地B1	销地B2	销地B3	销地B4	实际产量		产量
9		产地A1	2	0	5	0	7	=	7
10		产地A2	1	0	0	3	4	=	4
11		产地A3	0	6	0	3	9	=	9
12		实际销量	3	6	5	6			
13			=	=	=	=			总费用
14		销量	3	6	5	6			85

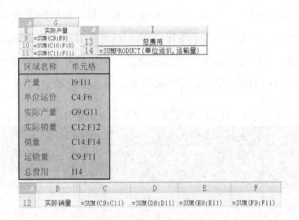

图 3-2　例 3-7 的电子表格

例 3-8 的电子表格命名与公式，如图 3-3 所示。

	G
8	实际产量
9	=SUM(C9:F9)
10	=SUM(C10:F10)
11	=SUM(C11:F11)

	I
13	总费用
14	=SUMPRODUCT(单位运价,运输量)

区域名称	单元格
产量	I9:I11
单位运价	C4:F6
实际产量	G9:G11
实际销量	C12:F12
销量	C14:F14
运输量	C9:F11
总费用	I14

	B	C	D	E	F
12	实际销量	=SUM(C9:C11)	=SUM(D9:D11)	=SUM(E9:E11)	=SUM(F9:F11)

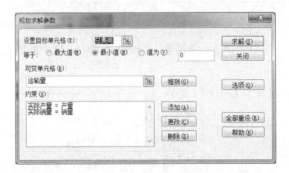

图 3-3　例 3-7 的电子表格命名与公式

图 3-4　例 3-7 求解参数设置

Excel 求解结果如表 3-34 所示。

表 3-34 各工厂到各销售点的最优运输方案（吨）

	B_1	B_2	B_3	B_4
A_1	2		5	
A_2	1			3
A_3		6		3

此时，运输总费用最少，为 85 元。

例 3-8 对例 3-6 使用 Excel 求解。

电子表格、公式设置和参数设置如图 3-5 ~ 图 3-8 所示。

	A	B	C	D	E	F	G	H	I	J	K	L
1		例3.7										
2												
3		销售区域		福建	广东	广西	四川	山东	其他省区			
4		销售固定费用		210,000	100,000	90,000	80,000	70,000	900,000			
5		每片利	大锯片	270	240	295	300	242	260			
6		润	中小锯片	63	60	60	64	59	57			
7												
8		销售区域		福建	广东	广西	四川	山东	其他省区	总分配量		可分配量
9		实际	大锯片	3,500	2,000	2,500	6,000	2,000	2,000	18,000	=	18,000
10		分配量	中小锯片	7,500	4,500	4,000	12,000	4,000	4,000	36,000	=	36,000
11												
12			最低需求	3,500	2,000	2,500	2,500	2,000	2,000			总利润
13				<=	<=	<=	<=	<=	<=			5,731,000
14	大锯片		实际分配量	3,500	2,000	2,500	6,000	2,000	2,000			
15				<=	<=	<=	<=	<=	<=			
16			最高需求	8,000	6,000	6,000	6,000	8,000	18,000			
17												
18			最低需求	7,500	4,500	4,000	5,000	4,000	4,000			
19				<=	<=	<=	<=	<=	<=			
20	中小锯片		实际分配量	7,500	4,500	4,000	12,000	4,000	4,000			
21				<=	<=	<=	<=	<=	<=			
22			最高需求	22,000	20,000	15,000	20,000	18,000	36,000			

图 3-5 例 3-6 电子表格

	J		L
8	总分配量	8	可分配量
9	=SUM(D9:I9)	9	=20000*90%
10	=SUM(D10:I10)	10	=40000*90%

同时仍需使用到 sumproduct（）函数进行汇总运算

	L
12	总利润
13	=SUMPRODUCT(每片利润,实际分配量)-SUM(固定费用)

	B	C	D	E	F	G	H	I
14	大锯片	实际分配量	=D9	=E9	=F9	=G9	=H9	=I9

	B	C	D	E	F	G	H	I
20	中小锯片	实际分配量	=D10	=E10	=F10	=G10	=H10	=I10

图 3-6 例 3-6 的电子表格公式

图 3-7 例 3-6 求解参数设置 I

参数设置与一般线性规划问题相同。

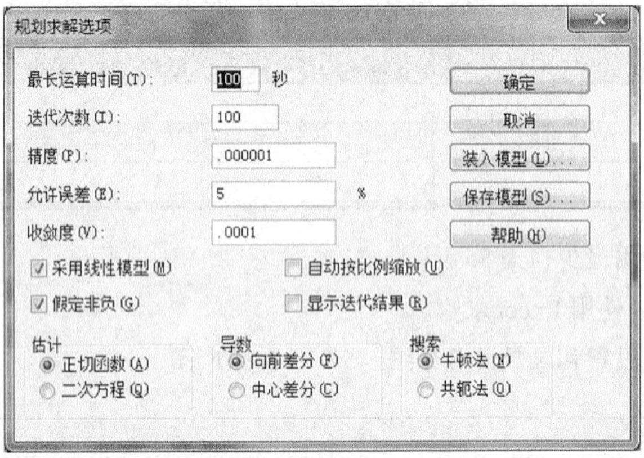

区域名称	单元格
大锯片实际分配量	D14:I14
大锯片最低需求	D12:I12
大锯片最高需求	D16:I16
固定费用	D4:I4
可分配量	L9:L10
每片利润	D5:I6
实际分配量	D9:I10
中小锯片实际分配量	D20:I20
中小锯片最低需求	D18:I18
中小锯片最高需求	D22:I22
总分配量	J9:J10
总利润	L13

图 3-8　例 3-6 求解参数设置 II

Excel 求解结果如表 3-35 所示。

表 3-35　最优分配方案

锯片产品＼销售区域	福建	广东	广西	四川	山东	其他省区
大锯片	3500	2000	2500	6000	2000	2000
中小锯片	7500	4500	4000	12000	4000	4000

本章小结

在本章，介绍了一类特殊的线性规划问题——运输问题的处理方法。

- 掌握运输问题的基本概念与数学模型；
- 掌握运输平衡问题的求解方法——表上作业法；

- 掌握运输不平衡问题的解法；
- 了解运输问题的应用；
- 掌握计算机求解运输问题的实现。

习题

1. 判断表 3-36 至 3-48 中的方案是否为运输问题的初始方案。

表 3-36　运量表

产地＼销地	B_1	B_2	B_3	B_4	B_5	产量
A_1	10	15				25
A_2		30	15			45
A_3				25	10	35
A_4					35	35
销量	10	45	15	25	45	

表 3-37　运量表

产地＼销地	B_1	B_2	B_3	B_4	B_5	产量
A_1	5	20				25
A_2		18	12			30
A_3	15		5		20	40
A_4				20		20
销量	20	38	17	20	20	

2. 表 3-38 为某运输问题各产地到各销地之间的单位运价表和产销平衡表，试用最小元素法、伏格尔法求初始基本可行解。

表 3-38　单位运价表和产销平衡表

产地＼销地（单位运价）	B_1	B_2	B_3	产量（吨）
A_1	5	1	8	12
A_2	2	4	1	14
A_3	3	6	7	4
销量（吨）	9	10	11	20

3. 用表上作业法求解表 3-39 和表 3-40 描述的运输问题。

表 3-39　单位运价表和产销平衡表

单位运价　＼　销地 产地	B₁	B₂	B₃	B₄	B₅	产量
A₁	10	15	20	20	40	50
A₂	20	40	15	30	30	100
A₃	30	35	40	25	50	150
销量	25	115	60	30	70	

表 3-40　单位运价表和产销平衡表

单位运价　＼　销地 产地	B₁	B₂	B₃	B₄	产量
A₁	9	8	13	14	18
A₂	10	10	12	14	24
A₃	8	9	11	13	6
A₄	10	7	11	12	12
销量	6	14	35	30	

4. 某石油公司设有 4 个炼油厂，它们生产普通汽油，并为 7 个销售区服务，生产和需求及从各炼油厂运往各销售区每公升汽油平均运费（单位：角/公升）如表 3-41 所示。问应如何安排调运，可使运费最省？

表 3-41　炼油厂供应销售区的相关数据

运费　＼　销地 产地	销售区 1	销售区 2	销售区 3	销售区 4	销售区 5	销售区 6	销售区 7	日产量 （万公升）
炼油厂 1	6	5	2	6	3	6	3	35
炼油厂 2	3	7	5	8	6	9	2	25
炼油厂 3	4	8	6	5	5	8	5	15
炼油厂 4	7	4	4	7	4	7	4	40
日最大销售量 （万公升）	25	20	10	25	10	15	10	

5. 某公司在 4 个工厂中专门生产一种产品。在未来的 4 个月中，有 4 个处于国内不同区域的潜在顾客（批发商）很可能大量采购。顾客 1 是公司优先级别最高的顾客，所以他的全部订购量都应该满足；顾客 2 和顾客 3 也是公司很重要的顾客，所以营销经理认为至少要满足他们订单的 1/3；对于顾客 4，营销经理认为不需要进行特殊考虑。由于运输成本上的差异，销售一个产品得到的净利润也不同，其在很大程度上取决于哪个工厂供应哪个顾客（见表 3-42）。那么，如何供应货物使公司总利润最大？

表 3-42 工厂供应顾客的相关数据

单位运价 销地 产地	顾客 1	顾客 2	顾客 3	顾客 4	产量 (kg)
A_1	9	8	13	14	1800
A_2	10	10	12	14	2400
A_3	8	9	11	13	1600
A_4	10	7	11	12	2200
订购量（kg）	1600	1400	3400	3000	

6. 某玩具公司生产 3 种新型玩具，每月可供应量分别为 1500、2500、3000 件，分别送到 3 个玩具店销售。已知每月各玩具店各类玩具的总预期销售量均为 2000 件，由于经营方面的原因，各玩具店销售各类玩具的盈利额不同（见表 3-43）。又有甲玩具店要求至少供应 B 玩具 1000 件，而拒绝引进 A 玩具。求满足上述条件下使总获利最大的供销分配方案。

表 3-43 3 种新型玩具的相关数据

盈利 玩具店 新型玩具	甲	乙	丙	可供应量
A	—	5	6	1500
B	15	9	10	2500
C	13	11	12	3000

第4章　整数规划

学习目标

- 掌握整数规划的基本概念与分类
- 理解整数规划问题的建模与应用
- 掌握一般整数规划的求解方法——分支定界法、割平面法
- 理解求解 0-1 规划的隐枚举法
- 掌握指派问题的解法——匈牙利法
- 掌握计算机求解整数规划的实现

开篇案例

某校篮球队准备从 10 名预备队员中选择 5 名作为正式队员，队员的各种情况如表 4-1 所示。

表 4-1　各预备队员的相关数据

队员编号	身高（厘米）	月薪（元）	技术分	位置
1	184	4200	8	中锋
2	192	4700	8.3	中锋
3	186	6000	9	中锋
4	190	7000	9.5	中锋
5	183	4400	8.2	前锋
6	184	5000	8.6	前锋
7	187	4300	8.1	前锋
8	188	3800	7.8	后卫
9	190	4700	8.3	后卫
10	192	6400	9.2	后卫

队员的选取要满足以下条件：

（1）至少补充 1 名中锋；

（2）至多补充 2 名后卫；

（3）1 号和 2 号队员最多只能选 1 个；

（4）平均身高要达到 188 厘米；

（5）技术分平均分不低于 8.6 分；

由于经费有限，期望月薪总额越低越好，那么应如何挑选队员？

4.1　整数规划问题的提出

在第一章中讨论的线性规划模型中的决策变量取值范围是连续的，这些模型的最优解不一定是整数。但是对于许多实际问题来说，决策变量的取值只有取整数才有意义，如决策变量代表产品件数、装货的车数、指派任务的人数等。因此这些变量的线性规划问题应有一个整数约束条件。我们称这样的含有整数约束的线性规划问题为整数规划（Integer Programming），简称 IP，整数规划是最近几十年来发展起来的规划论中的一个分支。

例 4-1　某工厂要生产两种新产品：门和窗。经测算，每生产一扇门需要在车间 1 加工 1 小时，在车间 3 加工 3 小时；每生产一扇窗需要在车间 2 和车间 3 各加工 2 小时。而车间 1 每周可用于生产这两种新产品的时间为 4 小时，车间 2 为 12 小时，车间 3 为 18 小时。已知每扇门的利润为 300 元，每扇窗的利润为 500 元。而且根据经市场调查得到的该两种新产品的市场需求状况可以确定，按当前的定价可确保所有新产品均能销售出去。

问该工厂应如何安排这两种新产品的生产计划，可使总利润最大？

由题意，可得表 4-2。

表 4-2　原料消耗和产品单位利润表

车间	单位产品的生产时间（小时）		每周可获得的生产时间（小时）
	门	窗	
1	1	0	4
2	0	2	12
3	3	2	18
单位利润（元）	300	500	

解： 设每周门、窗的生产量分别为 x_1、x_2，获得总利润为 Z。显然 x_1、x_2 都必须是非负整数，其数学模型为：

$$\max z = 300x_1 + 500x_2$$

$$\text{s.t.} \begin{cases} x_1 & \leqslant 4 \\ & 2x_2 \leqslant 12 \\ 3x_1 + 2x_2 \leqslant 18 \\ x_1, x_2 \geqslant 0 \\ x_1, x_2 \text{为整数} \end{cases} \qquad (4\text{-}1)$$

模型(4-1)中第 5 个约束即为整数约束。

4.2　整数规划的数学模型

整数规划模型的一般形式为：

$$\max z = \sum_{j=1}^{n} c_j x_j$$

$$\text{s. t.} \begin{cases} \sum_{j=1}^{n} a_{ij} x_j = b_i, & i = 1, 2, \cdots, m \\ x_j \geqslant 0, \ 部分或全部为整数, \ j = 1, 2, \cdots, n \end{cases} \qquad (4\text{-}2)$$

根据决策变量是否取整数，可以将整数规划分为如下类型。

（1）纯整数规划（Pure Integer Programming）：所有决策变量全部为（非负）整数，这时引进的松弛变量和剩余变量可以不要求取整数。

（2）全整数规划（All Integer Programming）：除了所有决策变量要求取非负整数外，系数 a_{ij} 和常数 b_i 也要求取整数，这时引进的松弛变量和剩余变量也必须是整数。

（3）混合整数规划（Mixed Integer Programming）：部分决策变量为整数的规划。

（4）0-1 规划：决策变量取值仅限于 0 或 1 的整数规划。

虽然整数规划与线性规划在形式上相差不多，但是由于整数规划的解是离散的正整数，实质上它属于非线性规划。若去掉整数规划的整数约束条件，该规划就变成了一个线性规划，我们把这个线性规划称为整数规划对应的松弛问题。

4.3 整数规划的解法

在解整数规划问题时，可以通过它的松弛问题，利用线性规划的单纯形法求得整数解。但是简单的采用求解线性规划问题的单纯形法往往不能求出整数解。而采用舍零取整的方法则或者破坏约束条件，或者得不到最优解。

下面以例 4-2 做详细说明。

例 4-2 求解线性规划问题。

$$\max z = 6x_1 + 4x_2$$

$$\text{s.t.} \begin{cases} 2x_1 + 4x_2 \leqslant 13 \\ 2x_1 + x_2 \leqslant 7 \\ x_1, \ x_2 \geqslant 0 \\ x_1, \ x_2 均为整数 \end{cases}$$

解：暂不考虑整数约束条件，用图解法求得最优解 $(x_1, x_2) = (2.5, 2)$，目标函数值为 23。此时，x_1 不满足整数约束条件，若令 $x_1 = 3$，则不满足第 1 和第 2 个约束条件；若令 $x_1 = 2$，则目标函数值为 20，此解不是最优解。因为存在 $(x_1, x_2) = (3, 1)$ 使得目标函数值为 22，很明显优于 $(x_1, x_2) = (2, 2)$。

由此可见，整数规划的可行解是离散的、可数的点集，它包含在相应的松弛问题的可行域范围内。故在不考虑整数解约束条件时所求的松弛问题的最优解是相应的整数规划问题最优解的上限，即整数规划最优解不优于相应的线性规划问题的最优解。

整数规划问题的可行解是有限多个点，当问题的规模较小时，可采用枚举法，如果问题为二维时，还可采用图解法。但是当问题规模较大时，采用枚举法的计算量将会大得难以求解，故还需寻找其他解法，常用的有分支定界法和割平面法。

需指出：若给定的规划模型为纯整数规划，但在约束条件中，某些 a_{ij} 或 b_i 为非整数，则需在求解前将其转化成等效的整数型约束。如约束 $x_1 + \frac{1}{2}x_2 \leqslant \frac{13}{3}$ 需转化为 $6x_1 + 3x_2 \leqslant 26$，加松弛变量后得 $6x_1 + 3x_2 + x_s = 26$，再进一步求解。

4.3.1　分枝定界法

分支定界法（Branch and Bound Method）是 20 世纪 60 年代，Land 和 Doig Dakin 等人提出的。适用范围：全整数规划问题、混合整数规划问题、0-1 规划问题的求解。

其基本思想是：设有最大化的整数规划问题 A，

$$\max z = \sum_{j=1}^{n} c_j x_j$$

$$\text{s.t.} \begin{cases} \sum_{j=1}^{n} a_{ij} x_j = b_i & (i = 1, 2, \cdots, m) \\ x_j \geqslant 0 & (j = 1, 2, \cdots, n \text{且为整数}) \end{cases}$$

其对应的松弛问题为 B，

$$\max z = \sum_{j=1}^{n} c_j x_j$$

$$\text{s.t.} \begin{cases} \sum_{j=1}^{n} a_{ij} x_j = b_i & (i = 1, 2, \cdots, m) \\ x_j \geqslant 0 & (j = 1, 2, \cdots, n) \end{cases}$$

先求出松弛问题 B 的解，若不满足 A 的整数约束，那么 B 的最优目标函数必是 A 的最优目标函数 z^* 的上界，记作 $\bar{z}$；而 A 的任意可行解的目标函数值将是 z^* 的下界 $\underline{z}$。以松弛问题 B 的解为出发点，将原问题分解为两个分枝，给每一分枝增加一个新的约束条件，缩小可行域，求解两个分枝；重复进行该过程，逐步缩小 $\bar{z}$ 和增大 $\underline{z}$，直至求出最优解 z^*。

分支定界法的思路和基本步骤如下：

（1）解与整数规划问题 A 对应的线性规划问题 B。

● B 无可行解，则 A 无可行解，停止计算；

● B 有最优解，并符合 A 的整数约束条件，则此最优解即为 A 的最优解，停止计算；

● B 有最优解，但不符合 A 的整数条件，记它的目标函数值为 $\bar{z}$。

（2）分枝：选 B 最优解中任意一非整数变量 x_j，其值为 b_j，构造两个约束条件 $x_j \leqslant [b_j]$ 和 $x_j \geqslant [b_j] + 1$，添加到原整数规划 A 中，形成两个后继问题 B_1 和 B_2。

● 其中，$[b_j]$ 为不超过 b_j 的最大整数。

● 不难看出，该步骤从 B 中去掉了 $[b_j] < b_j < [b_j] + 1$ 的部分，即去掉了部分非整数解。

（3）定界：以每个后继问题为分枝标明求解结果。

● 不考虑整数约束，求解 B_1、B_2 这两个问题。若最优解均满足整数条件，则得到原问题 A 的最优解；

● 若最优解不是整数解，则在各分支问题中找出目标函数值最大者作为新的上界；从已符合整数条件的分枝中，找出目标函数值最大者作为新的下界。对所有需分枝的主枝中目标函数值最大的（新的 $\bar{z}$）先分枝，即重复（2）分枝，得到新的子问题。

（4）剪枝：各分枝的最优目标值若小于 $\underline{z}$，则剪掉这枝（打×）；若大于 $\underline{z}$ 且不符合整数条件，则重复（2）分枝。

表 4-3　分枝后重新求解可能出现的情况

序号	问题 1	问题 2	说明
1	无可行解	无可行解	整数规划无可行解
2	无可行解	整数解	此整数解即为最优解
3	无可行解	非整数最优解	对问题 2 继续分枝
4	整数解	整数解	较优解为最优
5	整数解，目标函数优于问题 2	非整数解	问题 1 的整数解即为最优解
6	整数解	非整数解，目标函数优于问题 1	问题 1 停止分枝（剪枝），其整数解为界，对问题 2 继续分枝

如此进行分枝、剪枝，并不断出现新的解，如表 4-3 所示，直至求出整数规划的最优解。

例 4-3　用分支定界法求解如下整数规划问题。

$$\max z = x_1 + 5x_2$$

$$\text{s.t.}\begin{cases} x_1 - x_2 \geqslant -2 \\ 5x_1 + 6x_2 \leqslant 30 \\ x_1 \leqslant 4 \\ x_1, x_2 \geqslant 0 \text{且全为整数} \end{cases}$$

解：暂不考虑整数约束，利用图解法求解对应的松弛问题（见图 4-1），得到最优解为

$$x_1 = \frac{18}{11}, \ x_2 = \frac{40}{11}, \ z^{(0)} = \frac{218}{11}$$

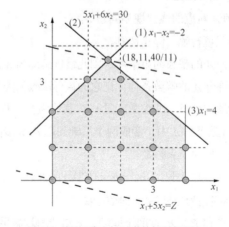

图 4-1　图解法求解对应的松弛问题 *LP*

该解不符合整数约束，但是 $z^{(0)} = 218/11$ 可理解为该问题最优解 z^* 的上界，记 $z^{(0)} = \bar{z}$。

而 $x_1 = 0$，$x_2 = 0$，很显然是问题 A 的一个整数可行解，这时 $z = 0$ 是 z^* 的一个下界，记 $\underline{z} = 0$。即 $0 \leqslant z^* \leqslant 218/11$。

首先针对 $x_1 = 18/11 \approx 1.64$ 这一非整数解进行分枝，构造两个约束条件 $x_1 \leqslant 1$ 和 $x_2 \geqslant 2$ 分别加到原整数规划问题中，可得如下两个新的分枝问题 $LP1$ 和 $LP2$：

$$\max z = x_1 + 5x_2$$

$$LP1 \quad \text{s.t.} \begin{cases} x_1 - x_2 \geqslant -2 \\ 5x_1 + 6x_2 \leqslant 30 \\ x_1 \leqslant 4 \\ x_1 \leqslant 1 \\ x_1, \ x_2 \geqslant 0 \text{且为整数} \end{cases}$$

$$\max z = x_1 + 5x_2$$

$$LP2 \quad \text{s.t.} \begin{cases} x_1 - x_2 \geqslant -2 \\ 5x_1 + 6x_2 \leqslant 30 \\ x_1 \leqslant 4 \\ x_1 \geqslant 2 \\ x_1, \ x_2 \geqslant 0 \text{且为整数} \end{cases}$$

对于 $LP1$ 和 $LP2$，暂不考虑整数约束分别求解（见图 4-2 和图 4-3），得到各自的解，如表 4-4 所示。

表 4-4　分枝后的解

	问题 *LP1*	问题 *LP2*
x_1	1	2
x_2	3	10/3
z	16	56/3

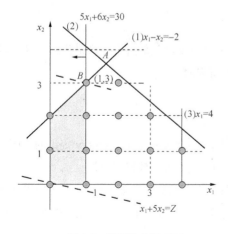

图 4-2　图解法求解 $LP1$

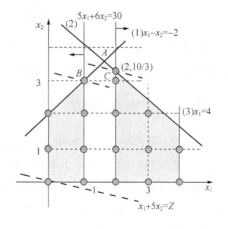

图 4-3　图解法求解 $LP2$

由于 $LP1$ 已得到整数解，所以该分枝停止继续计算。而 $z_2 > z_1 = 16$，原问题可能有比 16 更大的最优解，此时 $16 = \underline{z} \leqslant z^* \leqslant \overline{z} = 56/3$，但 $x_2 = 10/3$ 不是整数解，故针对 x_2 对问题 $LP2$ 增加约束条件 $x_2 \leqslant 3$，$x_2 \geqslant 4$，进行分枝得到 $LP21$ 和 $LP22$。

$LP22$ 无可行解，故该枝剪掉。而 $z^{(21)} > z^{(1)}$，故对问题 $LP21$ 进行分枝，得到问题 $LP211$ 和 $LP212$。$z^{(212)} < z^{(211)} = 17$，故对 $LP212$ 分枝已无必要，剪掉改枝。

整数解 $z^{(212)} > z^{(1)}$，故该问题最优值为 $z^* > z^{(212)} = 17$，最优解为

$$X^* = (2,3)^{\mathrm{T}}$$

上述求解计算过程如图 4-4 所示。

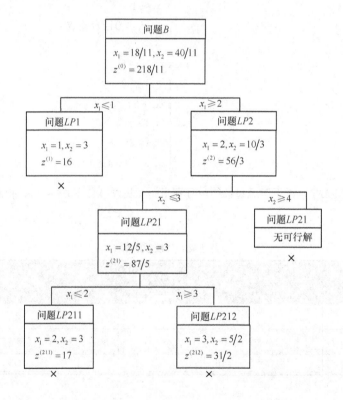

图 4-4　分支定界法图解

用分枝定界法比穷举法优越，因为它仅在一部分可行解的整数解中寻求最优解，计算量比穷举法小。但若变量数目很大，其计算量也是相当可观的。

4.3.2　割平面法

整数规划的割平面法（Cutting Plane Algorithm）是 1958 年由 R. E. Gomory 提出的，更方便于纯整数规划问题的求解，其基础仍然是用解 LP 的方法去解整数规划问题。

割平面法的基本思想是：在松弛问题中逐次增加一个新约束（即割平面），割掉原可行域的一部分（只含非整数解），使得切割后最终得到这样的可行域（不一定一次性得到），它的一个有整数坐标的顶点恰好是问题的最优解，如图 4-5 所示。

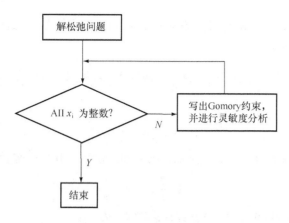

图 4-5　割平面法计算步骤图解

下面以例 4-4 说明割平面法的思路和基本步骤。

例 4-4　求解

$$\max z = x_1 + x_2$$

$$\text{s.t.} \begin{cases} -x_1 + x_2 \leqslant 1 \\ 3x_1 + x_2 \leqslant 4 \\ x_1,\ x_2 \geqslant 0 \ 且为整数 \end{cases} \tag{4-3}$$

解：

（1）根据单纯形法求解对应的松弛问题。

● 若整数解，得到最优解；

● 若非整数解，求切割方程：

　　➢ 切割方程由最终表中含非整数解基变量的等式约束演变而来；

　　➢ 切割方程不唯一；

不考虑整数约束，例 4-4 根据单纯形法得对应松弛问题的初始表和最终表如表 4-5 所示。

表 4-5　单纯形法下松弛问题的初始表和最终表

	c_j			**1**	**1**	**0**	**0**
	C_B	X_B	b	x_1	x_2	x_3	x_4
初始表	0	x_3	1	−1	1	1	0
	0	x_4	4	3	1	0	1
	σ_j		0	1	1	0	0
最终表	1	x_1	3/4	1	0	−1/4	1/4
	1	x_2	7/4	0	1	3/4	1/4
	σ_j		−5/2	0	0	−1/2	−1/2

可见，最优解为 $x_1 = \dfrac{3}{4}$，$x_2 = \dfrac{7}{4}$，$z = \dfrac{10}{4}$，均为非整数解。

（2）若非整数解，将 b_i 和 a_{ik} 都分解成整数部分和正真分数之和，选择 b_i 真分数部分 max 的基变量所在行为源行；

本例中，$b_1 = \dfrac{3}{4} = 0 + \dfrac{3}{4}$，$b_2 = \dfrac{7}{4} = 1 + \dfrac{3}{4}$，两者真分数相同，故任选一行作为源行。这里我们选第一行作为源行：

$$x_1 - \frac{1}{4}x_3 + \frac{1}{4}x_4 = \frac{3}{4}$$

（3）将约束条件系数分离：如是整数则不变；如是分数，写成一个整数加一个正的真分数，

$$x_1 + (-1 + \frac{3}{4})x_3 + (0 + \frac{1}{4})x_4 = 0 + \frac{3}{4}$$

（4）将真分数部分留在左边，整数部分移动到右边：

$$\frac{3}{4}x_3 + \frac{1}{4}x_4 = \frac{3}{4} + (0 - x_1 + x_3)$$

（5）由此得到切割条件：

$$\frac{3}{4}x_3 + \frac{1}{4}x_4 \geqslant \frac{3}{4}$$

● 如何得到切割条件？

——系数全为正的真分数乘以相应的变量 ≥ 该行的常数项真分数部分。

假如源行为 $x_1 - \dfrac{9}{4}x_2 + \dfrac{7}{3}x_3 - \dfrac{15}{11}x_4 = \dfrac{20}{7}$

则，切割条件为 $\dfrac{3}{4}x_2 + \dfrac{1}{3}x_3 + \dfrac{7}{11}x_4 \geqslant \dfrac{6}{7}$

（6）将切割条件系数整数化，即得到切割方程（ * ）；

$$3x_3 + x_4 \geqslant 3 \xrightarrow{\text{标准化}} -3x_3 - x_4 + x_5 = -3 \quad *$$

（7）将 * 添加到原最终表，得到非可行解，如表 4-6 所示。

表 4-6　添加切割方程后的单纯形表

c_j			1	1	0	0	0
C_B	X_B	b	x_1	x_2	x_3	x_4	x_5
1	x_1	3/4	1	0	-1/4	1/4	0
1	x_2	7/4	0	1	3/4	1/4	0
0	x_5	-3	0	0	-3	-1	1
σ_j		-5/2	0	0	-1/2	-1/2	0

（8）用对偶单纯形法继续求解。

选 x_5 为换出变量，计算

$$\theta = \min_j \left(\frac{\sigma_j}{a_{lj}} \mid a_{lj} < 0 \right) = \min \left(\frac{-\frac{1}{2}}{-3}, \frac{-\frac{1}{2}}{-1} \right) = \frac{1}{6}$$

故 x_3 为换入变量，按单纯形法进行迭代，得表 4-7。

表 4-7 对偶单纯形法计算表

	c_j		1	1	0	0	0
C_B	X_B	b	x_1	x_2	x_3	x_4	x_5
1	x_1	1	1	0	0	1/3	-1/12
1	x_2	1	0	1	0	0	1/4
0	x_3	1	0	0	1	1/3	-1
	σ_j	-2	0	0	0	-1/3	-1/6

此时得到整数解，即最优解为

$$X^* = (1,1)^{\mathrm{T}}, Z = 2 。$$

4.4 0-1 型整数规划

0-1 型整数规划是整数规划中的特殊情形，它的变量 x_i 仅取值 0 或 1。这时 x_i 称为 0-1 变量，或称二进制变量。这个条件可由下述约束条件所代替：

$$\begin{cases} x_i \leqslant 1 \\ x_i \geqslant 0, \text{ 且为整数} \end{cases}$$

0-1 型整数规划和一般整数规划的约束条件形式是一致的。

0-1 变量作为逻辑变量(logical variable)，常被用来表示系统是否处于某个特定状态，或者决策时是否取某个特定方案。例如

$$x = \begin{cases} 1, & \text{当决策采取某种方案 } P \text{ 时} \\ 0, & \text{当决策不采取某种方案 } P \text{ 时} \end{cases}$$

当问题含有多项要素，而每项要素皆有两种选择时，可用一组 0-1 变量来描述。一般地，设问题有有限项要素 $E_1, E_2, \cdots, E_n$，其中每项 E_j 有两种选择 A_j 和 $\overline{A}_j$，则可令

$$x_j = \begin{cases} 1, & \text{若 } E_j \text{ 选择 } A_j \\ 0, & \text{若 } E_j \text{ 选择 } \overline{A}_j, \quad j = 1, 2, \cdots, n \end{cases}$$

那么向量 $(x_1, x_2, \cdots, x_n)$ 就描述了问题的特定状态或方案，即

$$(x_1, x_2, ..., x_n)^{\mathrm{T}} = \begin{cases} (1,1,...1,1)^{\mathrm{T}}, \text{若选择} (A_1, A_2, ..., A_{n-1}, A_n)^{\mathrm{T}} \\ (1,1,...1,0)^{\mathrm{T}}, \text{若选择} (A_1, A_2, ..., A_{n-1}, \overline{A_n})^{\mathrm{T}} \\ \vdots \\ (1,0,...0,0)^{\mathrm{T}}, \text{若选择} (A_1, \overline{A_2}, ... \overline{A_{n-1}}, \overline{A_n})^{\mathrm{T}} \\ (0,0,...0,0)^{\mathrm{T}}, \text{若选择} (\overline{A_1}, \overline{A_2}, ... \overline{A_{n-1}}, \overline{A_n})^{\mathrm{T}} \end{cases}$$

4.4.1 0-1 型整数规划的解法

0-1 型整数规划有两种解法——穷举法和隐枚举法。

穷举法，这是求解 0-1 型整数规划最容易想到的办法，即列举变量取值 0 或 1 的每一种组合，比较目标函数值的大小以求得最优解，这就需要检查变量的 2^n 个组合。对于变量个数 n 较大时，这几乎是不可能的。这就需要设计一些其他的解法，只检查变量取值的一部分，就能得到最优解。

隐枚举法（implict enumeration）：只检查变量取值组合的一部分，就能求得问题的最优解的方法。分支定界法也是一种隐枚举法。

下面举例说明隐枚举法。

例 4-5 求解

$$\max z = 3x_1 - 2x_2 + 5x_3$$

$$\begin{cases} x_1 + 2x_2 - x_3 \leqslant 2 & ① \\ x_1 + 4x_2 + x_3 \leqslant 4 & ② \\ x_1 + x_2 \leqslant 3 & ③ \\ 4x_1 + x_3 \leqslant 6 & ④ \\ x_1, x_2, x_3 = 0 \text{或} 1 & ⑤ \end{cases}$$

解题时，先通过试探法找一个可行解，容易看出 $(x_1, x_2, x_3) = (1, 0, 0)$ 就是符合①～④条件的，算出相应的目标函数值 $z = 3$。

对于极大化问题求最优解，当然希望 $z \geqslant 3$，于是增加一个约束条件：

$$3x_1 - 2x_2 + 5x_3 \geqslant 3 \ ◎$$

该后加的条件称为过滤条件(filtering constraint)。

（1）这样，原问题的线性约束条件就变成 5 个。用穷举法，3 个变量共有 $2^3 = 8$ 个解。原来 4 个约束条件共需 32 次运算。现在增加了过滤条件◎。将 5 个约束条件按◎～④顺序排好（见表 4-8），对每个解，依次代入约束条件左侧，求出数值，看是否适合不等式条件，如某一条件不适合，同行以下各条件就不必再检查。计算过程中，若产生 z 劣于此时的过滤值，则不考虑，继续下一个组合；若优于此时的过滤值，则逐个考察是否满足约束条件，只要有一个不满足，则该组合为不可行解，继续下一个组合；如果满足所有约束，则产生新的过滤值，继续下一个组合。

表 4-8 隐枚举法计算过程

(x_1, x_2, x_3)	条件					满足条件？ 是（√）否（×）	z 值
	◎	①	②	③	④		
(0,0,0)	0					×	
(0,0,1)	5	-1	1	0	1	√	5
(0,1,0)	-2					×	
(0,1,1)	3	1	5			×	
(1,0,0)	3	1	1	1	4	√	3
(1,0,1)	8	0	2	1	5	√	8

(x_1, x_2, x_3)	条件					满足条件? 是（√）否（×）	z 值
	◎	①	②	③	④		
(1,1,0)	1					×	
(1,1,1)	6	2	6			×	

可见，最优解为 $X^* = (1,0,1)^T$，$z^* = 8$ 上例在计算过程中，若遇到 z 值已超过条件◎右边的值，应改变条件◎，使右边为迄今为止最大者，然后继续。

例如，当检查点(0,0,1)时因 $z = 5(> 3)$，所以应将条件◎换成

$$3x_1 - 2x_2 + 5x_3 \geqslant 5 \quad ◎'$$

这种对过滤条件的改进，更可以减少计算量。

改进算法

（2）如求极大化问题，根据目标函数中价值系数 c_j 的递增顺序，对目标函数中的变量重新排序，约束条件变量顺序和目标函数中变量顺序保持一致。

如例 4-5，变量顺序改为

$$\max z = -2x_2 + 3x_1 + 5x_3$$

$$\begin{cases} 2x_2 + x_1 - x_3 \leqslant 2 & ① \\ 4x_2 + x_1 + x_3 \leqslant 4 & ② \\ x_2 + x_1 \leqslant 3 & ③ \\ 4x_1 + x_3 \leqslant 6 & ④ \\ x_1, x_2, x_3 = 0 \text{ 或 } 1 & ⑤ \end{cases}$$

（3）找一个可行解，其目标函数值定为过滤值，增加一个约束条件◎。

如例 4-5，找到一个可行解 $(x_1, x_2, x_3) = (1,0,0)$，增加约束后的模型为

$$\max z = -2x_2 + 3x_1 + 5x_3$$

$$\begin{cases} -2x_2 + 3x_1 + 5x_3 \geqslant 3 & ◎ \\ 2x_2 + x_1 - x_3 \leqslant 2 & ① \\ 4x_2 + x_1 + x_3 \leqslant 4 & ② \\ x_2 + x_1 \leqslant 3 & ③ \\ 4x_1 + x_3 \leqslant 6 & ④ \\ x_1, x_2, x_3 = 0 \text{ 或 } 1 & ⑤ \end{cases}$$

（4）变量取值顺序也按递增顺序列入表中。

（5）其他步骤同前，最终得到最优解。

解题时的具体步骤见表 4-9~表 4-11。

表 4-9 改进的隐枚举法计算过程 I

点 (x_2, x_1, x_3)	条件					是否满足条件	z 值
	◎'	①	②	③	④		
(0,0,0)	0					×	
(0,0,1)	5	-1	1	0	1	√	5

改进过滤条件，用

$$3x_1 - 2x_2 + 5x_3 \geqslant 5 \ \text{◎}'$$

代替◎，继续进行，得表 4-10。

表 4-10 改进的隐枚举法计算过程 II

点 (x_2, x_1, x_3)	条件					是否满足条件	z 值
	◎′	①	②	③	④		
(0,1,0)	3					×	
(0,1,1)	8	0	2	1	1	√	8

再改进过滤条件，用

$$3x_1 - 2x_2 + 5x_3 \geqslant 8 \ \text{◎}''$$

代替◎′，继续进行，得表 4-11。

表 4-11 改进的隐枚举法计算过程 III

点 (x_2, x_1, x_3)	条件					是否满足条件	z 值
	◎″	①	②	③	④		
(1,0,0)	2					×	
(1,0,1)	3					×	
(1,1,0)	1					×	
(1,1,1)	6					×	

至此，z 值已不能再改进，即得到最优解，解如前，但计算已简化。

4.4.2 0-1 型整数规划的应用

1．0-1 决策变量

（1）背包问题(Knapsack Problem)

一个旅行者，为了准备旅行的必需用品，要在背包内装一些最有用的东西，但有个限制，最多只能装 b 千克的物品，而每件物品只能整个携带，这样旅行者给每件物品规定了一个"价值"以表示其有用的程度。如果共有 n 件物品，第 j 件物品 a_j 千克，其价值为 c_j。问题是：在携带的物品总重量不超过 b 千克条件下，携带哪些物品，可使总价值最大？

解：令 $x_j = \begin{cases} 1, & \text{携带物品} j \\ 0, & \text{不携带物品} j \end{cases}$，则问题可表示成 0-1 规划

$$\max z = \sum_{j=1}^{n} c_j x_j$$

$$\text{s.t.} \begin{cases} \sum_{j=1}^{n} a_j x_j \leqslant b \\ x_j = 0 \text{或} 1, \ j = 1, 2, \cdots, n \end{cases}$$

例 4-6 一登山队员做登山准备，他需要携带的物品有：食品，氧气，冰镐，绳索，帐篷，照相机和通信设备，每种物品的重要性系数和重量如表 4-12 所示。假定登山队员可携带

最大重量为 25 千克。

表 4-12　携带物品的相关数据

序号	1	2	3	4	5	6	7
物品	食品	氧气	冰镐	绳索	帐篷	相机	设备
重量	5	5	2	6	12	2	4
重要系数	20	15	18	14	8	4	10

解： 令 $x_j = \begin{cases} 1, & \text{携带物品} j \\ 0, & \text{不携带物品} j \end{cases}$，则 0-1 规划数学模型为

$$\max z = 20x_1 + 15x_2 + 18x_3 + 14x_4 + 8x_5 + 4x_6 + 10x_7$$

$$\text{s.t.} \begin{cases} 5x_1 + 5x_2 + 2x_3 + 6x_4 + 12x_5 + 2x_6 + 4x_7 \leqslant 25 \\ x_j = 0 \text{或} 1, \quad j = 1, 2, \cdots, 7 \end{cases}$$

（2）厂址选择模型

例 4-7 某销售公司打算通过在武汉或长春设立分公司（也可以在两个城市都设分公司）以增加市场份额，管理层同时也在考虑建立一个配送中心（也可以不建配送中心），但配送中心地点限制在新设分公司的城市。

经过计算，每种选择使公司收益的净现值和所需费用如表 4-13 所示。总的预算费用不得超过 1000 万元。目标是在满足以上约束的条件下使总的净现值最大。

表 4-13　建立分公司和配送中心的净现值和所需费用

	净现值（万元）	所需资金（万元）
在长春设立分公司	800	600
在武汉设立分公司	500	300
在长春建配送中心	600	500
在武汉建配送中心	400	200

解： 该问题的决策变量是 0-1 变量，如表 4-14 所示。

表 4-14　例 4-7 的决策变量

	决策变量	可能取值
在长春设立分公司？	x_1	0 或 1
在武汉设立分公司？	x_2	0 或 1
在长春建配送中心？	x_3	0 或 1
在武汉建配送中心？	x_4	0 或 1

该问题的约束条件包含以下 4 部分：

① 总预算支出；

② 公司最多只建一个新配送中心（互斥）；

③ 公司只在新设分公司的城市建配送中心（相依）；

④ 0-1 变量。

构建的数学模型为

$$\max z = 800x_1 + 500x_2 + 600x_3 + 400x_4$$

$$\text{s.t.} \begin{cases} 600x_1 + 300x_2 + 500x_3 + 200x_4 \leqslant 1000 & ① \\ x_3 + x_4 \leqslant 1 & ② \\ x_3 \leqslant x_1 & ③ \\ x_4 \leqslant x_2 & ④ \\ x_1, x_2, x_3, x_4 = 0,1 & ⑤ \end{cases}$$

2. 0-1 辅助变量

（1）固定成本问题（fixed cost problem）

在一般情况下，产品的成本是由固定成本和可变成本两部分组成。固定成本是指在固定投入要素上的支出，它不受产量影响，如厂房和设备的租金、贷款利息、管理费用等；可变成本是指在可变投入要素上的支出，它是随着产量变化而变化的成本，如原材料费用、生产工人的工资、销售佣金等。

通常，变动成本和产量成正比，所以可用下面的表达式来代表某一产品的总成本

$$f_i(x_i) = \begin{cases} k_i + c_i x_i, & \text{若} x_i > 0 \\ 0, & \text{若} x_i = 0 \end{cases}$$

对于有 n 产品生产问题的一般模型可以表示如下：

$$\min z = f_1(x_1) + f_2(x_2) + \cdots + f_n(x_n)$$

s.t. 给定的线性约束条件

引入辅助 0-1 变量 y_i，将是否生产第 i 种产品转化为：

$$\min z = \sum_{i=1}^{n}(k_i y_i + c_i x_i)$$

$$\text{s.t.} \begin{cases} \text{最初给定的线性约束条件} \\ x_i \leqslant My_i \quad (i = 1,2,\cdots,n) \\ y_i = 0,1 \quad (i = 1,2,\cdots,n) \end{cases}$$

其中 M 是个充分大的数。

例 4-8 设例 4-1 描述的问题有如下变化：生产新产品（门和窗）各需要一笔启动成本，分别为 700 元和 1300 元，门和窗的单位利润还是原来的 300 元和 500 元，如表 4-15 所示。求此时工厂的最优生产计划。

表 4-15　例 4-8 相关数据表

车间	单位产品的生产时间（小时）		每周可获得的生产时间（小时）
	门	窗	
1	1	0	4
2	0	2	12
3	3	2	18
启动成本（元）	700	1300	
单位利润（元）	300	500	

解：

① 决策变量。

由于涉及启动成本（固定成本），本问题的决策变量有两类，第一类是所需要生产的门和窗的数量；第二类是决定是否生产门和窗，这种逻辑关系可用辅助 0-1 变量来表示。

a. 整数决策变量：设 x_1、x_2 分别为门和窗的每周产量。

b. 辅助 0-1 变量：设 y_1、y_2 分别表示是否生产门和窗，取 0 时表示不生产，取 1 时表示生产。

② 目标函数。

本问题的目标是公司的总利润最大

$$\max z = 300x_1 + 500x_2 - 700y_1 - 1300y_2$$

③ 约束条件。

a. 原有的 3 个车间每周可用工时限制；

b. 新产品需要启动成本，即产量 x_i 与是否生产 y_i 之间的关系；

c. 产量 x_i 非负且为整数，是否生产 y_i 为 0-1 变量

构建的数学模型为

$$\max z = 300x_1 + 500x_2 - 700y_1 - 1300y_2$$

$$\text{s.t.} \begin{cases} x_1 \leqslant 4 \\ 2x_2 \leqslant 12 \\ 3x_1 + 2x_2 \leqslant 18 \\ x_1 \leqslant My_1 \\ x_2 \leqslant My_2 \\ x_1, x_2 \geqslant 0 \text{ 且为整数} \\ y_1, y_2 = 0, 1 \end{cases}$$

（2）产品互斥问题

在实际生产过程中，为了防止产品的多元化，有时需要限制产品生产的种类，这就是产品互斥问题。

处理产品互斥问题时，采用处理固定成本问题的方法，引入辅助 0-1 变量：y_i 表示第 i 种产品是否生产。

因此，在 n 种产品中，最多只能生产 k 种的约束为：

$$y_1 + y_2 + \cdots + y_n \leqslant k(k < n)$$

产量 x_i 与是否生产 y_i 之间的关系：

$$x_i \leqslant My_i \quad (i = 1, 2, \cdots, n)$$

例 4-9 设例 4-1 描述的问题有如下变化：两种新产品门和窗具有相同的用户，是互相竞争的。因此，管理层决定不同时生产两种产品，而是只能选择其中的一种进行生产。

解：

① 决策变量。

本问题的决策变量仍有两类，第一类是门和窗的每周产量；第二类是门和窗是否生产。

a. 决策变量：设 x_1、x_2 分别为门和窗的每周产量。

b. 辅助 0-1 变量：设 y_1、y_2 分别表示是否生产门和窗，取 0 时表示不生产，取 1 时表示生产。

② 目标函数。

本问题的目标是公司的总利润最大。

③ 约束条件。

a. 原有的 3 个车间每周可用工时限制；

b. 只能生产一种产品（产品互斥）；

c. 产量 x_i 非负且为整数，是否生产 y_i 为 0-1 变量。

构建的数学模型为

$$\max z = 300x_1 + 500x_2$$

$$\text{s.t.} \begin{cases} x_1 \leqslant 4 \\ 2x_2 \leqslant 12 \\ 3x_1 + 2x_2 \leqslant 18 \\ y_1 + y_2 \leqslant 1 \\ x_1 \leqslant My_1 \\ x_2 \leqslant My_2 \\ x_1, x_2 \geqslant 0 \\ y_1, y_2 = 0, 1 \end{cases}$$

（3）两个约束中选一个约束的问题

管理决策者经常会遇到在两个约束中选一个的问题，举例来说，某个投资方案有两个约束，但只要其中有一个成立就可以了，另外一个约束则不做要求。

把这种问题转换为有 0-1 变量的混合整数规划问题，这样，需要引入一个变量，来决定满足两个约束条件中的哪一个，这样的问题也是一个辅助 0-1 变量问题，用 y 表示：

$$y = \begin{cases} 0, & \text{选择约束条件1} \\ 1, & \text{选择约束条件2} \end{cases}$$

例 4-10 厂拟用集装箱托运甲乙两种货物，每箱的体积、重量、可获利润以及托运所受限制如表 4-16 所示。问两种货物各托运多少箱，可使获利最大？

表 4-16　各货物的相关数据

货物	体积（米³/箱，车运）	体积（米³/箱，船运）	重量（百千克/箱）	利润（百元/箱）
甲	5	7	2	20
乙	4	3	5	10
托运限制	24	45	13	

解： 车运限制条件为

$$5x_1 + 4x_2 \leqslant 24$$

船运限制条件为

$$7x_1 + 3x_2 \leqslant 45$$

车运和船运这两个条件是相互排斥的，故引入 0-1 辅助变量 y，令

$$y = \begin{cases} 0, & \text{选择车运方式} \\ 1, & \text{选择船运方式} \end{cases}$$

于是，该问题的模型为上述两个约束合并

$$\max z = 20x_1 + 10x_2$$

$$\text{s.t.} \begin{cases} 5x_1 + 4x_2 \leqslant 24 + yM \\ 7x_1 + 3x_2 \leqslant 45 + (1-y)M \\ 2x_1 + 5x_2 \leqslant 13 \\ x_1, x_2 \geqslant 0 \text{且为整数} \\ y_1, y_2 = 0 \text{或} 1 \end{cases}$$

4.5 指派问题

在实际工作中，管理部门经常面临这样一些问题：有 n 项任务要完成，有 n 项资源（可以理解为人、机器设备等）可以完成任务，并且每项任务交给一个对象完成，每个对象也只能完成一种任务。由于每个对象的特点与能力不同，故其完成各项任务的效率也不同。那么，如何分配资源，才能使完成各项任务的总效率最高（或总消耗最少）？这类问题就成为指派问题（assignment problem）。

4.5.1 指派问题的数学模型

当分配问题的目标函数寻求总效率最高时，问题可归纳为 max 型指派问题；而寻求总消耗最少时，问题可归纳为 min 型指派问题。虽然两类问题的目标函数不同，但数学模型是一致的。

例 4-11 有 5 个熟练工人，他们都是多面手，有 5 项任务要他们完成。若规定每人必须完成且只完成一项任务，而每人完成每项任务的工时耗费如表 4-17 所示，问如何分配任务，可使完成 5 项任务的总工时耗费最少？

表 4-17 任务指派工时耗费表

人员 \ 工时 \ 任务	A	B	C	D	E
甲	7	5	9	8	11
乙	9	12	7	11	9
丙	8	5	4	6	9
丁	7	3	6	9	6
戊	4	6	7	5	11

资源 i 为完成任务 j 所能达到的效率 $c_{ij}(c_{ij} > 0, i, j = 1, 2, \cdots, n)$ 通常用表格表示（见表 4-16），

这种表通常称为效率矩阵或系数矩阵。

解题时，设 $x_{ij} = \begin{cases} 1, & \text{第}i\text{人完成}j\text{项任务} \\ 0, & \text{否则} \end{cases}$

则该问题的数学模型为

$$\min z = \sum_{i=1}^{5} \sum_{j=1}^{5} c_{ij} x_{ij}$$

$$\begin{cases} \sum_{j=1}^{5} x_{ij} = 1, & i = 1,2,3,4,5 \\ \sum_{i=1}^{5} x_{ij} = 1, & j = 1,2,3,4,5 \\ x_{ij} = 0\text{或}1 \end{cases}$$

由例 4-11 可见，指派问题数学模型的一般形式如下

$$\min z = \sum_{i=1}^{n} \sum_{j=1}^{n} c_{ij} x_{ij}$$

$$\text{s.t.} \begin{cases} \sum_{i=1}^{n} x_{ij} = 1, & j = 1,2,\cdots,n \qquad \text{第}j\text{项任务只能由一人完成} \\ \sum_{j=1}^{n} x_{ij} = 1, & i = 1,2,\cdots,n \qquad \text{第}i\text{人只能完成一项任务} \\ x_{ij} = 0\text{或}1 \end{cases}$$

4.5.2 指派问题的解法——匈牙利法

指派问题的数学模型与运输问题相似，但与后者比较，指派问题具有自己的特点。实际上，指派问题是 0-1 规划问题的特例。虽然我们可以利用运输问题的解法求解指派问题，但由于指派问题出现严重的退化，计算效率往往不高。库恩（W.W.Kuhn）于 1955 年提出了求解指派问题的方法，他引用了匈牙利数学家康尼格一个关于矩阵中 0 元素的定理——系数矩阵中独立 0 元素的最多个数等于覆盖所有 0 元素的最少直线数。故该解法被称为匈牙利法。

匈牙利法的基本思路为：对费用矩阵 C 的行和列减去某个常数，将 C 化成有 n 个位于不同行不同列的零元素，令这些零元素对应的变量取 1，其余变量取零，即得指派问题的最优解。

匈牙利法是基于指派问题的标准型的，标准型需满足以下 3 个条件：

（1）目标函数求 $\min$；

（2）效率矩阵为 n 阶方阵；

（3）效率矩阵中所有元素 $c_{ij} \geqslant 0$，且为常数。

匈牙利法的计算步骤如下：

（1）变换效率矩阵 C，使每行每列至少有一个零，变换后的矩阵记为 B。

● 行变换：找出每行最小元素，从该行各元素中减去之；

● 列变换：找出每列最小元素，从该列各元素中减去之；

● 若某行（列）已有 0 元素，就不必再减。

以例 4-11 为例，效率矩阵变换为

$$C = \begin{bmatrix} 7 & 5 & 9 & 8 & 11 \\ 9 & 12 & 7 & 11 & 9 \\ 8 & 5 & 4 & 6 & 9 \\ 7 & 3 & 6 & 9 & 6 \\ 4 & 6 & 7 & 5 & 11 \end{bmatrix} \begin{matrix} -5 \\ -7 \\ -4 \\ -3 \\ -4 \end{matrix} \xRightarrow[\text{变换}]{\text{行}} \begin{bmatrix} 2 & 0 & 4 & 3 & 6 \\ 2 & 5 & 0 & 4 & 2 \\ 4 & 1 & 0 & 2 & 5 \\ 4 & 0 & 3 & 6 & 3 \\ 0 & 2 & 3 & 1 & 7 \end{bmatrix} \xRightarrow[\text{变换}]{\text{列}} \begin{bmatrix} 2 & 0 & 4 & 2 & 4 \\ 2 & 5 & 0 & 3 & 0 \\ 4 & 1 & 0 & 1 & 3 \\ 4 & 0 & 3 & 5 & 1 \\ 0 & 2 & 3 & 0 & 5 \end{bmatrix} = B$$

$$-1 \quad -2$$

（2）进行试指派，寻求最优解。

找尽可能多的独立的 0 元素；若独立 0 元素已有 n 个，则已得出最优解。确定独立 0 元素的方法为：当 n 较小时，可用观察法或试探法；当 n 较大时，可按下列顺序进行。

① 从只有一个 0 元素的行（列）开始，给这个 0 元素加圈，记作◎，然后划去◎所在的列（行）的其他 0 元素，记作 φ；

② 给只有一个 0 元素的列（行）的 0 加圈，记作◎，然后划去◎所在行的 0 元素，记作 φ；

③ 反复进行，直到系数矩阵中的所有 0 元素都被圈去或划去为止；

④ 如遇到行或列中 0 元素都不止一个，从 0 数量最少的行（列）开始，选择该行各 0 所在列 0 少的那个 0 元素加圈，同时划去同行和同列中的其他 0 元素；被划圈的 0 元素即是独立的 0 元素；

⑤ 若◎个数 $m = n$（矩阵阶数），则得到最优解；若 $m < n$，转下一步。

$$\begin{bmatrix} 2 & ◎ & 4 & 2 & 4 \\ 2 & 5 & φ & 3 & ◎ \\ 4 & 1 & ◎ & 1 & 3 \\ 4 & φ & 3 & 5 & 1 \\ ◎ & 2 & 3 & φ & 5 \end{bmatrix}$$

（3）作最少数目的直线，覆盖所有 0 元素。目的是确定系数矩阵的下一个变换，可按下述方法进行：

① 对没有◎的行打"√"号；

② 在已打"√"号的行中，对 φ 所在列打"√"；

③ 在已打"√"号的列中，对◎所在行打"√"号；

④ 重复②、③，直到再也找不到可以打"√"号的行或列为止；

⑤ 对没有打"√"的行划一横线，对打"√"的列划一纵线，这样就得到覆盖所有 0 元素的最少直线数 l。

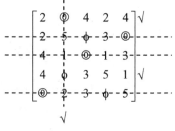

此时，$l = 4, n = 5, l < n$。

（4）变换矩阵 B 以增加 0 元素。

① 在未被直线覆盖的元素中找出一个最小元素；

② 然后在打"√"行各元素中都减去这一元素；

③ 而在打"√"列的各元素都加上这一最小元素，以保持原来 0 元素不变（为了消除负元素）；

④ 得到如下新的系数矩阵。

$$\begin{bmatrix} 2 & 0 & 4 & 2 & 4 \\ 2 & 5 & 0 & 3 & 0 \\ 4 & 1 & 0 & 1 & 3 \\ 4 & 0 & 3 & 5 & 1 \\ 0 & 2 & 3 & 0 & 5 \end{bmatrix} \xrightarrow{\text{减 min}=1} \begin{bmatrix} 1 & 0 & 3 & 1 & 3 \\ 2 & 6 & 0 & 3 & 0 \\ 4 & 2 & 0 & 1 & 3 \\ 3 & 0 & 2 & 4 & 0 \\ 0 & 3 & 3 & 0 & 5 \end{bmatrix}$$

（5）返回步骤（2），直至得到 n 个独立的 0 元素，即得到最优解。

该问题有多个最优解，如下

$$\begin{bmatrix} \phi & ⓪ & 3 & \phi & 3 \\ 1 & 6 & ⓪ & 2 & \phi \\ 3 & 2 & \phi & ⓪ & 3 \\ 2 & \phi & 2 & 3 & ⓪ \\ ⓪ & 4 & 4 & \phi & 6 \end{bmatrix} \begin{bmatrix} ⓪ & \phi & 3 & \phi & 3 \\ 1 & 6 & \phi & 2 & ⓪ \\ 3 & 2 & ⓪ & \phi & 3 \\ 2 & ⓪ & 2 & 3 & \phi \\ \phi & 4 & 4 & ⓪ & 6 \end{bmatrix} \begin{bmatrix} \phi & \phi & 3 & ⓪ & 3 \\ 1 & 6 & \phi & 2 & ⓪ \\ 3 & 2 & ⓪ & \phi & 3 \\ 2 & ⓪ & 2 & 3 & \phi \\ ⓪ & 4 & 4 & \phi & 6 \end{bmatrix}$$

即，最优方案分别为

甲→B，乙→C，丙→D，丁→E，戊→A

甲→A，乙→E，丙→C，丁→B，戊→D

甲→D，乙→E，丙→C，丁→B，戊→A

以上是针对标准型的指派问题的解法，实际生活中还会遇到类似运输不平衡问题的资源和任务非一一对应问题和求效率最大化问题。对于这些情况，求解方法如下。

（1）资源 m 少，任务 n 多的情况 $(m < n)$

虚设 $n - m$ 种资源，完成各项任务的效率为 0，最优解中该资源所完成的任务即为不完成的任务。

（2）资源多，任务少的情况 $(m > n)$

虚设 $m - n$ 项任务，各项资源完成这些任务的效率为 0，最优解中哪些资源完成虚设任务，哪些资源就不必完成任务。

（3）求目标最大化问题 $(\max w)$

设求最大化问题的模型为

$$\max w = \sum_{i=1}^{n} \sum_{j=1}^{n} c_{ij} x_{ij}$$

$$\text{s.t.} \begin{cases} \sum_{i=1}^{n} x_{ij} = 1 \quad j = 1, 2, \cdots, n & \text{第 } j \text{ 项任务只能由一人完成} \\ \sum_{j=1}^{n} x_{ij} = 1 \quad i = 1, 2, \cdots, n & \text{第 } i \text{ 人只能完成一项任务} \\ x_{ij} = 0 \text{ 或 } 1 \end{cases}$$

则，首先令 $M = \max\{c_{ij}\}$

$$C' = \begin{pmatrix} M - c_{11} & M - c_{12} & \cdots & M - c_{1n} \\ M - c_{21} & M - c_{22} & \cdots & M - c_{2n} \\ \cdots & \cdots & \cdots & \cdots \\ M - c_{n1} & M - c_{n2} & \cdots & M - c_{nn} \end{pmatrix}$$

则 $\min Z = \sum_{i=1}^{n}\sum_{j=1}^{n} c'_{ij}x_{ij}$ 和 $\max w = \sum_{i=1}^{n}\sum_{j=1}^{n} c_{ij}x_{ij}$ 的最优解相同。

其次，按匈牙利法进行求解，得最优解 X^0。

原 max 问题的最优解为 $X^* = X^0$。

4.6 计算机求解整数规划的实现

用 Excel 求解整数规划的基本步骤与求解一般线性规划问题相同，只是在约束条件中添加一个"整数"约束。在 Excel 规划求解的"添加约束"对话框中，用"int"表示整数。因此，只要在该对话框中添加一个约束条件，在左边输入要求取整的决策变量单元格，然后选择"int"。

0-1 整数规划模型的建立和求解方法与一般线性规划模型相同，只是增加了一个"决策变量必须为 0 或 1"的约束条件。为反映这一约束条件，在求解时应在 Excel 规划求解的"添加约束"对话框中添加关于决策变量取值为 1 或 0 的约束条件。"添加约束"对话框中，用"bin"（Binary）表示 0 和 1 两者取一。因此，只要在约束条件左边输入要求取 0 或 1 的决策变量单元格，然后选择"bin"即可。

例 4-12 某快递公司的路线选择问题。某快递公司提供快递服务，所有快件两天内都能送到。快件在晚上到达各收集中心，并于第二天早上装上送往该地区的几辆卡车。因为快递行业的竞争加剧，为了减少平均的送货时间，必须将各包裹根据目的地的地理位置加以分类，并分装到不同的卡车上。假设每天有 3 辆卡车提供快递服务，卡车可行的路线有 10 条，如表 4-18 所示（其中各列的数字表示送货的先后次序）。公司有特制软件，该软件第一步就是根据当天要送快递的地点找出各卡车可能的路线。假设当天有 9 个快件需要送到 9 个地点，请根据各种可能的路线以及所需时间的估计值，建立相应的 0-1 整数规划模型，为每辆卡车选出一条路线，以最短的总时间完成各地的送货工作。

表 4-18 某快递公司的路线选择的相关数据

快递地点	可行路线									
	1	2	3	4	5	6	7	8	9	10
A	1				1				1	
B		2		1		2			2	2
C			3	3			3		3	
D	2					1		1		
E			2	2		3				
F		1			2					
G	3						1	2		3
H			1							1
I			3		4		2			
时间（小时）	6	4	7	5	4	6	5	3	7	6

解：

（1）决策变量

该问题可视为纯 0-1 整数规划模型，决策变量为 0-1 变量。

设 x_i 为是否选择路线 i（0 表示不选择，1 表示选择）。

（2）目标函数

本问题的目标是选择可行的路线使所需要的总时间最短。

（3）约束条件

① 到达每个快递地点：每个快递地点至少有 1 辆卡车经过；

② 只有三辆卡车；

③ 0-1 变量。

该问题的模型如下

$$\min z=6x_1+4x_2+7x_3+5x_4+4x_5+6x_6+5x_7+3x_8+7x_9+6x_{10}$$

$$\text{s.t.}\begin{cases}x_1+x_5+x_9\geqslant 1 & \text{（快递地点}A\text{）}\\ x_2+x_4+x_6+x_9+x_{10}\geqslant 1 & \text{（快递地点}B\text{）}\\ x_3+x_4+x_7+x_9\geqslant 1 & \text{（快递地点}C\text{）}\\ x_1+x_6+x_8\geqslant 1 & \text{（快递地点}D\text{）}\\ x_3+x_4+x_6\geqslant 1 & \text{（快递地点}E\text{）}\\ x_2+x_5\geqslant 1 & \text{（快递地点}F\text{）}\\ x_1+x_7+x_8+x_{10}\geqslant 1 & \text{（快递地点}G\text{）}\\ x_3+x_5+x_{10}\geqslant 1 & \text{（快递地点}H\text{）}\\ x_2+x_4+x_7\geqslant 1 & \text{（快递地点}I\text{）}\\ x_1+x_2+x_3+x_4+x_5+x_6+x_7+x_8+x_9+x_{10}\leqslant 3 & \text{（只有三辆卡车）}\\ x_i=0,1\ (i=1,2,\cdots,10)\end{cases}$$

建立电子表格，如图 4-6 所示，求解过程如图 4-7~图 4-9 所示。

	A	B	C	D	E	F	G	H	I	J	K	L	M	N	O
1	例4-12														
2							可行的路线								
3			1	2	3	4	5	6	7	8	9	10			
4		单位时间	6	4	7	5	4	6	5	3	7	6			
5															
6		是否经过											实际到达次数		至少到达一次
7		A	1				1				1		1	>=	1
8		B		1		1		1			1	1	1	>=	1
9		C			1	1			1		1		1	>=	1
10		D	1					1		1			1	>=	1
11		E			1	1		1					1	>=	1
12		F		1			1						1	>=	1
13		G	1						1	1		1	1	>=	1
14		H			1		1					1	1	>=	1
15		I		1		1			1				1	>=	1
16															
17			1	2	3	4	5	6	7	8	9	10	实际选择总数		卡车数
18		是否选择	0	0	0	1	1	0	0	1	0	0	3	<=	3
19															
20														总时间	12

图 4-6　例 4-12 的电子表格

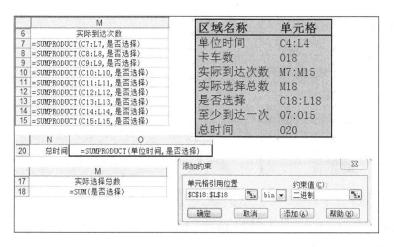

图4-7 例4-12电子表格的公式

图4-8 例4-12电子表格的规划求解设置

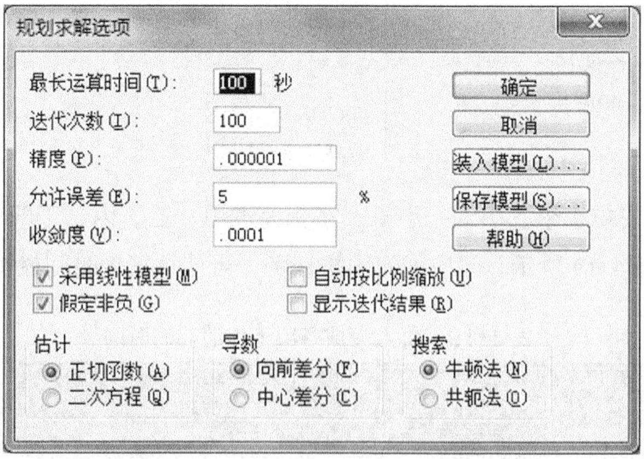

图4-9 例4-12电子表格的规划求解设置（续）

Excel求解的最优结果为：选择4、5、8这3条线路送快递，所需时间为12小时。

本章小结

在本章，介绍了整数问题的处理方法。

（1）掌握整数规划问题的基本概念与分类。

（2）掌握分支定界法、割平面法。

（3）理解求解 0-1 规划的隐枚举法。

（4）掌握指派问题的解法——匈牙利法。

（5）掌握计算机求解运输问题的实现。

习题

1. 用分支定界法求解如下整数规划问题。

（1）$\max z = x_1 + x_2$

$$\begin{cases} 14x_1 + 9x_2 \leqslant 51 \\ -6x_1 + 3x_2 \leqslant 1 \\ x_1, x_2 \geqslant 0且全整 \end{cases}$$

（2）$\max z = 3x_1 + 2x_2$

$$\begin{cases} 2x_1 + 3x_2 \leqslant 14 \\ 2x_1 + x_2 \leqslant 9 \\ x_1, x_2 \geqslant 0且全整 \end{cases}$$

2. 用割平面法求解如下整数规划问题。

（1）$\max z = x_1 + x_2$

$$\begin{cases} 2x_1 + x_2 \leqslant 6 \\ 4x_1 + 5x_2 \leqslant 20 \\ x_1, x_2 \geqslant 0且全整 \end{cases}$$

（2）$\max z = 11x_1 + 4x_2$

$$\begin{cases} -1x_1 + 2x_2 \leqslant 4 \\ 5x_1 + 2x_2 \leqslant 16 \\ 2x_1 - x_2 \leqslant 4 \\ x_1, x_2 \geqslant 0且全整 \end{cases}$$

3. 用隐枚举法求下列 0-1 规划问题。

（1）$\max z = 4x_1 + 3x_2 + 2x_3$

$$\begin{cases} 2x_1 - 5x_2 + 3x_3 \leqslant 4 \\ 4x_1 + x_2 + 3x_3 \geqslant 3 \\ x_2 + x_3 \geqslant 1 \\ x_1, x_2, x_3 = 0或1 \end{cases}$$

（2）$\max z = 3x_1 - 2x_2 + 5x_3$

$$\begin{cases} x_1 + 2x_2 - x_3 \leqslant 2 \\ x_1 + 4x_2 + x_3 \leqslant 4 \\ x_1 + x_2 \leqslant 3 \\ 4x_2 + x_3 \leqslant 6 \\ x_1, x_2, x_3 = 0或1 \end{cases}$$

4. 办公室主任安排小李、小刘、小王、小张完成甲、乙、丙、丁四项工作。每人做各种工作消耗的时间如表 4-19 所示。问应如何安排任务，可使总消耗时间最短？

表 4-19　每人完成各项工作消耗的时间

人员＼工作	甲	乙	丙	丁
小李	33	39	25	38
小刘	45	43	30	49
小王	37	54	34	41
小张	30	49	23	44

第5章　动态规划

- 了解多阶段决策过程的特点
- 了解动态规划的基本概念与基本思想
- 掌握构建动态规划模型的技巧
- 熟练求解动态规划问题

学习目标

开篇案例

　　动态规划是运筹学的一个重要分支，是从 1951 年开始，由以美国人理查·贝尔曼（Richard Bellman）为代表的一个学派发展起来的。1946 年获普林斯顿大学博士学位，曾任美国南加利福尼亚大学数学、通信工程、医学教授及美国兰德公司顾问。主要从事动态规划理论和应用的研究工作。1953 年首先提出了动态规划这一学科的名称，阐述了最优化原理。1957 年发表的《动态规划》奠定了这一学科的基础，动态规划在经济、管理、军事、工程技术等方面都有广泛的应用。

　　产品定价是企业管理研究的重点，电力市场中的分区定价问题又是电网研究热点之一。分区定价的目标是寻找一种能够改善系统阻塞状况的最优分区方式，即在消除电网阻塞的情况下，既保证经济性又保证公平性。这类问题属于复杂非线性多约束的组合优化问题，寻找良好的问题结构模型以及有效的求解算法成为了求解这类问题的关键。在研究过程中，科学家通过对动态规划相关算法的研究，分别提出求解一类不定期决策过程最短路径以及邮路问题的动态规划算法体系，以及适用于库存决策的关键路径策略。在此基础上，实现了该问题在邮路问题上的有效映射，成功将动态规划算法应用于电力市场动态分区定价问题的求解。

　　动态规划是解决多阶段决策过程的最优化问题的一种方法。所谓多阶段决策过程是指这样一类决策过程：它可以把一个复杂问题按时间（或空间）分成若干个阶段，每个阶段都需要做出决策，以便得到过程的最优结局。由于每个阶段的决策与时间有关，而且前一阶段采取的决策会影响现阶段的经济效果，还影响以后各阶段的经济效果，可见这类多阶段决策问题是一个动态问题，处理这类问题的方法就称为动态规划。另外，动态规划也可以处理一些与时间没有关系的静态模型，只需在静态模型中人为地引入"时间"因素，分成时段，就可以把它当作多阶段动态模型，用动态规划方法处理。

动态规划对于解决多阶段决策问题效果明显，但也有一定的局限性。首先，它没有统一的处理方法，必须根据问题的各种性质并结合一定技巧来处理；另外，当变量维数增大时，总计算量及存贮量急剧增大。由于计算机的存贮量及计算速度的限制，目前计算机仍不能用动态规划方法来解决较大规模的问题，这就是所谓"维数障碍"。

5.1 动态规划的基本概念和基本思想

1. 多阶段决策问题

（1）多阶段决策的效果

动态规划是把多阶段决策问题作为研究对象。所谓多阶段决策问题，是根据问题本身的特点，将求解全过程划分为若干个相互联系的阶段（即将问题划分为许多个相互联系的子问题），在它的每一阶段都需要做出决策，并且在一个阶段的决策确定以后才转移到下一个阶段。往往前一个阶段的决策会影响到后一个阶段的决策，从而影响整个过程。人们把这样的决策过程称作多阶段决策过程。各个阶段确定的决策就构成了一个决策序列，称为一个策略。一般来说，由于每一阶段可供选择的决策往往不止一个，因此，对于整个过程，就会有许多可供选择的策略。若对应一个策略，可以由一个量化指标来确定这个策略所对应的活动过程的效果，那么，不同的策略就有各自的效果。在所有可供选择的策略中，对应效果最好的策略称为最优策略。把一个决策问题划分成若干个相互联系的阶段选取其最优策略的解决过程就是多阶段决策问题。

多阶段决策过程最优化的目标是要达到整个活动过程的总体效果最优。由于各段决策间有机联系，本阶段决策的执行结果将影响到下一阶段的决策，以至于影响总效果，所以决策者在每段决策时不应只考虑本阶段最优，还应考虑对最终目标的影响，从而做出对全局来讲最优的决策。动态规划就是符合这种要求的一种决策方法。

由上述可知，动态规划方法与"时间"关系很密切，随着时间过程的发展而决定各时段的决策，产生一个决策序列，这就是"动态"的意思。然而它也可以处理与时间无关的静态问题，只要在问题中人为引入"时段"因素，就可以将其转化为一个多阶段决策问题。本章将介绍这种处理方法。

（2）多阶段决策问题举例

① 工厂生产过程：由于市场需求是一个随着时间而变化的因素，因此，为了取得全年最佳经济效益，就要在全年生产过程中，逐月或者逐季度地根据库存和需求情况决定生产计划安排。

② 设备更新问题：一般企业用于生产活动的设备，刚买来时故障少，经济效益高，即使进行转让，处理价值也高，随着使用年限增加，机器故障逐渐增多，维修费用增加，可正常使用的工时减少，加工质量下降，经济效益差，并且，使用年限越长，处理价值也越低，自

然，如果卖去旧的买新的，还需要付出更新费。因此就需要综合权衡决定设备的使用年限，获得最大的经济效益。

③ 连续生产过程的控制问题：一般化工生产过程中，常包含一系列完成生产过程的设备，前一工序设备的输出是后一工序设备的输入，因此，应该研究如何根据各工序的运行工况，控制生产过程中各设备的输入和输出，以使总产量最大。

以上所举问题的发展过程都与时间因素有关，因此在这类多阶段决策问题中，阶段的划分常取时间区段来表示，并且各个阶段上的决策往往也与时间因素有关，这就使它具有了"动态"的含义，所以把处理这类动态问题的方法称为动态规划方法。不过，实际生产生活中，有许多不包含时间因素的一类"静态"决策问题，就其本质而言是一次决策问题，是非动态决策问题，但是也可以人为引入阶段的概念当作多阶段决策问题，用动态规划方法加以解决，如资源分配问题和运输网络问题。

④ 资源分配问题：某工业部门或公司拟对其所属企业进行稀缺资源分配，需要制定收益最大的资源分配方案。这种问题原本要求一次确定出对各企业的资源分配量，它与时间因素无关，不属动态决策，但是，我们可以人为规定一个资源分配的阶段和顺序，从而使其变成一个多阶段决策问题。

⑤ 运输网络问题：图 5-1 所示的运输网络，点间连线上的数字表示两地距离（也可是运费、时间等），要求从 A 至 E 的最短路线。

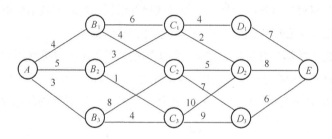

图 5-1　运输网络

这种运输网络问题也是静态决策问题。但是，按照网络中点的分布，可以将网络分为 4 个阶段，按照多阶段决策问题来研究。

（3）多阶段决策问题的特点

通常多阶段决策过程的发展是通过状态的一系列变换来实现的。一般情况下，系统在某个阶段的状态转移除与本阶段的状态和决策有关外，还可能与系统过去经历的状态和决策有关。因此，问题的求解就比较困难复杂。而适合于用动态规划方法求解的只是一类特殊的多阶段决策问题，即具有"无后效性"的多阶段决策过程。所谓无后效性，又称马尔柯夫性，是指系统从某个阶段往后的发展，仅由本阶段所处的状态及其往后的决策所决定，与系统以前经历的状态和决策（历史）无关。

例 5-1 （最短路线问题）在线路网络图 5-1 中，从 A 至 E 有一批货物需要调运。图上所标数字为各节点之间的运输距离，为使总运费最少，必须找出一条由 A 至 E 总里程最短的路线。

为了找到由 A 至 E 的最短线路，可以将该问题分成 A—B—C—D—E 5 个阶段，在每个阶段都需要做出决策，即在 A 点需决策下一步到 B_1 还是到 B_2 或 B_3；同样，若到达第二阶段某个状态，如 B_1，需决定走向 C_1 还是 C_2；依次类推，可以看出：各个阶段的决策不同，由 A 至 E 的路线就不同，当从某个阶段的某个状态出发做出一个决策，则这个决策不仅影响到下一个阶段的距离，而且直接影响后面各阶段的行进线路。所以这类问题要求在各个阶段选择一个恰当决策，使这些决策序列所决定的一条路线对应的总路程最短。

例 5-2 （带回收的资源分配问题）某厂新购某种机床 125 台。据估计，这种设备 5 年后将被其他设备所代替。此机车如在高负荷状态下工作，年损坏率为 1/2，年利润为 10 万元；如在低负荷状态下工作，年损坏率为 1/5，年利润为 6 万元。问应如何安排这些机床的生产负荷，才能使 5 年内获得的利润最大？

本问题具有时间上的次序性，在五年计划的每一年都要做出关于这些机床生产负荷的决策，并且一旦决策，不仅影响到本年利润，而且影响到下一年初完好机床数，从而影响未来各年利润。所以在每年初作决策时，必须将当年的利润和以后各年利润结合起来，统筹考虑。

2．动态规划的基本概念

（1）阶段

把所给问题的过程恰当地分成若干个相互联系的阶段，以便于求解，过程不同，阶段数就可能不同。描述阶段的变量称为阶段变量。在多数情况下，阶段变量是离散的，用 k 表示。此外，也有阶段变量是连续的情形。如果过程可以在任何时刻做出决策，且在任意两个不同的时刻之间允许有无穷多个决策时，阶段变量就是连续的。

动态规划问题通常都具有时间或空间上的次序性，因此求解这类问题时，首先要将问题按一定的次序划分成若干相互联系的阶段，以便能按一定次序去求解。如例 5-1，可以按空间次序划分为 A—B、B—C、C—D、D—E 4 个阶段，而例 5-2，按照时间次序，每年为一个阶段，共 5 个阶段。

（2）状态

状态表示每个阶段开始面临的自然状况或客观条件，它不以人的主观意志为转移，也称为不可控因素。在多阶段决策过程中，每阶段都需要做出决策，而决策是根据系统所处情况决定的。状态是描述系统情况所必需的信息。如例 5-1 中每阶段的出发点位置就是状态，例 5-2 中每年初拥有的完好机床数是做出机床负荷安排的根据，所以年初完好机床数是状态。一般地，状态可以用一个变量来描述，称为状态变量。记第 k 阶段的状态变量为 x_k，$k=1,2,…,n$。

一般而言，状态是离散的，但从分析的观点看，有时将状态作为连续变量处理将会有更多的好处。另外状态可以有多个分量，用向量来表示，称为多维状态。而每个阶段的状态维数可以不同。如果给定过程某一阶段的状态，那么在这段以后过程的发展要受到该段给定状态的影响，而不受该段以前各段状态的影响。这就是说，过程的发展只受当前状态影响，历史状态只能通过当前状态去影响它的未来，如果状态仅仅描述过程的某种具体特征，则并不是任何实际过程都满足上述的无后效性，所以在构造决策过程的动态规划模型时，不能仅由描述过程的具体特征这点着眼去规定状态。如果状态的某种规定方式可能导致不满足无后效性，适当改变状态的规定方法后，往往可以得到满足无后效性的结果。例如在无外力作用下，质点在空中运动，要通过外力去控制一确定时段内质点的轨迹。如果从描述轨迹这点着眼，可以将质点每一刻在空中位置作为过程的状态，但是这样一来就不满足无后效性，因为即使知道了外力的大小和方向，仍无法确定质点受力时运动方向和轨迹，只有把位置和速度都作为状态变量，才能确定质点下一步的方向和轨迹，实现无后效性的要求。而不能直接影响它的未来。这种特性叫作无后效性。

（3）决策

多阶段决策过程的发展是用各阶段的状态演变来描述的，阶段决策就是决策者从本阶段某状态出发对下一阶段状态所做出的选择。描述决策的变量称为决策变量，当第 k 阶段的状态确定之后，可能做出的决策要受到这一状态的影响。这就是说决策变量 u_k 还是状态变量 x_k 的函数，因此，又可将第 k 阶段 x_k 状态下的决策变量记为 $u_k(x_k)$。

在实际问题中，决策变量的取值往往限制在某一范围之内，此范围称为允许决策变量集合，记作 $Dk(u_k)$。如例 5-2 中取高负荷运行的机床数 u_k 为决策变量，则 $0 \leqslant u_k \leqslant x_k$（$x_k$ 是 k 阶段初完好机床数）为允许决策变量集合。

（4）状态转移方程

在多阶段决策过程中，如果给定了 k 阶段的状态变量 x_k 和决策变量 u_k，则第 $k+1$ 阶段的状态变量 x_{k+1} 也会随之而确定。也就是说 x_{k+1} 是 x_k 和 u_k 函数，这种关系可记为

$$x_{k+1}=T(x_k, u_k)$$

称为状态转移方程。

在例 5-1 中，第 k 段的状态和所做的决策 u_k 完全确定了第 $k+1$ 阶段的状态 x_{k+1}。这种状态转移完全确定的多阶段决策过程称为确定型多阶段决策过程。

（5）策略

在一个多阶段决策过程中，如果各个阶段的决策变量 $u_k(x_k)$（$k=1$，2，…，n）都已确定，则整个过程也就完全确定。称决策序列 $\{u_1(x_1), u_2(x_2), ..., u_n(x_n)\}$ 为该过程的一个策略，从阶段 k 到阶段 n 的决策序列称为子策略，表示成 $\{u_k(x_k), u_{k+1}(x_{k+1}), ..., u_n(x_n)\}$。如例 5-1 中，选取一条路线 $A—B_1—C_2—D_2—E$ 就是一个策略：

$$\{u_1(A)= B_1, u_2(B_1)= C_2, u_3(C_2)= D_2, u_4(D_2)=E\}$$

由于每一阶段都有若干个可能的状态和多种不同的决策，因而一个多阶段决策的实际问题存在许多策略可供选择，称其中能够满足预期目标的策略为最优策略。例 5-1 中存在 12 条不同路线，其中 $A—B_2—C_1—D_2—E$ 是最短线路。

（6）指标函数

用来衡量过程优劣的数量指标称为指标函数。在阶段 k 的 x_k 状态下执行决策 u_k，不仅带来系统状态的转移，而且也必然对目标函数给予影响，阶段效应就是执行阶段决策时给目标函数的影响。

多阶段决策过程关于目标函数的总效应是各阶段的阶段效应累积形成的。常见的全过程目标函数有以下两种形式：

① 全过程的目标函数等于各阶段目标函数的和，即：

$$R=r_1 (x_1, u_1) +r_2 (x_2, u_2) +...+r_n(x_n, u_n)$$

② 全过程的目标函数等于各阶段目标函数的积，即：

$$R=r_1(x_1, u_1) \times r_2(x_2, u_2) \times \ldots \times r_n(x_n, u_n)$$

指标函数的最优值，称为最优函数值。一般，$f_1(x_1)$ 表示从第 1 阶段 x_1 状态出发至第 n 阶段（最后阶段）的最优指标函数，$f_k(x_k)$ 表示从第 k 阶段 x_k 状态出发至第 n 阶段的最优指标函数($k=1, 2, \cdots, n$)。

（7）历程

从开始到结束的总段数称为历程，如果阶段变量从 0 变到 n，则历程是 $n+1$，在离散情形中，根据历程将多阶段决策过程分为下面 4 类。

定期多阶段决策过程：在决策之前就已知历程是确定的有限值，进行优化时已知确定的阶段数。

不定期多阶段决策过程：预先知道历程是有限的、确定的，但是在得到最优策略之前并不知道它的数值。例如，一般的最短线路问题中，在找到最优策略之前，并不知道它需要多少步。这一类过程的特点是阶段变量并不明显地进入函数方程。

随机多阶段决策过程：历程是与策略和外部条件有关的随机变量，它的特点是在方程中没有阶段变量。

无限期多阶段决策过程：历程无限（或者实践中历程很大）。例如在机器负荷问题中计划期限是到全部机器损坏为止，则从理论上看就是历程无限的。

3．动态规划的基本思想

动态规划是一类解决多阶段决策问题的数学方法，在工程技术、科学管理、工农业生产及军事等领域都有广泛的应用。在理论上，动态规划是求解这类问题全局最优解的一种有效方法，特别是对于实际中的某些非线性规划问题可能是最优解的唯一方法。然而，动态规划仅仅是解决多阶段决策问题的一种方法或者说是考查问题的一种途径，而不是一种具体的算法。就目前而言，动态规划没有统一的标准模型，其解法也没有标准算法，在实际应用中，需要具体问题具体分析。动态规划模型的求解问题是影响动态规划理论和方法应用的关键所在，而子问题的求解和大量结果的存储、调用更是一个难点所在。然而，随着计算机技术的快速发展，特别是内存容量和计算速度的增加，使求解较小规模的动态规划问题成为可能，从而使得动态规划的理论和方法在实际中的应用范围增加。

在解决动态规划的问题时，经常会遇到复杂问题不能简单地分解成几个子问题，而会分解出一系列的子问题。简单地采用把大问题分解成子问题，并综合子问题的解导出大问题的解的方法，问题求解耗时会按问题规模呈幂级数增加。为了节约重复求相同子问题的时间，引入一个数组，不管它们是否对最终解有用，把所有子问题的解存于该数组中，这就是动态规划法所采用的基本方法。

动态规划的实质是分治思想和解决冗余，因此，动态规划是一种将问题实例分解为更小的、相似的子问题，并存储子问题的解而避免计算重复的子问题，以解决最优化问题的算法策略。

动态规划法与分治法和贪心法类似，它们都是将问题实例归纳为更小的、相似的子问题，并通过求解子问题产生一个全局最优解。其中贪心法的当前选择可能要依赖已经做出的所有选择，但不依赖于有待于做出的选择和子问题。因此贪心法自顶向下、一步一步地做出贪心选择；而分治法中的各个子问题是独立的（即不包含公共子问题），因此一旦递归地求出各子问题的解后，便可自下而上地将子问题的解合并成问题的解。但不足的是，如果当前选择可能要依赖子问题的解时，则难以通过局部的贪心策略达到全局最优解；如果各子问题不独立，则分治法要做许多不必要的工作，重复地解公共的子问题。

解决上述问题的办法是利用动态规划。该方法主要应用于最优化问题，这类问题会有多种可能的解，每个解都有一个值，而动态规划找出其中的最优（最大或最小）值的解。若存在若干个最优值，它只取其中的一个。在求解过程中，该方法也是通过求解局部问题的解达到全局最优解，但与分治法和贪心法不同的是，动态规划允许这些子问题不独立，也允许其通过自身子问题的解做出选择，该方法对每一个子问题只解一次，并将结果保存起来，避免每次碰到时都要重复计算。

因此，动态规划法所针对的问题有一个显著的特征，即它所对应的子问题树中的子问题呈现大量的重复。动态规划法的关键就在于，对于重复出现的子问题，只在第一次遇到时加以求解，并把答案保存起来，让以后再遇到时直接引用，不必重新求解。

（1）动态规划的适用条件

任何思想方法都有一定的局限性，超出了特定条件，它就失去了作用。同样，动态规划也并不是万能的，适用动态规划的问题必须满足最优化原理和无后效性。

① 最优化原理（最优子结构性质）。

一个最优化策略具有这样的性质，不论过去状态和决策如何，对前面的决策所形成的状态而言，余下的诸决策必须构成最优策略。简而言之，一个最优化策略的子策略总是最优的。一个问题满足最优化原理又称其具有最优子结构性质。

② 无后向性。

将各阶段按照一定的次序排列好之后，对于某个给定的阶段状态，它以前各阶段的状态无法直接影响它未来的决策，而只能通过当前的这个状态。换句话说，每个状态都是过去历史的一个完整总结，这就是无后向性，又称为无后效性。

③ 子问题的重叠性。

动态规划算法的关键在于解决冗余，这是动态规划算法的根本目的。动态规划实质上是一种以空间换时间的技术，它在实现的过程中，不得不存储产生过程中的各种状态，所以它的空间复杂度要大于其他的算法。选择动态规划算法是因为动态规划算法在空间上可以承受，而搜索算法在时间上却无法承受，所以我们舍空间而取时间。

（2）步骤

动态规划方法的关键在于正确地写出基本的递推关系式和恰当的边界条件（简称基本方程）。要做到这一点，就必须将问题的过程分成几个相互联系的阶段，恰当的选取状态变量和决策变量及定义最优值函数，从而把一个大问题转化成一组同类型的子问题，然后逐个求解。即从边界条件开始，逐段递推寻优，在每一个子问题的求解中，均利用了它前面的子问题的最优化结果，依次进行，最后一个子问题所得的最优解就是整个问题的最优解。

在多阶段决策过程中，动态规划方法是既把当前一段和未来一段分开，又把当前效益和未来效益结合起来考虑的一种最优化方法。因此，每段决策的选取是从全局来考虑的，与该段（局部）的最优选择答案一般是不同的。

在求整个问题的最优策略时，由于初始状态是已知的，而每段的决策都是该段状态的函数，故最优策略所经过的各段状态便可逐段变换得到，从而确定了最优路线。

动态规划是运筹学的一个分支，是求解决策过程最优化的数学方法。20 世纪 50 年代初美国数学家贝尔曼等人在研究多阶段决策过程的优化问题时，提出了著名的最优化原理，把多阶段过程转化为一系列单阶段问题，利用各阶段之间的关系逐个求解，创立了解决这类过程优化问题的新方法——动态规划。动态规划基本原理是将一个问题的最优解转化为求子问题的最优解，研究的对象是决策过程的最优化，其变量是流动的时间或变动的状态，最后到达整个系统最优。

5.2 动态规划的基本方程

1．最短路问题

例 5-3　给定一个线路网络，如图 5-2 所示，两点之间连线上的数字表示两点间的距离（或费用），试求一条由 A 到 G 的铺管线路，使总距离为最短（或总费用最小）。

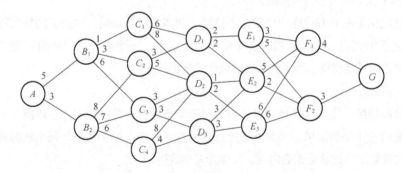

图 5-2　铺管线路图

生活中的常识告诉我们，最短路线有一个重要特性：如果由起点 A 经过 P 点和 H 点而到达终点 G 是一条最短路线，则由点 P 出发经过 H 点到达终点 G 的这条子路线，对于从点 P 出发到达终点的所有可能选择的不同路线来说，必定也是最短路线。例如，在最短路线问题中，若找到了 $A \to B_1 \to C_2 \to D_1 \to E_2 \to F_2 \to G$ 是由 A 到 G 的最短路线，则 $D_1 \to E_2 \to F_2 \to G$ 应该是由 D_1 出发到 G 点的所有可能选择的不同路线中的最短路线。

证明：（反证法）如果不是这样，则从点 P 到 G 点有另一条距离更短的路线存在，把它和原来最短路线由 A 点到达 P 点的那部分连接起来，就会得到一条由 A 点到 G 点的新路线，它比原来那条最短路线的距离还要短些。这与假设矛盾，是不可能的。

根据最短路线这一特性，寻找最短路线的方法就是从最后一段开始，用由后向前逐步递推的方法，求出各点到 G 点的最短路线，最后求得由 A 点到 G 点的最短路线。所以，动态规划的方法是从终点逐段向始点方向寻找最短路线。将例 5-3 从最后一段开始计算，由后向前逐步推移至 A 点，如图 5-3 所示。

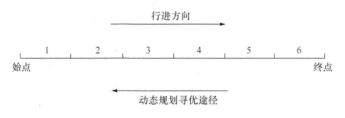

图 5-3 动态规划寻优途径

当 $k=6$ 时，由 F_1 到终点 G 只有一条路线，故 $f_6(F_1)=4$。同理，$f_6(F_2)=3$；

当 $k=5$ 时，出发点有 E_1、E_2、E_3 三个。若从 E_1 出发，则有两个选择①至 F_1，②至 F_2，则

$$f_5(E_1)=\min\begin{Bmatrix}d_5(E_1,F_1)+f_6(F_1)\\d_5(E_1,F_2)+f_6(F_2)\end{Bmatrix}=\min\begin{Bmatrix}3+4\\5+3\end{Bmatrix}=7$$

其相应的决策为 $u_s(E_1)=F_1$；

这说明，由 E_1 至终点 G 的最短距离为 7，其最短路线是 $E_1\rightarrow F_1\rightarrow G$；

同理，从 E_2 和 E_3 出发，则有

$$f_5(E_2)=\min\begin{Bmatrix}d_5(E_2,F_1)+f_6(F_1)\\d_5(E_2,F_2)+f_6(F_2)\end{Bmatrix}=\min\begin{Bmatrix}5+4\\2+3\end{Bmatrix}=5$$

且 $u_5(E_3)=F_2$，

当 $k=4$ 时，有 $f_4(D_1)=7$ $u_4(D_1)=E_2$

$f_4(D_2)=6$ $u_4(D_2)=E_2$

$f_4(D_3)=8$ $u_4(D_3)=E_2$

当 $k=3$ 时，有 $f_3(C_1)=13$ $u_3(C_1)=D_1$

$f_3(C_2)=10$ $u_3(C_2)=D_1$

$f_3(C_3)=9$ $u_3(C_3)=D_2$

$f_3(C_4)=12$ $u_3(C_4)=D_3$

当 $k=2$ 时，有 $f_2(B_1)=13$ $u_2(B_1)=C_2$

$f_2(B_2)=16$ $u_2(B_2)=C_3$

当 $k=1$ 时，出发点有一个 A 点，则

$$f_1(A)=\min\begin{Bmatrix}d_1(A,B_1)+f_2(B_1)\\d_1(A,B_2)+f_2(B_2)\end{Bmatrix}=\min\begin{Bmatrix}5+13\\3+16\end{Bmatrix}=18$$

且 $u_1(A)=B_1$，于是得到从起点 A 到终点 G 的最短距离为 18。

为了找出最短路线，再按计算的顺序反推之，可求出最优决策函数序列 $\{u_k\}$，即由逆序的方法得到了问题的答案。

2．动态规划的基本方程

从上面的计算过程中可以看出，在求解的各个阶段，我们利用了 k 阶段与 $k+1$ 阶段之间的递推关系：

$$\begin{cases} f_k(s_k) = \min_{u_k \in D_k(s_k)} \{d_k(s_k, u_k(s_k)) + f_{k+1}(u_k(s_k))\} \quad k = 6,5,4,3,2,1 \\ f_7(s_7) = 0(\text{或写成} \ f_6(s_6) = d_6(s_6, G)) \end{cases}$$

一般情况，k 阶段与 $k+1$ 阶段的递推关系式可写成

$$f_k(s_k) = \mathop{\text{opt}}_{u_k \in D_k(s_k)} \{v_k(s_k, u_k(s_k)) + f_{k+1}(u_k(s_k))\}$$
$$k = n, n-1, \cdots, 1$$

（5-1）

边界条件为 $f_{n+1}(s_{n+1}) = 0$。

递推关系式（5-1）称为动态规划的基本方程。

下面考虑动态规划基本方程：

设指标函数是取各阶段指标的和的形式，即

$$V_{k,n} = \sum_{j=k}^{n} v_j(s_j, u_j)$$

其中 $v_j(s_j, u_j)$，表示第 j 段的指标。它显然是满足指标函数三个性质的。所以上式可写成

$$V_{k,n} = v_k(s_k, u_k) + V_{k+1,n}[s_{k+1}, \cdots, s_{n+1}]$$

当初始状态给定时，过程的策略就被确定，则指标函数也就确定了，因此，指标函数是初始状态和策略的函数，可记为

$$V_{k,n}[s_k, p_{k,n}(s_k)]$$

上面递推关系又可写成 $V_{k,n}[s_k, p_{k,n}] = v_k(s_k, u_k) + V_{k+1,n}[s_{k+1}, p_{k+1,n}]$

其子策略 $p_{k,n}(s_k)$ 可看成是由决策 $u_k(s_k)$ 和 $p_{k+1,n}(s_{k+1})$ 组合而成。即

$$p_{k,n} = \{u_k(s_k), p_{k+1,n}(s_{k+1})\}$$

如果用 $p^*_{k,n}(sk)$ 表示初始状态为 sk 的后部子过程所有子策略中的最优子策略，则最优值函数为

$$f_k(s_k) = V_{k,n}[s_k, p^*_{k,n}(s_k)] = \mathop{\text{opt}}_{p_{k,n}} V_{k,n}[s_k, p_{k,n}(s_k)]$$

而

$$\mathop{\text{opt}}_{p_{k,n}} V_{k,n}(s_k, p_{k,n}) = \mathop{\text{opt}}_{\{u_k, p_{k+1,n}\}} \{v_k(s_k, u_k) + V_{k+1,n}(s_{k+1}, p_{k+1,n})\}$$
$$= \mathop{\text{opt}}_{u_k} \{u_k(s_k, u_k) + \mathop{\text{opt}}_{p_{k+1,n}} V_{k+1,n}\}$$

但是

$$f_k(s_k) = \mathop{\text{opt}}_{u_k \in D_k(s_k)} [v_k(s_k, u_k) + f_{k+1}(s_{k+1})] \quad k = n, n-1, \cdots, 1$$

所以，得到动态规划逆序解法的基本方程：

$$f_{k+1}(s_{k+1}) = \mathop{\text{opt}}_{p_{k+1,n}} V_{k+1,n}(s_{k+1}, p_{k+1,n})$$

（5-2）

边界条件为 $f_{n+1}(s_{n+1}) = 0$，式中 $s_{k+1} = T_k(s_k, u_k)$。

同理，动态规划顺序解法的基本方程为：

$$f_k(s_{k+1}) = \underset{u_k \in D_k^r(s_{k+1})}{\mathrm{opt}} \left\{ v_k(s_{k+1}, u_k) + f_{k-1}(s_k) \right\}$$
$$k = 1, 2, \cdots, n \tag{5-3}$$

边界条件为 $f_0(s_1) = 0$，式中 $s_k = T_k^r(s_{k+1}, u_k)$。结束。

5.3 动态规划的基本解法

动态规划所研究的问题是与时间有关的，所以，将问题的整体按时间或空间特征而分成若干个前后衔接的时空阶段，把多阶段决策问题表示为前后有关联的一系列单阶段决策问题，然后逐个加以解决，从而求出整个问题的最优决策序列。因此，对于某些静态的问题，也可以人为地引入时间因素，把它看作是按阶段进行的一个动态规划问题，这就使得动态规划成为求解一些线性、非线性规划的有效方法。

1. 动态规划的基本解法

考查如图所示的 n 阶段决策过程。其中取状态变量为 $s_1, s_2, \cdots, s_{n+1}$，决策变量为 $x_1, x_2, \cdots, x_n$。在第 k 阶段，决策 x_k 使状态 s_k（输入）转移为 s_{k+1}（输出），设状态转移函数为

$$s_{k+1} = T_k(s_k, x_k), \quad k = 1, 2, \cdots, n$$

假定过程的总效益（指标函数）与各阶段效益（阶段指标函数）的关系为

$$V_{1,n} = v_1(s_1, x_1) * v_2(s_2, x_2) * \cdots * v_n(s_n, x_n)$$

问题在于：使 $V_{1,n}$ 到最优化，即求 $\mathrm{opt} V_{1,n}$，为简单起见，不妨此处就求 $\max V_{1,n}$，如图 5-4 所示。

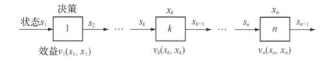

图 5-4 状态转换

（1）逆推解法

设已知初始状态为 s_1，第 k 阶段的初始状态为 s_k，并假定最优值函数 $f_k(s_k)$ 表示从 k 阶段到 n 阶段所得到的最大效益。

从第 n 阶段开始，则有 $f_n(s_n) = \underset{x_n \in D_n(s_n)}{\max} v_n(s_n, x_n)$

其中 $D_n(s_n)$ 是由状态 s_n 所确定的第 n 阶段的允许决策集合。解此一维极值问题，就得到最优解 $x_n = x_n(s_n)$ 和最优值 $f_n(s_n)$。（注意：若 $Dn(sn)$ 只有一个决策，则 $x_n \in D_n(s_n)$ 就应写成 $x_n = x_n(s_n)$。）

在第 $n-1$ 阶段，有

$$f_{n-1}(s_{n-1}) = \underset{x_{n-1} \in D_n(s_{n-1})}{\max} \left[v_{n-1}(s_{n-1}, x_{n-1}) * f_n(s_n) \right]$$

其中 $s_n=T_{n-1}(s_{n-1},x_{n-1})$，解此一维极值问题，得到最优解 $x_{n-1}=x_{n-1}(s_{n-1})$ 和最优值 $f_{n-1}(s_{n-1})$

在第 k 阶段，有

$$f_k(s_k) = \max_{x_k \in D_k(s_k)} \left[v_k(s_k,x_k) * f_{k+1}(s_{k+1}) \right]$$

其中 $s_{k+1}=T_k(s_k,x_k)$，解得最优解 $x_k=x_k(s_k)$ 和最优值 $f_k(s_k)$。

如此类推，直到第一阶段，有

$$f_1(s_1) = \max_{x_1 \in D_1(s_1)} \left[v_1(s_1,x_1) * f_2(s_2) \right]$$

其中 $s_2=T_1(s_1,x_1)$，解得最优解 $x_1=x_1(s_1)$ 和最优值 $f_1(s_1)$。

由于初始状态 $s1$ 已知，故 $x_1=x_1(s_1)$ 和 $f_1(s_1)$ 是确定的，从而 $s_2=T_1(s_1,x_1)$ 也就可确定，于是 $x_2=x_2(s_2)$ 和 $f_2(s_2)$ 也就可确定。这样，按照上述递推过程相反的顺序推算下去，就可逐步确定出每阶段的决策及效益。

例 5-4 用逆推解法求解下面问题

$$\max z = x_1 \cdot x_2^2 \cdot x_3 \begin{cases} x_1+x_2+x_3=c(c>0) \\ x_i \geq 0, i=1,2,3 \end{cases}$$

解：按问题的变量个数划分阶段，把它看作为一个三阶段决策问题。

设状态变量为 s_1,s_2,s_3,s_4，并记 $s_1=c$；取问题中的变量 x_1, x_2, x_3 为决策变量；各阶段指标函数按乘积方式结合。令最优值函数 $f_k(s_k)$ 表示为第 k 阶段的初始状态为 s_k，从 k 阶段到 3 阶段所得到的最大值。

设

$$s_3=x_3 \quad s_3+x_2=s_2 \quad s_2+x_1=s_1=c$$

则有

$$x_3=s_3 \quad 0 \leq x_1 \leq s_2 \quad 0 \leq x_1 \leq s_1=c$$

用逆推解法，从后向前依次有 $f_3(s_3) = \max\limits_{x_3=s_3}(x_3) = s_3$ 及最优解 $x_3^* = s_3$

$$f_2(s_2) = \max_{0 \leq x_2 \leq s_2} \left[x_2^2 f_3(s_3) \right] = \max_{0 \leq x_2 \leq s_2} \left[x_2^2(s_2-x_2) \right] = \max_{0 \leq x_2 \leq s_2} h_2(x_2,x_2)$$

由 $\dfrac{dh_2}{dx_2} = 2x_2 s_2 - 3x_2^2 = 0$ 得 $x_2=\dfrac{2}{3}s_2$ 和 $x_2=0$（舍去）

由 $\dfrac{d^2 h_2}{dx_2^2} = 2s_2 - 6x_2$，而 $\dfrac{d^2 h_2}{dx_2^2}\bigg|_{x_2=\frac{2}{3}s_2} = -2s_2 < 0$，故 $x_2=\dfrac{2}{3}s_2$ 为极大值点。

所以 $f_2(s_2) = \dfrac{4}{27}s_2^3$，最优解 $x_2^* = \dfrac{2}{3}s_2$，

$$f_1(s_1) = \max_{0 \leq x_1 \leq s_1} \left[x_1 \cdot f_2(s_2) \right] = \max_{0 \leq x_1 \leq s_1} \left[x_1 \cdot \frac{4}{27}(s_1-x_1)^3 \right]$$
$$= \max_{0 \leq x_1 \leq s_1} h_1(s_1,x_1)$$

利用微分法易知 $x_1^* = \dfrac{1}{4}s_1$，故 $f_1(s_1) = \dfrac{1}{64}s_1^4$，由于已知 $s_1=c$，而按计算的顺序反推算，可得各阶段的最优决策和最优值。

即 $x_1^* = \dfrac{1}{4}c$，$f_1(c) = \dfrac{1}{64}c^4$

由 $s_2 = s_1 - x_1^* = c - \dfrac{1}{4}c = \dfrac{3}{4}c$

所以 $x_2^* = \dfrac{2}{3}s_2 = \dfrac{1}{2}c$, $f_2(s_2) = \dfrac{1}{16}c^3$

由 $s_3 = s_2 - x_2^* = \dfrac{3}{4}c - \dfrac{1}{2}c = \dfrac{1}{4}c$

所以 $x_3^* = \dfrac{1}{4}c$, $f_3(s_3) = \dfrac{1}{4}c$

因此得到最优解为 $x_1^* = \dfrac{1}{4}c, x_2^* = \dfrac{1}{2}c, x_3^* = \dfrac{1}{4}c$

最大值为 $\max z = f_1(c) = \dfrac{1}{64}c^4$

（2）顺推解法

设已知终止状态 s_{n+1}，并假定最优值函数 $f_k(s)$ 表示第 k 阶段末的结束状态为 s，从 1 阶段到 k 阶段所得的最大收益。

已知终止状态 s_{k+1} 用顺推解法与已知初始状态用逆推解法在本质上没有区别，它相当于把实际的起点视为终点，实际的终点视为起点，而按逆推解法进行的。换言之，只要把图 5-4 的箭头倒转过来即可，把输出 s_{k+1} 看作输入，把输入 s_k 看作输出，这样便得到顺推解法。但应注意，这里是在上述状态变量和决策变量的记法不变的情况下考虑的。因而这时的状态变换是上面状态变换的逆变换，记为 $s_k = T_k^*(s_{k+1}, x_k)$。

从第一阶段开始，有

$$f_1(s_1) = \max_{x_1 \in D_1(s_1)} v_1(s_1, x_1) \text{ 其中 } s_1 = T_1^*(s_2, x_1)$$

解得最优解 $x_1 = x_1(s_2)$ 和最优值 $f_1(s_2)$，若 $D_1(s_1)$ 只有一个决策，则 $x_1 \in D_1(s_1)$ 就可以写成 $x_1 = x_1(s_2)$。

在第二阶段，有

$$f_2(s_3) = \max_{x_3 \in D_2(s_2)} \left[v_2(s_2, x_1) * f_1(s_2) \right]$$

其中 $s_2 = T_2^*(s_3, x_2)$，解得最优解 $x_2 = x_2(s_3)$ 和最优值 $f_2(x_3)$。

如此类推，直到第 n 阶段，有

$$f_n(s_{n+1}) = \max_{x_n \in D_n(s_n)} \left[v_n(s_n, x_n) * f_{n-1}(s_n) \right]$$

其中 $s_n = T_n^*(s_{n+1}, x_n)$，解得最优解 $x_n = x_n(s_{n+1})$ 和最优值 $f_n(s_{n+1})$；

由于终止状态 s_{n+1} 是已知的，故 $x_n = x_n(s_{n+1})$ 和 $f_n(s_{n+1})$ 是确定的。再按计算过程的相反顺序推算上去，就可逐步确定出每阶段的决策及效益。

例 5-5 用顺推法求解例 5-4

解： 设 $s_4 = c$，令最优值函数 $f_k(s_{k+1})$ 表示第 k 阶段末的状态为 s_{k+1}，从 1 阶段到 k 阶段的最大值。

设

$$s_2 = x_1, s_2 + x_2 = s_3, s_3 + x_3 = s_4 = c$$

则有

$$x_1 = s_2, 0 \leqslant x_2 \leqslant s_3, 0 \leqslant x_3 \leqslant s_4$$

用顺推解法，从前向后依次有 $f_1(s_2) = \max_{x_1=s_2} (x_1) = s_2$ 及最优解 $x_1^* = s_2$；

$$f_2(s_3) = \max_{0 \leqslant x_2 \leqslant s_3} \left[x_2^2 f_1(s_2) \right] = \max_{0 \leqslant x_2 \leqslant s_3} \left[x_2^2 (s_3 - x_2) \right] = \frac{4}{27} x_3^3 \text{ 及最优解 } x_2^* = \frac{2}{3} s_3 ;$$

$$f_3(s_4) = \max_{0 \leqslant x_3 \leqslant s_4} \left[x_3 f_2(s_3) \right] = \max_{0 \leqslant x_3 \leqslant s_4} \left[x_3 \frac{4}{27} (s_4 - x_3)^3 \right] = \frac{1}{64} s_4^4 \text{ 及最优解 } x_3^* = \frac{1}{4} s_3 。$$

由于已知 $s_4 = c$，故易得到最优解为

$$x_1^* = \frac{1}{4} c, x_2^* = \frac{1}{2} c, x_3^* = \frac{1}{4} c$$

最大值为

$$\max z = \frac{1}{64} c^4$$

2．应用举例

例 5-6 最短路径问题。求图 5-5 中 A 到 F 的最短路线及最短路线值：

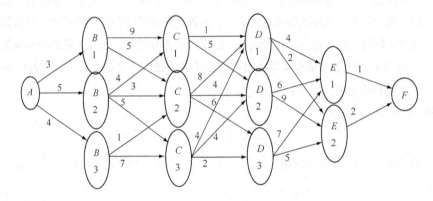

图 5-5 求解最短路径

解：

（1）阶段(stage)n：做出决策的若干轮次，$n = 1$、2、3、4、5。

（2）状态(state)S_n：每一阶段的出发位置。构成状态集，记为 S_n。

$S_1 = \{A\}$，$S_2 = \{B_1, B_2, B_3\}$，$S_3 = \{C_1, C_2, C_3\}$，$S_4 = \{D_1, D_2, D_3\}$，$S_5 = \{E_1, E_2\}$。

（3）决策(decision)X_n：从一个阶段某状态演变到下一个阶段某状态的选择构成决策集，记为 $D_n(S_n)$。

$D_1(S_1) = \{X_1(A)\} = \{B_1, B_2, B_3\} = S_2$，

$D_2(S_2) = \{X_2(B_1), X_2(B_2), X_2(B_3)\} = \{C_1, C_2; C_1, C_2, C_3 ; C_2, C_3 \}$

$\quad\quad = \{C_1, C_2, C_3\} = S_3$，

$D_3(S_3) = \{X_3(C_1), X_3(C_2), X_3(C_3)\}$

$\quad\quad = \{D_1, D_2; D_1, D_2, D_3; D_1, D_2, D_3\} = \{D_1, D_2, D_3\} = S_4$，

$D_4(S_4) = \{X_4(D_1), X_4(D_2), X_4(D_3)\} = \{E_1, E_2; E_1, E_2; E_1, E_2\} = \{E_1, E_2\} = S_5$，

$D_5(S_5) = \{X_5(E_1), X(E_2)\} = \{F; F\} = \{F\}$。

（4）状态转移方程：前一阶段的终点（决策）是后前一阶段的起点（状态），$X_n = S_{n+1}$

（5）指标函数：各个阶段的数量指标，记为 $r_n(s_n, x_n)$。$d_n(s_n, x_n)$。

这个题目中，指标函数代表距离，所以，用 $d_n(s_n, x_n)$ 表示。$d_2(B_3, C_2) = 1$，$d_3(C_2, D_3) = 6$ 等。

（6）指标递推方程：

$$f_n*(S_n) = \min[r_n(s_n, X_n) + f_{n+1}*(S_{n+1})]，（n=4、3、2、1），U_n \in D_n(S_n)$$

$$f_5*(S_5) = \min[V_5(S_5, X_5)]，X_5 \in D_5(S_5)$$

$n=5$ 时（见表 5-1），

表 5-1 例 5-6 求解过程表步骤 I

S_5 \ X_5	$f_5(S_5)=d_5(S_5,X_5)$ F	$f_5^*(S_5)$	X_5
E_1	1	1	F
E_2	2	2	F

$n=4$ 时（见表 5-2），

表 5-2 例 5-6 求解过程表步骤 II

S_4 \ X_4	$f_4(S_4)=d_4(S_4,X_4)+f_5^*(S_5)$		$f_4^*(S_4)$	X_4
	E_1	E_2		
D_1	4+1=5	2+2=4	4	E_2
D_2	6+1=7	9+2=11	7	E_1
D_3	7+1=8	5+2=7	7	E_1

$n=3$ 时（见表 5-3），

表 5-3 例 5-6 求解过程表步骤 III

S_3 \ X_3	$f_3(S_3)=d_3(S_3,X_3)+f_4^*(S_4)$			$f_3^*(S_3)$	X_3^*
	D_1	D_2	D_3		
C_1	1+4=5	5+7=12	/	5	D_1
C_2	8+4=12	4+7=11	6+7=13	11	D_2
C_3	4+4=8	4+7=11	2+7=9	8	D_1

$n=2$ 时（见表 5-4），

表 5-4 例 5-6 求解过程表步骤 IV

S_2 \ X_2	$f_2(S_2)=d_2(S_2,X_2)+f_3^*(S_3)$			$f_2^*(S_2)$	X_2^*
	C_1	C_2	C_3		
B_1	9+5=14	5+11=16	/	14	C_1
B_2	4+5=9	3+11=14	5+8=13	9	C_1
B_3	/	1+11=12	7+8=15	12	C_2

$n=1$ 时（见表 5-5），

表 5-5   例 5-6 求解过程表步骤 V

| S_1 \ X_1 | $f_1(S_1)=d_1(S_1,X_1)+f_2^*(S_2)$ | | | $f_1^*(S_1)$ | X_1^* |
	B_1	B_2	B_3		
A	3+14=17	5+9=14	4+12=16	14	B_2

最短路径为 $A \to B_2 \to C_1 \to D_1 \to E_2 \to F$ ，最短路径值为：$f_1^*(s_1) = 14$。

例 5-7   资源分配问题。某公司拟将 500 万元的资本投入所属的甲、乙、丙 3 个工厂进行技术改造，各工厂获得投资后年利润将有相应的增长，增长额如表 5-6 所示。试确定 500 万元资本的分配方案，以使公司总的年利润增长额最大。

表 5-6   利润增长额与投资额关系表   （单位：百万元）

投资额	1	2	3	4	5
甲	0.3	0.7	0.9	1.2	1.3
乙	0.5	1	1.1	1.1	1.1
丙	0.4	0.6	1.1	1.2	1.2

解：将问题按工厂分为 3 个阶段 $k=1,2,3$，设状态变量 $S_k(k=1,2,3)$，代表从第 k 个工厂到第 3 个工厂的投资额，决策变量 x_k 代表第 k 个工厂的投资额。于是有状态转移率 $S_{k+1}=S_k-x_k$、允许决策集合 $D_k(S_k)=\{x_k|0 \le x_k \le S_k\}$ 和递推关系式：

$$\begin{cases} f_k(S_k) = \max_{0 \le x_k \le S_k} \{g_k(x_k)+f_{k+1}(S_k-x_k)\} & (k=3,2,1) \\ f_4(S_4)=0 \end{cases}$$

当 $k=3$ 时：$f_3(S_3) = \max_{0 \le x_3 \le S_3} \{g_3(x_3)+0\} = \max_{0 \le x_3 \le S_3} \{g_3(x_3)\}$，

于是有表 5-7，表中 x_3^* 表示第 3 个阶段的最优决策：

表 5-7   例 5-7 求解过程表步骤 I   （单位：百万元）

S_3	0	1	2	3	4	5
x_3^*	0	1	2	3	4	5
$f_3(S_3)$	0	0.4	0.6	1.1	1.2	1.2

当 $k=2$ 时：$f_2(S_2) = \max_{0 \le x_2 \le S_2} \{g_2(x_2)+f_3(S_2-x_2)\}$，

于是有表 5-8：

表 5-8   例 5-7 求解过程表步骤 II   （单位：百万元）

| S_2 \ x_2 | $g_2(x_2)+f_3(S_2-x_2)$ | | | | | | $f_2(S_2)$ | x_2^* |
	0	1	2	3	4	5		
0	0+0						0	0
1	0+0.4	0.5+0					0.5	1
2	0+0.6	0.5+0.4	1.0+0				1.0	2
3	0+1.1	0.5+0.6	1.0+0.4	1.1+0			1.4	2
4	0+1.2	0.5+1.1	1.0+0.6	1.1+0.4	1.1+0		1.6	1, 2
5	0+1.2	0.5+1.2	1.0+1.1	1.1+0.6	1.1+0.4	1.1+0	2.1	2

当 $k=1$ 时： $f_1(S_1) = \max\limits_{0 \leqslant x_1 \leqslant S_1}\{g_1(x_1) + f_2(S_1 - x_1)\}$

于是有表 5-9：

表 5-9　例 5-7 求解过程表步骤Ⅲ　　　　　　　　（单位：百万元）

S_1 \ x_1							$f_1(S_1)$	x_1^*
	$g_1(x_1)+f_2(S_1-x_1)$							
	0	1	2	3	4	5		
5	0+2.1	0.3+1.6	0.7+1.4	0.9+1.0	1.2+0.5	1.3+0	2.1	0，2

然后按计算表格的顺序反推算，可知最优分配方案有两个：（1）甲工厂投资 200 万元，乙工厂投资 200 万元，丙工厂投资 100 万元；（2）甲工厂没有投资，乙工厂投资 200 万元，丙工厂投资 300 万元。按最优分配方案分配投资（资源），年利润将增长 210 万元。

例 5-8　机器负荷分配问题。某种机器可在高低两种不同的负荷下进行生产，设机器在高负荷下生产的产量（件）函数为 $g_1=8x$，其中 x 为投入高负荷生产的机器数量，年度完好率 α =0.7（年底的完好设备数等于年初完好设备数的 70%）；在低负荷下生产的产量（件）函数为 $g_2=5y$，其中 y 为投入低负荷生产的机器数量，年度完好率 $\beta=0.9$。假定开始生产时完好的机器数量为 1000 台，试问每年应如何安排机器在高、低负荷下的生产，才能使 5 年生产的产品总量最多？

解：设阶段 k 表示年度（$k=1,2,3,4,5$）；状态变量 S_k 为第 k 年度初拥有的完好机器数量（同时也是第 $k-1$ 年度末时的完好机器数量）。决策变量 x_k 为第 k 年度分配高负荷下生产的机器数量，于是 S_k-x_k 为该年度分配在低负荷下生产的机器数量。这里的 S_k 和 x_k 均为连续变量，它们的非整数值可以这样理解：如 $S_k=0.6$ 就表示一台机器在第 k 年度中正常工作时间只占全部时间的 60%；$x_k=0.3$ 就表示一台机器在第 k 年度中只有 30%的工作时间在高负荷下运转。状态转移方程为：

$$S_{k+1} = \alpha x_k + \beta(S_k - x_k) = 0.7x_k + 0.9(S_k - x_k) = 0.9S_k - 0.2x_k$$

允许决策集合：

$$D_k(S_k) = \{x_k \mid 0 \leqslant x_k \leqslant S_k\}$$

设阶段指标 $Q_k(S_k,x_k)$ 为第 k 年度的产量，则：

$$Q_k(S_k,x_k)=8x_k+5(S_k-x_k)=5S_k+3x_k$$

过程指标是阶段指标的和，即：

$$Q_{k\sim 5} = \sum_{j=k}^{5} Q_j$$

令最优值函数 $f_k(S_k)$ 表示从资源量 S_k 出发，采取最优子策略所生产的产品总量，因而有如下逆推关系式：

$$f_k(S_k) = \max_{x_k \in D_k(S_k)}\{5S_k + 3x_k + f_{k+1}(0.9S_k - 0.2x_k)\}$$

边界条件 $f_6(S_6)=0$。

当 $k=5$ 时：

$$f_5(S_5) = \max_{0 \leqslant x_5 \leqslant S_5}\{5S_5 + 3x_5 + f_6(S_6)\} = \max_{0 \leqslant x_5 \leqslant S_5}\{5S_5 + 3x_5\}$$

因 $f_5(S_5)$ 是关于 x_5 的单调递增函数，故取 $x_5^* = S_5$，相应有 $f_5(S_5)=8S_5$。

当 $k=4$ 时：

$$f_4(S_4) = \max_{0 \leq x_4 \leq S_4} \{5S_4 + 3x_4 + f_5(0.9S_4 - 0.2x_4)\}$$
$$= \max_{0 \leq x_4 \leq S_4} \{5S_4 + 3x_4 + 8(0.9S_4 - 0.2x_4)\}$$
$$= \max_{0 \leq x_4 \leq S_4} \{12.2S_4 + 1.4x_4\}$$

因 $f_4(S_4)$ 是关于 x_4 的单调递增函数，故取 $x_4^* = S_4$，相应有 $f_4(S_4)=13.6S_4$；依次类推，可求得：

当 $k=3$ 时，$x_3^* = S_3$，$f_3(S_3)=17.5S_3$

当 $k=2$ 时，$x_2^* = 0$，$f_2(S_2)=20.8S_2$

当 $k=1$ 时，$x_1^* = 0$，$f_1(S_1=1000)=23.7S_1=23700$

计算结果表明最优策略为：$x_1^* = 0$，$x_2^* = 0$，$x_3^* = S_3$，$x_4^* = S_4$，$x_5^* = S_5$；即前两年将全部设备都投入低负荷生产，后三年将全部设备都投入高负荷生产，这样可以使 5 年的总产量最大，最大产量是 23700 件。

有了上述最优策略，各阶段的状态也就随之确定了，即按阶段顺序计算出各年年初的完好设备数量。

$S_1 = 1000$

$S_2 = 0.9S_1 - 0.2x_1 = 0.9 \times 1000 - 0.2 \times 0 = 900$

$S_3 = 0.9S_2 - 0.2x_2 = 0.9 \times 900 - 0.2 \times 0 = 810$

$S_4 = 0.9S_3 - 0.2x_3 = 0.9 \times 810 - 0.2 \times 810 = 567$

$S_5 = 0.9S_4 - 0.2x_4 = 0.9 \times 567 - 0.2 \times 567 = 397$

$S_6 = 0.9S_5 - 0.2x_5 = 0.9 \times 397 - 0.2 \times 397 = 278$

上面所讨论的过程始端状态 S_1 是固定的，而终端状态 S_6 是自由的，实现的目标函数是 5 年的总产量最高。如果在终端也附加上一定的约束条件，如规定在第 5 年结束时，完好的机器数量不低于 350 台（上面的例子只有 278 台），问应如何安排生产，才能在满足这一终端要求的情况下使产量最高？

解：阶段 k 表示年度($k=1,2,3,4,5$)；状态变量 S_k 为第 k 年度初拥有的完好机器数量；决策变量 x_k 为第 k 年度分配高负荷下生产的机器数量；状态转移方程为：

$$S_{k+1} = \alpha x_k + \beta(S_k - x_k) = 0.7x_k + 0.9(S_k - x_k) = 0.9S_k - 0.2x_k$$

终端约束：

$$S_6 \geq 350$$
$$0.9S_5 - 0.2x_5 \geq 350$$
$$x_5 \leq 4.5S_5 - 1750$$

允许决策集合：$D_k(S_k) = \{x_k \mid 0 \leq x_k \leq S_k\}$ 加上第 k 阶段的终端递推条件。

对于 $k=5$，考虑终端递推条件有：

$$D_5(S_5) = \{x_5 \mid 0 \leq x_5 \leq 4.5S_5 - 1750 \leq S_5\}$$
$$500 \geq S_5 \geq 389$$

同理，其他各阶段的允许决策集合可在过程指标函数的递推中产生。

设阶段指标：

$$Q_k(S_k,x_k)=8x_k+5(S_k-x_k)=5S_k+3x_k$$

过程指标：

$$Q_{k\sim5}=\sum_{j=k}^{5}Q_j$$

最优值函数：

$$f_k(S_k)=\max_{x_k\in D_k(S_k)}\{5S_k+3x_k+f_{k+1}(0.9S_k-0.2x_k)\}$$

边界条件 $f_6(S_6)=0$。

当 $k=5$ 时：

$$f_5(S_5)=\max_{x_5\in D_5(S_5)}\{5S_5+3x_5+f_6(S_6)\}=\max_{x_5\in D_5(S_5)}\{5S_5+3x_5\}$$

因 $f_5(S_5)$ 是关于 x_5 的单调递增函数，故取 $x_5^*=4.5S_5-1750$，相应有：

$$0\leqslant4.5S_5-1750\leqslant S_5$$

即：

$$389\leqslant S_5\leqslant500$$

$$x_5^*=4.5S_5-1750,\quad f_5(S_5)=18.5S_5-5250$$

当 $k=4$ 时：

$$f_4(S_4)=\max_{x_4\in D_4(S_4)}\{5S_4+3x_4+f_5(0.9S_4-0.2x_4)\}$$
$$=\max_{x_4\in D_4(S_4)}\{21.65S_4-0.7x_4-5250\}$$

由 $S_5=0.9S_4-0.2x_4\leqslant500$ 可得 $x_4\geqslant4.5S_4-2500$，又因 $f_4(S_4)$ 是关于 x_4 的单调递减函数，故取 $x_4^*=4.5S_4-2500$，相应有：

$$0\leqslant4.5S_4-2500\leqslant S_4$$

$$556\leqslant S_4\leqslant714$$

$$x_4^*=4.5S_4-2500,\quad f_4(S_4)=18.5S_4-3500$$

当 $k=3$ 时：

$$f_3(S_3)=\max_{x_3\in D_3(S_3)}\{5S_3+3x_3+f_4(0.9S_3-0.2x_3)\}$$
$$=\max_{x_3\in D_3(S_3)}\{21.65S_3-0.7x_3-3500\}$$

由 $S_4=0.9S_3-0.2x_3\leqslant714$ 可得 $x_3\geqslant4.5S_3-3570$，又因 $f_3(S_3)$ 是关于 x_3 的单调递减函数，故取 $x_3^*=4.5S_3-3570$，相应有：

$$0\leqslant4.5S_3-3570\leqslant S_3$$

$$793\leqslant S_3\leqslant1020$$

由于 $S_1=1000$，因而 $S_3\leqslant1020$ 是恒成立的，即 $S_3\geqslant793$。

$$x_3^*=4.5S_3-3570,\quad f_3(S_3)=18.5S_3-1001$$

当 $k=2$ 时：

$$f_2(S_2)=\max_{x_2\in D_2(S_2)}\{5S_2+3x_2+f_3(0.9S_2-0.2x_2)\}$$
$$=\max_{x_2\in D_2(S_2)}\{21.65S_2-0.7x_2-1001\}$$

因 $f_2(S_2)$ 是关于 x_2 的单调递减函数，而 S_3 的取值并不对 x_2 有下界的约束，故取 $x_2^*=0$，相应有：

$$x_2^* = 0 , \quad f_2(S_2) = 21.65S_2 - 1001$$

当 $k=1$ 时：

$$f_1(S_1) = \max_{x_1 \in D_1(S_1)} \{5S_1 + 3x_1 + f_2(0.9S_1 - 0.2x_1)\}$$
$$= \max_{x_1 \in D_1(S_1)} \{24.485S_1 - 1.33x_1 - 1001\}$$

因 $f_1(S_1)$ 是关于 x_1 的单调递减函数，故取 $x_1^* = 0$ ，相应有：

$$x_1^* = 0 , \quad f_1(S_1 = 1000) = 24.485S_1 - 1001 = 23484$$

计算结果表明最优策略为：

（1）第 1 年将全部设备都投入低负荷生产。

$$S_1 = 1000 , \quad x_1 = 0 , \quad S_2 = 0.9S_1 - 0.2x_1 = 0.9 \times 1000 - 0.2 \times 0 = 900$$

$$Q_1(S_1, x_1) = 5S_1 + 3x_1 = 5 \times 1000 + 3 \times 0 = 5000$$

（2）第 2 年将全部设备都投入低负荷生产。

$$S_2 = 900 , \quad x_2 = 0 , \quad S_3 = 0.9S_2 - 0.2x_2 = 0.9 \times 900 - 0.2 \times 0 = 810$$

$$Q_2(S_2, x_2) = 5S_2 + 3x_2 = 5 \times 900 + 3 \times 0 = 4500$$

（3）第 3 年将 $x_3^* = 4.5S_3 - 3570 = 4.5 \times 810 - 3570 = 75$ 台完好设备投入高负荷生产，将剩余的 $S_3 - x_3^* = 810 - 75 = 735$ 台完好设备投入低负荷生产。

$$Q_3(S_3, x_3) = 5S_3 + 3x_3 = 5 \times 810 + 3 \times 75 = 4275$$

$$S_4 = 0.9S_3 - 0.2x_3 = 0.9 \times 810 - 0.2 \times 75 = 714$$

（4）第 4 年将 $x_4^* = 4.5S_4 - 2500 = 4.5 \times 714 - 2500 = 713$ 台完好设备均投入高负荷生产，将剩余的 1 台完好设备均投入低负荷生产。

$$Q_4(S_4, x_4) = 5S_4 + 3x_4 = 5 \times 714 + 3 \times 713 = 5709$$

$$S_5 = 0.9S_4 - 0.2x_4 = 0.9 \times 714 - 0.2 \times 713 = 500$$

（5）第 5 年将 $x_5^* = 4.5S_5 - 1750 = 4.5 \times 500 - 1750 = 500$ ，即将 $S_5 = 500$ 台完好设备均投入高负荷生产。

$$Q_5(S_5, x_5) = 5S_5 + 3x_5 = 5 \times 500 + 3 \times 500 = 4000$$

$$S_6 = 0.9S_5 - 0.2x_5 = 0.9 \times 500 - 0.2 \times 500 = 350$$

$$f_1(S_1 = 1000) = \sum_{j=1}^{5} Q_j(S_j, x_j) = 23484$$

结束。

5.4 典型例题

例 5-9 （机器负荷问题） 某工厂有 100 台机器，拟分 4 个周期使用，在每一周期有两种生产任务，据经验把机器投入第一种生产任务，则在一个周期中将有 1/6 的机器报废；投入第二种生产任务，则有 1/10 的机器报废。如果投入第一种生产任务每台机器可收益 1 万元，投入第二种生产任务每台机器可收益 0.5 万元。问怎样分配机器在 4 个周期内的使用，才能使总收益最大？

解：

阶段：将每个周期作为一个阶段，即 $k=1,2,3,4$。

状态变量：第 k 阶段的状态变量 S_k 代表第 k 个周期初拥有的完好机器数。

决策变量：决策变量 x_k 为第 k 周期分配与第一种任务的机器数量，于是 S_k-x_k 该周期分配在第二种任务的机器数量。

状态转移律：$S_{k+1}=5/6S_k+0.9(S_k-x_k)=0.9S_k-1/15x_k$

允许决策集合 $D_k(S_k)=\{x_k|0 \leqslant x_k \leqslant S_k\}$

令最优函数：$f_k(S_k)=\max\limits_{x_k \leqslant D_k(S_k)}\{0.5S_k+0.5x_k+f_{k+1}(0.9S_k-1/15x_k)\}$

边界条件：$f_5(S_5)=0$

当 $k=4$ 时：

$$f_4(S_4)=\max\limits_{0 \leqslant x_4 \leqslant S_4}\{0.5S_4+0.5x_4+f_5(S_5)\}=\max\limits_{0 \leqslant x_4 \leqslant S_4}\{0.5S_4+0.5x_4\}$$

因 $f_4(S_4)$ 是关于 x_4 的单调递增函数，故取 $x_4^*=S_4$，相应有 $f_4(S_4)=S_4$；依次类推，可求得：

当 $k=3$ 时，$x_3^*=S_3$，$f_3(S_3)=11/6S_3$

当 $k=2$ 时，$x_2^*=S_2$，$f_2(S_2)=91/36S_2$

当 $k=1$ 时，$x_1^*=S_1$，$f_1(S_1=100)=671/216S_1=310.65$

计算表明，每一期都将全部机器投入第一种任务中，其中

$$S_1=100，S_2=83，S_3=69，S_4=58$$

例 5-10 （资源分配问题） 某公司打算向它的 3 个营业区增设 6 个销售店，每个营业区至少增设 1 个。各营业区每年增加的利润与增设的销售店个数有关，具体关系如表 5-10 所示。试规划各营业区应增设销售店的个数，以使公司总利润增加额最大。

表 5-10 利润与增设的销售店个数关系表 （单位：万元）

增设销售店个数	营业区 A	营业区 B	营业区 C
1	100	120	150
2	160	150	165
3	190	170	175
4	200	180	190

解：

阶段：将每个营业区作为一个阶段，即 $k=1,2,3$。

状态变量：第 k 阶段的状态变量 S_k 代表从第 k 个营业区到第 3 个营业区的店数。

决策变量：x_k 代表第 k 个营业区的销售店数。

状态转移律：$S_{k+1}=S_k-x_k$

边界条件：$S_1=6,S_4=0$

允许决策集合 $D_k(S_k)=\{x_k|0 \leqslant x_k \leqslant S_k\}$ 和递推关系式

$$\begin{cases} f_k(S_k) = \max_{0 \le x_k \le S_k} \{g_k(x_k) + f_{k+1}(S_k - x_k)\} & (k = 3,2,1) \\ f_4(S_4) = 0 \end{cases}$$

当 k=3 时：

$$f_3(S_3) = \max_{0 \le x_3 \le S_3} \{g_3(x_3) + 0\} = \max_{0 \le x_3 \le S_3} \{g_3(x_3)\}$$

于是有表 5-11，表中 x_3^* 表示第 3 个阶段的最优决策。

表 5-11　例 5-10 求解过程表步骤 I　　　　　　（单位：万元）

S_3	0	1	2	3	4
x_3^*	0	1	2	3	4
$f_3(S_3)$	0	150	165	175	190

当 k=2 时：

$$f_2(S_2) = \max_{0 \le x_2 \le S_2} \{g_2(x_2) + f_3(S_2 - x_2)\}$$

于是有表 5-12：

表 5-12　例 5-10 求解过程表步骤 II　　　　　　（单位：万元）

S_2 \ x_2	$g_2(x_2) + f_3(S_2 - x_2)$					$f_2(S_2)$	x_2^*
	0	1	2	3	4		
0	0+0					0	0
1	0+150	120+0				150	1
2	0+165	120+150	150+0			150	1
3	0+175	120+165	150+150	170+0		300	2
4	0+190	120+175	150+165	170+150	180+0	320	3
5	0+190	120+190	150+175	170+165	180+150	335	3

当 k=1 时：

$$f_1(S_1) = \max_{0 \le x_1 \le S_1} \{g_1(x_1) + f_2(S_1 - x_1)\}$$

于是有表 5-13，

表 5-13　例 5-10 求解过程表步骤 III　　　　　　（单位：万元）

S_1 \ x_1	$g_1(x_1) + f_2(S_1 - x_1)$					$f_1(S_1)$	x_1^*
	0	1	2	3	4		
6	0+345	100+375	160+320	190+300	200+270	490	3

故最优分配方案为：A 区建 3 个销售店，B 区建 2 个销售店，C 区建 1 个销售店，总利润为 490 万元。

例 5-11　某公司生产一种产品，估计该产品在未来四个月的销售量分别为 300、400、

350 和 250 件。生产该产品每批的固定费用为 600 元，每件的变动费用为 5 元，存储费用为每件每月 2 元。假定第一个月月初的库存为 100 件，第四个月月底的存货为 50 件。试求该公司在这四个月内的最优生产计划。

解：

阶段：将今后 4 个月中的每一个月作为一个阶段，即 $k=1,2,3,4$；

状态变量：第 k 阶段的状态变量 S_k 代表第 k 个月月初产品存储量；

决策变量：决策变量 x_k 代表第 k 个月的生产量；

状态转移律：$S_{k+1}=S_k+x_k-d_k$ （d_k 是第 k 个月的销售量）；

边界条件：

$$S_1=100，S_5=50，f_5(S_5)=0；固定生产费用为 0，x_k=0$$

$$C_x=600, x_k>0$$

和存贮费 $Z_k=2S_{k+1}=2(S_k+x_k-d_k)$ 变动生产费用 $G_x=5x_k$

最优指标函数：最优指标函数具有如下递推形式

$$f_k(S_k) = \min_{x_k}\{C_k + G_x + Z_k + f_{k+1}(S_{k+1})\}$$

$$f_k(S_k) = \min_{x_k}\{C_k + 5x_k + 2(S_k + x_k - d_k) + f_{k+1}(S_k + x_k - d_k)\}$$

当 $k=4$ 时（见表 5-14）：

表 5-14　例 5-11 求解过程表步骤 I　　　　　　　（单位：件）

S_4	0	50	100	150	200	250	300
X_4	300	250	200	150	100	50	0
$F_4(S_4)$	2200	1950	1700	1450	1200	950	100

当 $k=3$ 时（见表 5-15）：

$$f_3(S_3) = \min_{x_3}\{C_3 + 5x_3 + 2(S_3 + x_3 - d_3) + f_4(S_4)\}$$

表 5-15　例 5-11 求解过程表步骤 II　　　　　　　（单位：件）

x_3 / S_3	0	50	100	150	200	250	300	350	400	450	x_3^*	$f_3(S_3)$
0								4550	4650	4750	350	4550
50							4300	4400	4500	4600	300	4300
100						4050	4150	4250	4350	4450	250	4050
150					3800	3900	4000	4100	4200	4300	200	3800
200				3550	3650	3750	3850	3950	4050		150, 450	3550
250			3300	3400	3500	3600	3700	3800	3300		100, 400	3300
300		3050	3150	3250	3350	3450	3550	3050			50, 350	3050
350	2200	2900	3000	3100	3200	3300	2800				0	2200
400	2050	2250	2850	2950	3050	2550						2050

当 $k=2$ 时（见表 5-16）：

表 5-16　例 5-11 求解过程表步骤Ⅲ　　　　　　（单位：件）

S_3	0	50	100	150	200	250	300	350	400	450	x_2^*	$f_2(S_2)$
0									7150	7250	400	7150
50								6900	7000	7100	350	6900
100							6650	6750	6850	6950	300	6650
150						6400	6500	6600	6700	6800	250	6400
200					6150	6250	6350	6450	6550	6650	200	6150

当 $k=1$ 时（见表 5-17）：

表 5-17　例 5-11 求解过程表步骤Ⅳ　　　　　　（单位：件）

S_1＼x_1	0	50	100	150	200	250	300	350	400	450	x_1^*	$f_1(S_1)$
100					8750	8850	8950	9050	9150	9250	200	8750

利用状态转移律，按上述计算的逆序可推算出最优策略为：第 1 个月生产 200 件，第 2 个月生产 400 件，第 3 个月生产 350 件，最后一个月生产 300 件。

例 5-12　（随机采购问题）　某公司需要在近四周内采购一批原料，估计在未来四周内的价格可能有 60、80、90 和 100 四种状态，各状态发生的概率分别为 0.2、0.3、0.3 和 0.2，试求各周应以什么样的价格购入原料，才能使采购价格期望值最小？

解：

阶段：将每一周作为一个阶段，即 $k=1,2,3,4$；

决策变量：决策变量 x_k 代表第 k 周是否决定采购，$x_k=1$ 代表第 k 周决定采购，$x_k=0$ 代表第 k 周决定等待；

状态变量：状态变量 S_k 代表第 k 周原材料的市场价格；

中间变量：y_k 代表第 k 周决定等待，而在以后采取最佳子策略时的采购价格期望值；

最优指标函数：是否采购决定于目前市场价格与等待价格期望值的相对大小，如果前者大于后者，应决定等待；如果前者小于后者，则应决定采购。

于是 $f_k(S_k)=\min\{S_k,y_k\}$。

边界条件：对于第 4 周，因为没有继续等待的余地，所以 $f_4(S_4)=S_4$

即：$f_4(S_4=60)=60$　$f_4(S_4=80)=80$　$f_4(S_4=90)=90$　$f_4(S_4=100)=100$

$$y_k=E\{f_{k+1}(S_{k+1})\}=0.2f_{k+1}(60)+0.3f_{k+1}(80)+0.3f_{k+1}(90)+0.2f_{k+1}(100)$$

$$x_k=\begin{cases}1,f_k(S_k)=S_k\\0,f_k(S_k)=y_k\end{cases}$$

当 $k=4$ 时，只有采购一种选择：

$$f_4(S_4=60)=60\quad f_4(S_4=80)=80\quad f_4(S_4=90)=90\quad f_4(S_4=100)=100$$

当 $k=3$ 时：

$$y_3=0.2\times60+0.3\times80+0.3\times90+0.2\times100=83$$

于是

$$f_3(S_3) = \min\{S_3, y_3\} \min\{S_3, 83\} = \begin{cases} 60, S_3 = 60 \\ 80, S_3 = 80 \\ 83, S_3 = 90 \\ 83, S_3 = 100 \end{cases}$$

即第三周的最佳决策为: $x_3 = \begin{cases} 1, S_3 = 60, 80 \\ 0, S_3 = 90, 100 \end{cases}$

当 $k=2$ 时:

$$y_2 = 0.2 \times 60 + 0.3 \times 80 + 0.3 \times 83 + 0.2 \times 83 = 77.5$$

于是

$$f_2(S_2) = \min\{S_2, y_2\} \min\{S_2, 77.5\} = \begin{cases} 60, S_2 = 60 \\ 77.5, S_2 = 80 \\ 77.5, S_2 = 90 \\ 77.5, S_2 = 100 \end{cases}$$

即第二周的最佳决策为: $x_2 = \begin{cases} 1, S_2 = 60 \\ 0, S_2 = 80, 90, 100 \end{cases}$

当 $k=1$ 时:

$$y_1 = 0.2 \times 60 + 0.3 \times 77.5 + 0.3 \times 77.5 + 0.2 \times 77.5 = 74$$

于是

$$f_1(S_1) = \min\{S_1, y_1\} \min\{S_1, 74\} = \begin{cases} 60, S_2 = 60 \\ 74, S_2 = 80 \\ 74, S_2 = 90 \\ 74, S_2 = 100 \end{cases}$$

即第一周的最佳决策为 $x_1 = \begin{cases} 1, S_1 = 60 \\ 0, S_1 = 80, 90, 100 \end{cases}$

由以上计算可知，最佳的采购策略为：第一周，二周只有价格是 60 时才采购，否则就等待；第三周只要价格不超过 80 就要采购，否则继续等待；如果已经等待到了第四周，那么无论什么价格都只有采购，别无选择。

例 5-13 （背包问题） 设有一辆载重量为 10 吨的卡车，可以装载 3 种货物，每种货物的单件重量及单件价值如表 5-18 所示。问各种货物应装多少件，才能既不超过总重量（以吨为单位计算），又使总价值最大？

表 5-18 单件重量与价值关系表 （单位：吨）

货物	1	2	3
单件重量	3	4	5
单件价值	4	5	6

解：设阶段变量 $k=1$，2，3，共分 3 个阶段，决策变量 x_k 表示第 k 种货物装载的件数，且 x_k 要取整数。

状态变量 S_k 表示从第 k 阶段至第 3 阶段可供装载的总重量，则状态转移方程为 $S_{k+1}=S_k-a_k x_k$ ，$k=3,2,1$。

其中 a_k 表示第 k 种货物的单件数量，允许决策集合为

$$u_k(S_{ki})=\{x_k\,|\,0\leqslant x_1\leqslant[\,S_k/a_k\,],x_k\text{ 为整数}\}$$

允许状态集合为　　　$S_k=\{0,1,2,\ldots,10\}$，$S_1=\{10\}$。

边界条件 $f_4(S_4)=0$。

下面进行递推求解。

当 $k=3$ 时，有

其中 $[x]$ 表示不超过 x 的最大整数。因此，当 $S_2=0$，1，2，3，4 时，$x_3=0$；当 $S_3=5$，6，7，8，9 时，x_3 可取 0 或 1；当 $S_3=10$ 时，$x_3=0,1$ 或 2，由此确定 $f_3(S_3)$。现将有关数据列入表 5-19 中。

表 5-19　例 5-13 求解过程表步骤Ⅰ　　　　　（单位：吨）

s_3 / x_3	$6x_3+f(S_4)$ 0	1	2	$f_3(S_3)$	x_3^*	S_4
0	0			0	0	0
1	0			0	0	1
2	0			0	0	2
3	0			0	0	3
4	0			0	0	4
5	0	6		0	1	0
6	0	6		6	1	1
7	0	6		6	1	2
8	0	6		6	1	3
9	0	6		6	1	4
10	0	6	12	12	2	0

当 $k=2$ 时，有

当 $S_2=0$，1，2，3 时，$x_2=0$；当 $S_2=4$，5，6，7 时，$x_2=0$ 或 1；当 $S_2=8$，9，10 时，$x_2=0$，1，2。由此确定 $f_2(S_2)$。现将有关数据列入表 5-20 中。

表 5-20　例 5-13 求解过程表步骤Ⅱ　　　　　（单位：吨）

S_2 / x_2	$5x_2+f_3(S_2-4x_2)$ 0	1	2	$f_2(S_2)$	x_2^*	S_2
0	0+0			0	0	0
1	0+0			0	0	1
2	0+0			0	0	2
3	0+0			0	0	3
4	0+0	5+0		5	1	0
5	0+6	5+0		6	0	5
6	0+6	5+0		6	0	6

S_2 \ x_2	f	$5x_2+f_3(S_2-4x_2)$			$f_2(S_2)$	x_2^*	S_2
		0	1	2			
7		0+6	5+0		6	0	7
8		0+6	5+0	10+0	10	2	0
9		0+6	5+6	10+0	11	1	5
10		0+12	5+6	10+0	12	0	10

当 $k=1$ 时，有

但 $S_1=10$，故 x_1 能取 0，1，2，3，由此确定 $f_1(S_1)$。现将有关数据列入表 5-21 中。

表 5-21　例 5-13 求解过程表步骤Ⅲ　　　（单位：吨）

S_1 \ x_1	f	$4x_1+f_2(S_1-3x_1)$				$f_1(S_1)$	x_1^*	S_2
		0	1	2	3			
10		0+12	4+6	8+5	12+0	13	2	4

$x_1^*=2$，　$x_2^*=1$，　$x_3^*=0$

由表 5-21 可知，当 $x_1^*=2$ 时，$f_1(S_1)$ 取得最大值 13。

又由 $S_2=4$ 查表 5-20，得 $x_2^*=1$ 及 $S_3=0$，再由表 5-19 查得 $x_3^*=0$。

因此，最优解为 $x_1^*=2$，$x_2^*=1$，$x_3^*=0$，即第一种货物装 2 件，第二种货物装 1 件，第三种货物不装，可使得总价值达到最大。其最大值 $z^*=13$。

例 5-14　某工厂生产一种精密仪器，今后四个月的订单分别为 2、3、4 台。已知生产费用 C（万元）同生产量 x 的关系为

$$C=\begin{cases} 0 & \text{当 } x>6 \\ 6x-\dfrac{1}{2}x^2 & \text{当 } 0<x\leqslant 4 \\ 9+2x & \text{当 } 4<x\leqslant 6 \\ \infty & \text{当 } x>6 \end{cases}$$

又若生产出来的产品当月销售不出去，其库存费用为每台每月 0.2 万元。设在第一个月月初及第四个月月末该产品无库存，试确定在满足需求的条件下，使该工厂生产与库存总费用最小的生产方案。

解：

阶段：将今后 4 个月中的每一个月作为一个阶段，即 $k=1,2,3,4$；

状态变量：第 k 阶段的状态变量 S_k 代表第 k 个月存储量；

决策变量：决策变量 x_k 代表第 k 个月的生产量；

状态转移律：$S_{k+1}=S_k+x_k-d_k$　（d_k 是第 k 个月的销售量）；

边界条件：$S_1=S_5=0$，　$f_5(S_5)=0$；

生产费用 C_k 和存贮费 Z_k，其中

$$Z_k = 0.2(S_k + x_k - d_k)$$

最优指标函数： 最优指标函数具有如下递推形式

$$f_k(S_k) = \min_{x_k}\{C_k + Z_k + f_{k+1}(S_{k+1})$$

$$f_k(S_k) = \min_{x_k}\{C_k + 0.2(S_k + x_k - d_k)\} + f_{k+1}(S_k + x_k - d_k)$$

当 $k=4$ 时（见表5-22）：

表5-22　例5-14求解过程表步骤 I　　　　（单位：万元）

S_4	0	1	2	3	4
X_4	4	3	2	1	0
$F_4(S_4)$	16	13.5	10	5.5	0

当 $k=3$ 时（见表5-23）：

表5-23　例5-14求解过程表步骤 II　　　　（单位：万元）

S_5 \ x_5	0	1	2	3	4	5	6	x_3^*	$f_3(S_3)$
0						35	34.7	6	34.7
1					32	31.7	31.4	6	31.4
2				29.5	29.7	29.4	27.1	6	27.1
3			26	27.2	26.4	25.1	21.8	6	21.8
4		21.5	23.7	23.9	22.1	19.8	22	5	19.8
5	16	19.2	20.4	19.6	16.8	20		0	16
6	13.7	15.9	16.1	14.3				0	13.7
7	10.4	11.6	10.8					0	10.4

当 $k=2$ 时（见表5-24）：

表5-24　例5-14求解过程表步骤 III　　　　（单位：万元）

S_3 \ x_3	0	1	2	3	4	5	6	x_2^*	$f_2(S_2)$
0				48.2	47.6	46.5	43.4	6	43.4
1			44.7	45.1	43.5	41.4	41.6	5	41.4
2		40.2	41.6	41	38.4	39.6	38	6	38
3	34.7	37.1	37.5	35.9	36.6	36	35.9	0	34.7
4	31.6	33	32.4	34.1	33	33.9	32.8	0	31.6

当 $k=1$ 时（见表5-25）：

表5-25　例5-14求解过程表步骤 IV　　　　（单位：万元）

S_1 \ x_1	0	1	2	3	4	5	x_1^*	$f_1(S_1)$
0			53.4	55.1	54.4	53.4	2,6	53.4

利用状态转移律，按上述计算的逆序可推算出最优策略有两种：（1）第 1 个月生产 2

台，第 2 个月和第 3 个月生产 6 台，最后一个月不生产；（2）第 1 个月生产 6 台，第 2 个月不生产，第 3 个月生产 6 台，最后一个月生产 2 台。总费用为 53.4 万元。

例 5-15 某研发部（乙方）拟承担一种新产品的研发任务，甲方提供研发经费 10 万元。为适应市场竞争的需要，合同要求乙方应在三个月内向甲方交付一台合格样品，否则乙方将退还甲方 10 万元的研发费。据估计，研发时投产 1 台即合格的概率为 0.35，投产一批的准备费用为 0.25 万元，每台的研发费用为 1 万元。若投产一批而未得到合格样品，可再投产一批，但每批的研发周期是一个月。试分析该研发部应否接受此研发任务，如果接受应该采用怎样的研发策略。

解：

阶段：将每个试制周期（1 个月）作为一个阶段，即 $k=1,2,3$；

决策变量：决策变量 x_k 代表第 k 阶段投产试制的台数；

状态变量：状态变量 s_k 代表第 k 阶段初是否已获得合格样品，尚无合格样品时 $s_k=1$，已获得合格样品时 $s_k=0$；

允许决策集合：

$$D_k(S_k) = \begin{cases} 1,2,3\cdots; S_k=1 \\ 0; S_k=0 \end{cases}$$

状态转移律：

$$P(S_{k+1}=1)=(0.65)^{x_k}, P(S_{k+1}=0)=(0.65)^{x_k};$$

边界条件：

$$S_1=1, f_4(S_4=1)=10, f_4(S_4=0)=0;$$

阶段指标函数：

$$C_k(x_k) = \begin{cases} 0.2+x_k; x_k>0 \\ 0; x_k=0 \end{cases}$$

最优指标函数：

$$f_k(S_k=0)=0$$

$$f_k(S_k=1) = \min_{x_k \in D_k(S_k)} \left\{ C_k(x_k)+(0.65)^{x_k} f_{k+1}(S_{k+1}=1)+[1-(0.65)^{x_k}]f_{k+1}(S_{k+1}=0) \right\}$$

$$= \min_{x_k \in D_k(S_k)} \left\{ C_k(x_k)+(0.65)^{x_k} f_{k+1}(S_{k+1}=1) \right\}$$

当 $k=3$ 时（见表 5-26）：

$$f_3(S_3=0)0$$

$$f_3(S_3=1) = \min_{x_k \in D_k(S_k)} \left\{ C_3(x_3)+(0.65)^{x_k} f_4(S_4=1) \right\}$$

表 5-26 例 5-15 求解过程表步骤 I （单位：万元）

S_3 \ x_3	0	1	2	3	4	5	x_3^*	$f_3(S_3)$
0							0	0
1	10	7.75	6.48	6	6.04	4.88	3	6

当 $k=2$ 时（见表 5-27）：

$$f_2(S_2=0)=0$$

$$f_2(S_2=1)=\min_{x_2\in D_2(S_2)}\left\{C_2(x_2)+(0.65)^{x_2}f_3(S_3=1)\right\}$$

表5-27　例5-15求解过程表步骤Ⅱ　　　　　　（单位：万元）

S_2 \ x_2	0	1	2	3	x_2^*	$f_2(S_2)$
0					0	0
1	6	5.15	4.78	4.9	2	4.78

当 $k=1$ 时（见表5-28）：

$$f_1(S_1=1)=\min_{x_1\in D_1(S_1)}\left\{C_1(x_1)+(0.65)^{x_1}f_2(S_2=1)\right\}$$

表5-28　例5-15求解过程表步骤Ⅲ　　　　　　（单位：万元）

S_1 \ x_1	0	1	2	3	x_1^*	$f_1(S_1)$
1	4.78	4.36	4.27	4.56	2	4.27

即该公司的最佳试制计划为：第一个月初投产试制 2 台；如果在第二个月月初无合格样品出现，再投产试制 2；如果在第三个月月初仍然无合格样品出现，再投产试制 3。按此最佳试制方案最小期望总费用是 4.27 元。

习题

1. 设某厂自国外进口一部精密机器，由机器制造厂至出口港口可供选择，而进口港又有 3 个可供选择，进口后可经由两个城市到达目的地，期间的运输成本如图 5-6 所示，试求运费最低的路线。

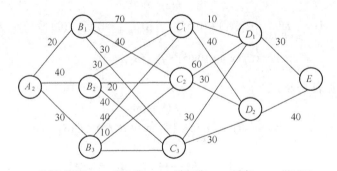

图 5-6　机器运输各路线成本图

2. 某工厂从国外引进一台设备，由 A 到 G 港口有多条通路可供选择，其路线及费用如图 5-7 所示。现要确定一条从 A 到 G 的使总费用最小的路线。请将该问题描述成一个动态规划问题，然后求其最优解。

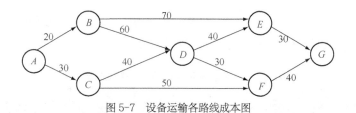

图 5-7 设备运输各路线成本图

3. 设某工厂调查了解市场情况，估计在今后 4 个时期市场对产品的需求量如表 5-29 所示。

表 5-29 不同时期产品需求量

时期	1	2	3	4
需求量	2	3	2	4

假定不论在任何时期，生产每批产品的固定成本为 3000 元，若不生产，则为 0。每单位生产成本费为 1000 元。同时任何一个时期生产能力所允许的最大生产批量为不超过 6 个单位。又设每个时期的每个单位产品库存费为 500 元，同时规定在第一期期初及第四期期末均无产品库存。试问，该厂应如何安排各个时期的生产与库存，使所花费总成本最低？

4. 有一部货车每天沿着公路给 4 个零售店卸下 6 箱货物，如果各零售店出售该货物所得利润如表 5-30 所示，试求在各零售店卸下几箱货物，能使总利润最大，其值是多少？

表 5-30 货物利润表

箱数 / 利润 \ 零售店	1	2	3	4
0	0	0	0	0
1	4	2	3	4
2	6	4	5	5
3	7	6	7	6
4	7	8	8	6
5	7	9	8	6
6	7	10	8	6

5. 设有某种肥料共 6 个单位重量，准备供给 4 块粮田用，其中每块粮田施肥数量与增产粮食数字如表 5-31 所示，试求对每块田施多少单位重量的肥料，才使总的增产粮食最多？

表 5-31 施肥数量与增产粮食关系表

施肥	粮田			
	1	2	3	4
0	0	0	0	0
1	20	25	18	28
2	42	45	39	47
3	60	57	61	65
4	75	65	78	74
5	85	70	90	80
6	90	73	95	85

6. 某公司打算向承包的 3 个营业区增设 6 个销售店，每个营业地区至少增设一个，从各区赚取的利润与增设的销售店个数有关，其数据如表 5-32 所示。

表 5-32　利润与增设的销售店个数关系表

销售店增加数	A 区利润	B 区利润	C 区利润
0	100	200	150
1	200	210	160
2	280	220	170
3	330	225	180
4	340	230	200

试求各区应分配几个增设的零售店，才能使总利润最大，其值是多少？

7. 某住宅建筑公司拟建甲、乙、丙 3 类住宅出售。已知：甲类住宅楼每栋耗资 100 万元，售价 100 万元；乙类住宅楼每栋耗资 60 万元，售价 110 万元；丙类住宅楼每栋耗资 30 万元，售价 70 万元。由于市政当局的限制，建造每类住宅楼不得多于三栋，该公司共有可利用的资金 350 万元。问：应如何拟定建筑计划，方能使该公司的售房收入最大？

8. 某罐头制造公司需要在近五周内必须采购原料一批，估计未来五周内价格有波动，其浮动价格和概率如表 5-33 所示，试求各周以什么价格购入，使采购价格的数学期望值最小？

表 5-33　产品售卖不同价格的概率

单价	概率
9	0.4
8	0.3
7	0.3

9. 某人外出旅游，需将 5 个物品装入背包，但背包装物重量有限制，总重量 W 不得超过 13 千克。物品重量及价值的关系如表 5-34 所示。试问：如何装入这些物品，才能使背包的价值最大？

表 5-34　物品重量与价值对应关系表

物品	重量（千克）	价值（元）
A	7	9
B	5	4
C	4	3
D	3	2
E	1	0.5

10. 某种工业产品需经过 A，B，C 三道工序，其合格率分别为 0.70、0.60、0.80；假设各工序的合格率相互独立，从而产（成）品的合格率为 $0.70 \times 0.60 \times 0.80 = 0.336$。为了提高产品的合格率，现准备以限额为 5 万元的投资，在三道工序中采取如表 5-35 所示的各种提高产品质量的措施。这些措施的投资金额和采取措施后各工序预期的合格率均列在表中。问：应

采取哪些措施，才能使产（成）品的合格率达到最大？

表 5-35　投资金额和采取措施对应合格率表

措施项目		①维持原状	②调整轴承	③加装自停装置	④调换轴承并加装自停装置
投资金额		0	每工序 1 万元	每工序 2 万元	每工序 3 万元
工序的预期合格率	A	0.70	0.80	0.90	0.95
	B	0.60	0.70	0.80	0.90
	C	0.80	0.90	0.90	0.94

11. 某制造厂根据合同，要在 1 至 4 月的每月底供应零件各 40 件，50 件，60 件，80 件。该厂 1 月初并无存货，至 4 月也不准备留存。已知每批的生产准备费用为 100 元；若当月生产的零件交运不出去，需要仓库存贮，存贮费用为 2 元／（件月）。该厂每月的最大生产能力为 100 件。问：应如何安排生产，才能使费用总和为最小？

12. 某有限公司有 5 台新设备，将有选择地分配给下属 3 个工厂，所得效益如表 5-36 所示。问：该公司应如何分配这些设备可使总收益最大？

表 5-36　工厂设备分配效益表　　单元：千元

新工厂台数	工厂		
	Ⅰ	Ⅱ	Ⅲ
0	0	0	0
1	3	5	4
2	7	10	6
3	9	11	11
4	12	11	12
5	13	11	12

13. 设有两种资源：第一种资源有 a 单位，第二种资源有 b 单位。拟将这两种资源分配给 N 个部门。第一种资源 x_i 单位、第二种资源 y_i 单位分配给部门 i 所得利润为 $r_i(x_i,y_i)$。现设 $a=3$，$b=3$，$N=3$，其利润 $r_i(x_i,y_i)$ 列于表 5-37 中。问：应如何分配这两种资源，才能使总利润最大？

表 5-37　资源利润对应表

$x_i c_2\{4+2(y_i-y_i-1)y_i-1<y_i\}$	y_i	$r_1(x_1,y_1)$				$r_2(x_2,y_2)$				$r_3(x_3,y_3)$			
		0	1	2	3	0	1	2	3	0	1	2	3
0	0	0	1	3	6	0	2	4	6	0	3	5	8
1		4	5	6	7	1	4	6	7	2	5	7	9
2		5	6	7	8	4	6	8	9	4	7	9	11
3		6	7	8	9	6	8	10	11	6	9	11	13

14. 某公司计划在今后 4 个月内经营一种高级成衣。根据预测该种商品在 5 至 8 月份的每套进价和售价如表 5-38 所示。已知库存能力为 600 套，5 月初有存货 2 套，并假定销售是在月初进行，至月末全部售完。试对这 4 个月的购销做出安排，使总的利润最大？

表 5-38　成衣购销价格表

月份	5	6	7	8
进价	40	38	40	42
售价	45	42	39	44

15. 设某种机器可以在高、低两种不同负荷下生产。若机器在高负荷下生产，则产品的年产量和投入生产的机器数量 x 的关系为 $a=8x$，机器的年折损率 $\beta=0.3$；若机器在低负荷下生产，则产品年产量 b 与投入生产的机器数量 x 关系为 $b=5x$，机器的年折损率 $\alpha=0.1$。设开始时有完好机器 1000 台，要求制订一个四年计划，每年年初分配完好机器在不同负荷下工作，使四年产品总产量达到最大。

16. 某工厂在一年内进行 A，B，C 3 种新产品试制。估计年内这 3 种新产品研制不成功的概率分别为 0.40，0.60，0.80。厂领导为了促进 3 种新产品的研制，决定拨 2 万元追加研制费。假设：这些追加研制费（以万元为单元）分配给不同新产品研制时不成功的概率分别如表 5-39 中所示。试问：应如何分配这笔追加研制费，使这 3 种新产品都没有研制成功的概率最小？

表 5-39　新产品研制成功率概率表

研制费	新产品 不成功概率		
	A	B	C
0	0.40	0.60	0.80
1	0.20	0.40	0.50
2	0.15	0.20	0.30

17. 一名学生要从 4 个系中挑选 10 门选修课程。他必须从每个系中至少选一门课，他的目的是把 10 门课分到 4 个系中，使得他在 4 个领域中的"知识"最多。由于他对课程内容的理解力和课程内容的重复，他认为：如果在某一个系所选的课程超过一定数目时，他的知识就不能显著增加。为此，他采用 100 分作为衡量他的学习能力，并以此作为在每个系选修课程的依据。经过详细调查分析得到表 5-40 中各数据。试确定这名学生选修课程的最优方案。

表 5-40　不同系别课程数量获得知识情况

系别 \ 课程 分数	1	2	3	4	5	6	7	8	9	10
I	25	50	60	80	100	100	100	100	100	100
II	20	70	90	100	100	100	100	100	100	100
III	40	60	80	100	100	100	100	100	100	100
IV	10	20	90	40	50	60	70	80	90	100

18. 设有一个由 4 个部件串联组成的系统。为提高系统的可靠性，考虑在每个部件上并联 1 个、2 个或 3 个同类元件，每个部件（$i=1,2,3,4$）配备 j 个并联元件（$j=1,2,3$）后的可靠

性 R_{ij} 和 C_{ij}（单位百元）由表 5-41 给出。假设该系统的总成本允许为 15 千元，试问：如何确定各部件配备元件的数目，使该系统的可靠性最大？

表 5-41　原件可靠性估计表

j	$i=1$		$i=2$		$i=3$		$i=4$	
	R_{1j}	C_{1j}	R_{2j}	C_{2j}	R_{3j}	C_{3j}	R_{4j}	C_{4j}
1	0.70	4	0.60	2	0.90	3	0.80	3
2	0.75	5	0.80	4	—	—	0.82	5
3	0.85	7	—	—	—	—	—	—

19. 某工厂使用一种关键设备，每年年初设备科需对该设备的更新与否做出决策。现已知在 5 年内购置该种新设备的费用和各年内维修费（单位：千元/台）如表 5-42 所示。试制订 5 年内的设备更新计划，使的支付费用最少。

表 5-42　设备购置、维修费用表

第 i 年	1	2	3	4	5
购置费用	11	11	12	12	13
第 i 年初	1	2	3	4	5
维修费用	5	6	8	11	18

20. 设有 6 万元资金用于 4 个工厂的扩建。已知每年工厂的利润增长同投资数额的大小有关，详细数据见表 5-43。问应该如何确定对这 4 个厂的投资额，使总利润增长最大。

表 5-43　工厂扩建与利润增加关系表

	0	100	200	300	400	500	600
1	0	20	42	60	75	85	90
2	0	25	45	57	65	70	73
3	0	18	39	61	78	90	95
4	0	28	47	65	74	80	85

21. 某项工程有 3 个设计方案。据现有条件，这些方案不能完成的概率分别为 0.40，0.60，0.80,即 3 个方案均完不成的概率为 0.40×0.60×0.80=0.192。为使这 3 个方案中至少完成一个的概率尽可能大，决定追加 2 万元资金。当使用追加投资后，上述方案完不成的概率见表 5-44。问应如何分配追加投资，才能使其中至少一个方案完成的概率为最大？

表 5-44　追加投资与项目成功率关系表

追加投资（万元）	1	2	3
0	0.40	0.60	0.80
1	0.20	0.40	0.50
2	0.15	0.20	0.30

第6章 图与网络分析

学习目标

- 理解有向图、无向图的相关概念
- 理解树、支撑树、最小支撑树的概念
- 掌握求解支撑树和最小支撑树的破圈法和避圈法
- 掌握求解最短路的算法
- 掌握求解最大流的算法
- 掌握求解最小费用最大流的算法

开篇案例

Modern 公司的光纤联网问题

Modern 公司决定铺设最先进的光纤网络，以便为它的主要中心之间提供高速的数据、声音和图像等高速通信。该公司的主要中心包括公司的总部、巨型计算机、研究区、生产和配送中心，根据各中心的分布，公司分析设计了可能的光纤铺设位置，如图 6-1 所示，每条虚线旁边的数字表示在该位置铺设光纤所需的成本（单位：百万美元）。

考虑到光纤技术在中心之间高速通信的优势，所以不需在每两个中心之间都用一条光纤把它们直接连接起来。那些需要光纤直接连接的中心有一系列的光纤连接它们。

因此，公司面临的问题是选择在哪两个中心之间铺设光纤，能够使得每两个中心之间都是联通的，但是同时总的通信成本又是最低的。

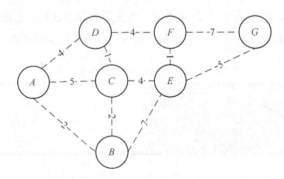

图 6-1 光纤铺设位置分析

图论是运筹学中有着十分广泛运用的一个分支。1736 年著名数学家欧拉（Euler）发表了图论方面第一篇论文，解决了有名的哥尼斯堡七桥难题，欧拉被公认为图论的创始人。自此，图论取得了十分迅速的发展。该问题是这样的：18 世纪的哥尼斯堡城中流过一条河（普雷·格尔河），河上有七座桥连结着河的两岸和河中的两个小岛，如图 6-2 所示。当时，那里的人们热衷于这样的问题：一个散步者能否走过七座桥，且每座桥只走过一次，最后回到出发点。没有人想出这种走法，也没有人证明不存在这种走法，这就是著名的"七桥"难题。

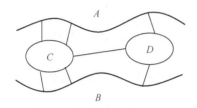

图 6-2 "七桥难题"

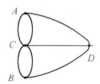

图 6-3 "七桥难题"图解

欧拉用 A，B，C，D 四点分别表示河的两岸和两个小岛，用两点之间的连线表示桥，如图 6-3 所示。七桥问题就转化为寻找一条从 A，B，C，D 中任意一点出发，通过每边一次且一次，再回到该点的路。欧拉证明了不存在这样的走法，并给出此类问题的一般结论。如今，经济科学、管理科学、计算机科学、信息论、控制论、物理、化学、生物学、心理学等不同领域内的许多问题都可以运用图论的理论和方法来解决。例如，工程项目管理中，如何合理地分配人力资源和安排进度，才能保证项目在规定的期限内完成？在生产的组织与管理中，各工序之间如何衔接，才能使生产任务完成得既快又好？在通信网络、水、电、煤气供应问题中，管道与供电线路如何铺设，才能既满足需求，又使总费用最省？此外，交通网络、设备更新、球队循环比赛等优化问题都可以用网络分析的方法来解决。

科学技术的进步，特别是电子计算机的出现与发展，使得一个庞大复杂的工程系统和管理问题可以用图来描述，解决许多工程设计和管理决策的最优化问题。如以最短的时间、最短距离、最少的费用完成工程任务等。

6.1 图与网络的基本知识

在自然界与人类社会中，许多事物以及事物之间的关系常可以用点和线连接起来的图形描述。

例 6-1 为了反映 5 个球队的赛事关系，可以用点表示球队，用点间连线表示两个球队已进行过比赛，如图 6-4 所示。其中点 a,b,c,d,e 分别表示 5 个球队，两点的连接表示两球队之间的赛事关系。因此，从图中可反映出 a 球队分别与 b,c,d 球队有赛事；b 球队还与 c 球队，d 球队还与 e 球队有赛事。

例 6-2 为了描述城市间的交通，可以用点表示城市，用点间连线表示城市间的道路，如果连线旁标注城市间的距离——网络图中称为权，形成加权图，就称为网络图，就可进一步研究从一个城市到另一个城市的最短路径；或者标上单位运价，就可分析运费最小的运输方案。图 6-5 是一张 7 个城市间物资运输关系的运输网示意图，$v_1, v_2, v_3, v_4, v_5, v_6, v_7$ 表示 7 个城市，箭线旁的数字表示物流的单位运价。

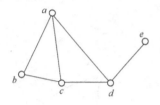

图 6-4　球队赛事关系图

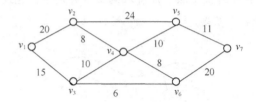

图 6-5　物资运输关系图

由此看出，用图来描述事物间的联系，不仅直观清晰，便于统观全局，而且图中点的相对位置、连线的长短曲直，对于反映对象之间的关系并不重要。如上述球队比赛的例子也可以用图 6-6 所示的图表示，这与图 6-4 没有本质的区别。

前面几个例子涉及的对象之间的"关系"具有"对称性"，即如果甲与乙有这种关系，那么同时，乙与甲也有这种关系。但是在现实生活中，有许多关系不具有这种对称性，比如，球队比赛的胜负关系，甲胜乙，那么乙就不能胜甲。反映这种非对称关系，不能只用一条连线，可以用一条带箭头的连线表示。如球队 a 胜了球队 b，可以从 a 引一条带箭头的连线到 b。图 6-7 反映了 5 个球队的胜负情况。

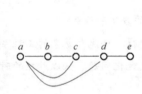

图 6-6　球队赛事关系图

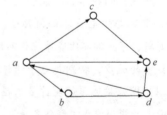

图 6-7　球队胜负关系图

综上，一个图是由一些点和一些点之间的连线（不带箭头和带箭头）组成的。为区别起见，把两点之间不带箭头的连线称为边，带箭头的连线称为弧。

1．无向图

（1）无向图

定义 6-1 无向图是由点及边所构成的无序二元组 (V,E)，记为 $G = (V,E)$，其中 $V = (v_1, v_2, \cdots, v_p)$ 是 p 个点的集合，简称顶点集；$E = (e_1, e_2, \cdots, e_q)$ 是 q 条边的集合，简称边集合。连接点 $v_i, v_j \in V$ 的边记为 $[v_i, v_j]$ 或 $[v_j, v_i]$。

图 6-8 即为无向图，图中：

$$V = \{v_1, v_2, v_3, v_4, v_5\}，\quad E = \{e_1, e_2, \cdots, e_8\}$$

点集 V 中元素的个数称为图 G 的顶点数，记为 $p(G) = |V|$。如图 6-8 所示，$p(G) = 5$。边集 E 中元素的个数称为图 G 的边数，记为 $q(G) = |E|$。如图 6-8 所示，$q(G) = 8$。若边 $e = [v_i, v_j] \in E$，称 v_i, v_j 为 e 的端点，e 为 v_i, v_j 的关联边。图 6-8 中，v_1, v_2 为 e_2 的端点，e_2 为 v_1, v_2 的关联边。

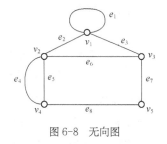

图 6-8　无向图

若点 v_i, v_j 有边相连，即 $e = [v_i, v_j] \in E$，则称 v_i, v_j 相邻，v_i, v_j 与 e 关联。图 6-8 中，v_3, v_5 相邻，v_3, v_5 与 e_7 关联。

（2）简单图

若某边 e 的两个端点相同，则称 e 为环（自回路）。如图 6-8 中的 e_1。若两个点之间有多于一条的边，称这些边为多重边。如图 6-8 中的 e_4, e_5。

定义 6-2　不含环和多重边的图称为简单图。无环但含有多重边的图称为多重图。

（3）点的次（度）

定义 6-3　以点 v 为端点的边数叫作点 v 的次，记作 $d(v)$。

如图 6-8 中，$d(v_1) = 4, d(v_2) = 4$。若 $V = (v_1, v_2, ..., v_p)$，则称 $\{d(v_1), d(v_2), ..., d(v_p)\}$ 为图 G 的次序列。

次为 1 的点称为悬挂点，悬挂点的连接边称为悬挂边。次为 0 的点称为孤立点。次为奇数的点称为奇点，次为偶数的点称为偶点。

定理 6-1　图 $G = (V, E)$ 中，所有点的次数之和等于边数的 2 倍。即

$$\sum_{i=1}^{p(G)} d(v_i) = 2q(G)$$

证明：由于每条边必有两个顶点关联，在计算点的次时，每条边均被计算了两次，所以顶点次数之和等于边数的 2 倍。

定理 6-2　任何图 $G = (V, E)$ 中，奇点的个数必为偶数。

证明：设 V_1 和 V_2 分别为图 G 中奇点与偶点的集合，$V = V_1 \bigcup V_2$。由定理 6-1 知

$$\sum_{i \in V_1} d(v) + \sum_{i \in V_2} d(v) = \sum_{i \in V} d(v) = 2q(G)$$

由于 $2q(G)$ 为偶数，$\sum_{i \in V_2} d(v)$ 也为偶数。所以 $\sum_{i \in V_1} d(v)$ 必为偶数，从而奇点的个数必为偶数。

（4）链

对于无向图 $G = (V, E)$，一个点和边交替的序列 $\{v_{i1}, e_{i1}, v_{i2}, e_{i2}, \cdots v_{i(t-1)}, e_{i(t-1)}, v_{it}\}$ 如果满足 $e_{ik} = [e_{ik}, e_{i(k+1)}], k = 1, 2, \cdots, t-1$，则称其为连接 v_{i1} 和 v_{it} 的一条链，记为 $\{v_{i1}, v_{i2}, \cdots, v_{it}\}$。其中。称 v_{i1} 和 v_{it} 为链的两个端点。图 6-8 中的 $\{v_1, v_2, v_3\}, \{v_2, v_4, v_5\}, \{v_1, v_2, v_4, v_5\}$ 都是链。

链 $\{v_{i1}, v_{i2}, \cdots, v_{it}\}$ 中，$v_{i1} = v_{it}$，则称之为圈，如图 6-8 中的 $\{v_1, v_2, v_3, v_1\}$。若 $\{v_{i1}, v_{i2}, \cdots, v_{it}\}$ 中点 $v_{i1}, v_{i2}, \cdots, v_{it}$ 都是不同的，则称之为初等链。若圈 $\{v_{i1}, v_{i2}, \cdots, v_{it-1}, v_{i1}\}$ 中 $v_{i1}, v_{i2}, \cdots, v_{it-1}$ 都是不相同的，则称之为初等圈。

定义 6-4　图 G 中，如果任何两个顶点之间都有一条链，该图称为连通图，否则称为不连通图。

2．有向图

（1）有向图

定义 6-5 有向图由点及弧所构成的有序二元组 (V,A) 记为 $D=(V,A)$，其中 $V=(v_1,v_2,\cdots,v_p)$ 是 p 个顶点的集合，$A=(a_1,a_2,\cdots,a_q)$ 是 q 条弧的集合，并且 a_i 是一个有序二元组，记为 $a_{ij}=(v_i,v_j)\neq(v_j,v_i),v_i,v_j\in V$，并称 a_{ij} 是以 v_i 为始点，v_j 为终点的弧，i,j 的顺序不能颠倒，图中弧的方向用箭头标识。

图 6-9 即为有向图，图中：

$$V=\{v_1,v_2,v_3,v_4,v_5\}，\quad A=\{a_1,a_2,\cdots,a_9\}$$

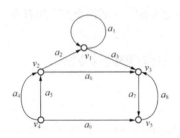

图 6-9 有向图

（2）简单有向图

两个端点重合的弧称环。如图 6-9 中的 a_1。

两个端点之间的同向弧数大于等于 2，称为多重弧。如图 6-9 中的 a_4,a_5 为 v_2,v_4 之间的二重弧，而 a_7,a_8 不是 v_3,v_5 之间的二重弧。

无环也无多重弧的有向图称为简单有向图。

（3）点的出次和入次

以点 v 为起点的弧数叫作点 v 的出次，记作 $d^+(v)$。如图 6-9 中，$d^+(v_5)=1$。

以点 v 为终点的弧数叫作点 v 的入次，记作 $d^-(v)$。如图 6-9 中，$d^-(v_5)=2$。称 $d^+(v)+d^-(v)=d(v)$ 为点 v 的次。如图 6-9 中，$d(v_5)=3$。

（4）路

在有向图 $D=(V,A)$ 中，点和弧交替的序列 $P=\left\{v_{i1},a_{i1},v_{i2},a_{i2},\cdots,v_{i(t-1)},a_{i(t-1)},v_{it}\right\}$，若有 $a_{it}=\left\{v_{it},v_{i(t+1)}\right\}$ 或 $a_{it}=\left\{v_{i(t+1)},v_{it}\right\}$，则称 P 是一条连接 v_{i1} 和 v_{it} 的一条路；若有 $a_{it}=\left\{v_{it},v_{i(t+1)}\right\}$，则称 P 是一条从 v_{i1} 和 v_{it} 的有向路。

3．网络

实际问题中，如果只用图来描述所研究对象之间的关系有时还不够，需要在图中给边赋予一定的数量指标以描述点与边之间的某些数量关系，我们常称之为"权"。依据研究问题的需要，权可以代表距离、时间、费用、容量、可靠性等。通常把这种点或边带有某种数量指标的赋权图称为网络。与无向图和有向图相对应，网络又分为无向网络和有向网络，如图 6-10 给出了电信运营商 v_s 与用户之间的网络通信图，边上的权重表示各点之间的网络容量。图 6-11 是从 v_s 到 v_t 的可通信容量。

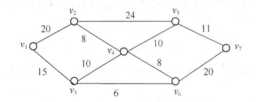

图 6-10 电信运营商与用户之间的网络通信图

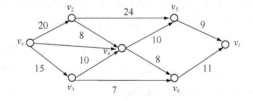

图 6-11 电信运营商间的可通信容量图

为便于数据处理和计算机存储，除了用图形来表示图外，还可以用矩阵来表示一个图。

定义 6-6 在图 $G = (V,E)$ 中，$V = (v_1, v_2, \cdots, v_p)$，$E = (e_1, e_2, \cdots, e_q)$。构造一个矩阵 $A = (a_{ij})_{p \times q}$，其中

$$a_{ij} = \begin{cases} 1, & \text{当点} v_i \text{与边} e_j \text{关联} \\ 0, & \text{否则} \end{cases}$$

则称 A 为 G 的关联矩阵。关联指顶点与边的关系。

图 6-12 的关联矩阵为：

$$\begin{array}{c} \\ v_1 \\ v_2 \\ v_3 \\ v_4 \\ v_5 \end{array} \begin{array}{cccccc} e_1 & e_2 & e_3 & e_4 & e_5 & e_6 \\ \left(\begin{array}{cccccc} 1 & 1 & 0 & 0 & 0 & 0 \\ 1 & 0 & 1 & 1 & 0 & 0 \\ 0 & 1 & 0 & 1 & 1 & 0 \\ 0 & 0 & 1 & 0 & 0 & 1 \\ 0 & 0 & 0 & 0 & 1 & 1 \end{array} \right) \end{array}$$

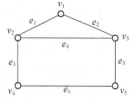

图 6-12 无向网络图 G_1

定义 6-7 在图 $G = (V,E)$ 中，$V = (v_1, v_2, \cdots, v_p)$，$E = (e_1, e_2, \cdots, e_q)$，构造一个矩阵 $A = (a_{ij})_{p \times q}$，其中

$$a_{ij} = \begin{cases} 1, & \text{当点} v_i \text{与边} v_j \text{相邻} \\ 0, & \text{否则} \end{cases}$$

则称 A 为 G 的邻接矩阵。邻接指顶点与顶点的关系。

图 6-12 的邻接矩阵为：

$$\begin{array}{c} \\ v_1 \\ v_2 \\ v_3 \\ v_4 \\ v_5 \end{array} \begin{array}{ccccc} v_1 & v_2 & v_3 & v_4 & v_5 \\ \left(\begin{array}{ccccc} 0 & 1 & 1 & 0 & 0 \\ 1 & 0 & 1 & 1 & 0 \\ 1 & 1 & 0 & 0 & 1 \\ 0 & 1 & 0 & 0 & 1 \\ 0 & 0 & 1 & 1 & 0 \end{array} \right) \end{array}$$

定义 6-8 在网络 $G = (V,E)$ 中，$V = (v_1, v_2, \cdots, v_p)$，$E = (e_1, e_2, \cdots, e_q)$，其边 $[v_i, v_j]$ 有权 w_{ij}。构造一个矩阵 $A = (a_{ij})_{p \times q}$，其中

$$a_{ij} = \begin{cases} w_{ij}, & <v_i, v_j> \in E \\ 0, & \text{否则} \end{cases}$$

则称 A 为 G 的权矩阵。图 6-13 的权矩阵为：

$$\begin{array}{c} \\ v_1 \\ v_2 \\ v_3 \\ v_4 \\ v_5 \end{array} \begin{array}{ccccc} v_1 & v_2 & v_3 & v_4 & v_5 \\ \left(\begin{array}{ccccc} 0 & 7 & 4 & 0 & 0 \\ 7 & 0 & 2 & 6 & 0 \\ 4 & 2 & 0 & 0 & 3 \\ 0 & 6 & 0 & 0 & 5 \\ 0 & 0 & 3 & 5 & 0 \end{array} \right) \end{array}$$

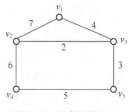

图 6-13 无向网络图 G_2

6.2 树

树是图论中结构最简单但又十分重要的图，在自然科学和社会科学的许多领域都有广泛的应用。

6.2.1 树的概念与性质

例 6-3 已知有 5 个城市，要在它们之间架设电话线网，要求任意两个城市都可以彼此通话（允许通过其他城市），并且电话线的条数最少。

用 5 个点 v_1, v_2, v_3, v_4, v_5 分别表示 5 个城市，如果在 v_1 与 v_2 两个城市之间架设电话线，则在 v_1 与 v_2 之间连一条边，这样一个电话线网就可以用一个图来表示。为了使任何两个城市都可以通话，这样的图必须是连通的。其次，若图中有圈，从圈上去掉任意一条边，剩下的图仍然是连通的，这样即可省去一条电话线。因此，满足要求的电话网必须是：①连通的；②不含圈的。满足这两点要求的图称为"树"。

定义 6-9 连通且不含圈的无向图称为树。树中次为 1 的顶点称为树叶（悬挂点），次大于 1 的顶点称为分枝点。

下面介绍树的一些重要性质。树的性质可用下面定理给出。

定理 6-3 设图 $G = (V, E)$，图 G 的顶点数和边数分别为 n 和 m，则下列命题是等价的：

（1）G 是一个树。

（2）G 无圈，且 $m = n - 1$。

（3）G 连通，且 $m = n - 1$。

（4）G 无圈，但每加一条新边即存在唯一一个圈。

（5）G 连通，但每舍去一条边就变成不连通。

（6）G 中任意两点有唯一链相连。

证明略。

定理 6-3 中每一个命题均可作为树的定义，对判断和构造树极为方便。

定义 6-10 图 $G = (V, E)$，若 E' 是 E 的子集，V' 是 V 的子集，且 E' 中的边仅与 V' 中的顶点相关联，则称 $G' = (V', E')$ 是 G 的一个子图。特别地，若 $V' = V$，则 G' 称为 G 的生成子图（或支撑子图）。

定义 6-11 若图 G 的生成子图 $G' = (V', E')$ 是一棵树，则称 $G' = (V', E')$ 为 G 的生成树，或简称为图 G 的树。图 G 中属于生成树的边称为树枝，不在生成树中的边称为弦。

定理 6-4 图 G 有生成树的充分必要条件为图 G 是连通图。

证明：必要性由定义显然可得。

充分性的证明：设图 G 是连通的。若 G 不含圈，则 G 就是其自身的一棵生成树；若 G 含有圈，任取一个圈，从圈中任意去掉一条边，得到图 G 的一个生成子图 G_1。如果 G_1 不含圈，那么 G_1 是 G 的一棵生成树；如果 G_1 仍含有圈，那么从 G_1 中任取一个圈，从圈中再任意去掉一条边，得到图 G 的一个生成子图 G_2。如此重复，使每个圈都受到破坏，最后可以得到 G 的一个不含圈的生成子图 G_k。G_k 就是 G 的一棵生成树。

上述充分性的证明给出了一种寻求生成树的方法，即任取一个圈，从圈中去掉一条边，对余下的图重复这个步骤，直到不含圈时为止，即得到一棵生成树，称这种方法为"破圈法"。

除"破圈法"外，还有另一种求连通图 G 的生成树的方法，称为"避圈法"。这种方法是在图 G 中每步选取一条边使它与已选边不构成圈，直到选够 $n-1$ 条边为止。

6.2.2 图的支撑树

构造支撑树的算法

1. 破圈法

破圈法的思路：将连通有圈图逐步删除边，变成连通无圈图。

破圈法的步骤：$G = (V, E)$ 为连通图，$G_k = (V, E_k)$ 是 G 的支撑子图。

步骤 1   取 $G_0 = (V, E) = G, k = 0$；

步骤 2   若 G_k 不含圈，则 G_k 为支撑树；若 G_k 含圈，取 G_k 中的任一圈，去掉圈上任一条边，得 $G_{k+1} = (V, E_{k+1})$，$E_{k+1} = E_k \setminus \{e_k\}$；

步骤 3   如果 $k < q(G) - p(G) + 1$，则重复步骤 2；否则，G_{k+1} 一定是支撑树。

例 6-4   用破圈法求出图 6-14 的一个支撑树。

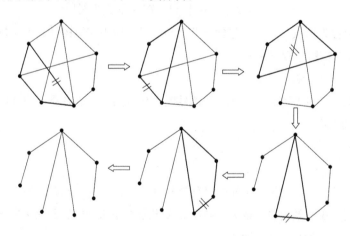

图 6-14   破圈法求解支撑树的过程图

2. 避圈法

避圈法的思路：将不连通的无圈图通过边的增加，逐步变成连通无圈图。

避圈法的步骤：$G = (V, E)$ 为连通图。

步骤 1   取 $G_0 = (V, \varnothing), k = 0$；

步骤 2   若 G_k 连通，则 G_k 为支撑树；若 G_k 不连通，任选图 G 边集 E 中的一边 e，使 e 的两个端点分属两个不同的连通分图，得 $G_{k+1} = (V, E_{k+1})$，$E_{k+1} = E_k \bigcup \{e_k\}, k = k+1$；

步骤 3   若 $k < p(G) - 1$，则重复步骤 2；否则，G_k 一定是支撑树。

例 6-5   用避圈法求出图 6-15 的一个支撑树。

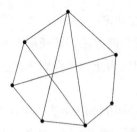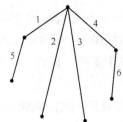

图 6-15　避圈法求解支撑树的过程图

6.2.3　最小支撑树及其算法

将支撑树的构造与边权的选择相结合，将产生最小支撑树的概念。最小支撑树是网络优化中一个重要的概念，它在交通网、电话网、管道网、电力网等设计中均有广泛的应用。

定义 6-12　设连通图 $G=(V,E)$ 的每一边 $e=[v_i,v_j]$ 有一个权 $w(e)=w_{ij}$，如果 $T=(V,E')$ 是 G 的一个支撑树，称 E' 中所有边的权之和为支撑树 T 的权，记为 $w(T)$：

$$w(T)=\sum_{<v_i,v_j>\in T}w_{ij}$$

如果支撑树 T^* 的权 $w(T^*)$ 是 G 的所有支撑树中权数最小的，则称 T^* 是 G 的最小支撑树（也称最小树），即

$$w(T^*)=\min\{w(T):T\text{是}G\text{的支撑树}\}$$

树的各条边称为树枝，一般图包含有多个支撑树，最小支撑树是其中树枝总长最小的支撑树。图的最小支撑树一般不唯一。

寻找最小支撑树的算法

寻找最小支撑树也可以利用上述介绍的破圈法和避圈法，但在删除边和增加边时，需要考虑边的权数的限制。

1．破圈法

步骤如下：

从图 G 中任取一圈，去掉这个圈中权数最大的一条边，得一支撑子图 G_1。在 G_1 中再任取一圈，再去掉圈中权数最大的一条边，得 G_2。如此继续下去，一直到剩下的子图中不再含圈为止。该子图就是 G_1 的最小支撑树 T^*。

2．Kruskal 算法

Kruskal 算法是 Kruskal 于 1956 年提出的一个产生最小支撑树的算法，类似于求生成树的避圈法。算法的基本思想是：每次从未选的边中选取一条最小权的边加入子图 T 中，并保证它与已选边不形成圈，直到选够有 $n-1$ 条边为止。

Kruskal 算法的基本步骤如下：

步骤 1　按照权的大小对边由小到大排序，即 $w(e_1)\leqslant w(e_2)\leqslant\cdots\leqslant w(e_m)$。

令 $i=1,j=0,T=\varnothing$。

步骤 2　判断 $T\cup e_i$ 是否含圈。如含圈，转步骤 3；否则，转步骤 4。

步骤 3　令 $i=i+1$。若 $i\leqslant m$，转步骤 2；否则，结束，没有支撑树，G 不联通。

步骤4　令 $T = T \cup e_i, i = i+1, j = j+1$ 。若 $j = m-1$ ，结束，T 是最小树；否则，转步骤2。

例 6-6　图 6-16 中①、②、③、④、⑤代表村镇，它们的连线代表各村镇间现有道路交通情况，连线旁的数字代表道路长度。现要求沿图中道路铺设光纤，使上述村镇全部通上网络，应如何架设，才能使总的线路长度最短？

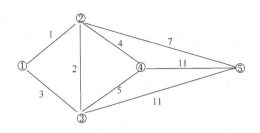

图 6-16　树镇间道路连通图

解：这个问题就是求图中所示网络的最小树，用 Kruskal 算法求解。通过对边由小到大排序，按照避圈法的原则，逐步增加到 T 中。

$i = 1, j = 0, T = \varnothing$ ，$T \cup e_1 = \{[①,②]\}$ 不含圈，则 $T = \{[①,②]\}$ ；

$i = 2, j = 2$ ，$T \cup e_2 = \{[①,②],[②,③]\}$ 不含圈，则 $T = \{[①,②],[②,③]\}$ ；

$i = 3, j = 3$ ，$T \cup e_3 = \{[①,②],[②,③],[①,③]\}$ 含圈；

$i = 4, j = 4$ ，$T \cup e_4 = \{[①,②],[②,③],[②,④]\}$ 不含圈，则 $T = \{[①,②],[②,③],[②,④]\}$ ；

$i = 5, j = 5$ ，$T \cup e_5 = \{[①,②],[②,③],[②,④],[③,④]\}$ 含圈；

$i = 6, j = 6$ ，$T \cup e_6 = \{[①,②],[②,③],[②,④],[②,⑤]\}$ 不含圈，则 $T = \{[①,②],[②,③],[②,④],[②,⑤]\}$

$i = 7, j = 7$ ，$T \cup e_7 = \{[①,②],[②,③],[②,④],[④,⑤]\}$ 含圈，此时，算法结束，$T = \{[①,②],[②,③],[②,④],[②,⑤]\}$ 是最小树，如图 6-17 所示。

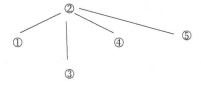

图 6-17　连通图 6-16 的最小生成树

6.3　最短路问题

最短路问题是网络理论中应用最广泛的问题之一。很多优化问题可使用这个模型，比如设备的更新、管道的铺设、线路的安排、厂区的布局等。在上一章中我们曾介绍过最短路问题的动态规划解法，但有些最短路问题（如道路不能整齐分段的）构造动态规划方程比较困难，而使用图论方法则比较有效。

最短路问题的一般提法是设 $N = (V, A, W)$ 为网络图，图中各边 (v_i, v_j) 有权 w_{ij} （ $w_{ij} = \infty$ 表示 v_i ，v_j 之间没有边），v_i ，v_j 为图中任意两点。网络中有多条 $v_i \rightarrow v_j$ 的路，最短路问题是

求一条从 v_i 到 v_j 的所有路中总权最小的路。即：优化问题 $\min\limits_{P_{i,j}}\{w(P_{i,j}):P_{i,j}\text{是}v_i\to v_j\text{的路}\}$。下面我们将介绍 3 种求解最短路问题的算法。

6.3.1 Dijkstra 算法

E.W.Dijkstra 于 1959 年提出了本算法，可用于求解正权网络最短路径。用给节点记标号来逐步形成起点到各点的最短路径及其距离值，被认为是目前求解无赋权网络的最好算法。

Dijkstra 算法也称为双标号法，也就是对图中的每个点 v_j 赋予 T 标号和 P 标号两个标号。T 标号为临时标号，P 标号为永久标号。给 v_i 一个 P 标号时，表示从 v_1 到 v_i 的最短路权，v_i 的标号不变。给 v_i 一个 T 标号时，表示从 v_1 到 v_i 的最短路权的上界，是临时标号，凡没有得到 P 标号的点都有 T 标号。算法的每一步都把某一点的 T 标号修改为 P 标号，直到所有点都得到 P 标号结束。对于有 n 个点的图，最多经过 $n-1$ 步就可以得到从始点到终点的最短路。

Dijkstra 算法的基本步骤如下：

（1）给起点 v_1 以 P 标号，$P(v_1)=0$，其余各点均给 T 标号，$T(v_i)=+\infty$。

（2）若节点 v_i 是刚得到 P 标号的点。把与 v_i 有弧（边）直接相连而且有属于 T 标号的节点改为下列 T 标号：

$$T(v_j)=\min\{T(v_j),P(v_i)+d_{ij}\}$$

（3）把值最小的 T 标号改为 P 标号，直至终点的 T 标号改为 P 标号为止；否则转（2）。

注意： 当同时存在两个及以上的最小 T 标号时，可同时改为 P 标号。

例 6-7 用 Dijkstra 算法求图 6-18 中 v_1 到 v_7 的最短路。

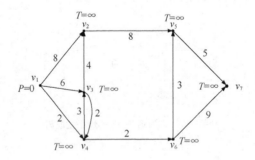

图 6-18　求最短路径图

解：（1）考察以 P 标号点 v_1 为始点的弧 v_1v_2，$v_1 v_3$，$v_1 v_4$。因为 v_2，v_3，v_4 均为 T 标号，所以修正这三点的 T 标号如下：

$$T(v_2)=\min[T(v_2)，P(v_1)+d_{12}]=\min[\infty，0+8]=8$$

$$T(v_3)=\min[T(v_3)，P(v_1)+d_{13}]=\min[\infty，0+6]=6$$

$$T(v_4)=\min[T(v_4)，P(v_1)+d_{14}]=\min[\infty，0+2]=2$$

在所有的 T 标号中，$T(v_4)=2$ 最小，令 $P(v_4)=2$。这说明从 v_1 到 v_4 的最短路是 2，如图 6-19 所示。

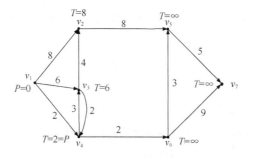

图 6-19　最短路径标号过程图

（2）考察以新的 P 标号点 v_4 为始点的所有弧 v_4v_3，v_4v_6。因为 v_3，v_6 均为 T 标号，所以修正这两点的 T 标号如下：

$$T(v_3)=\min[T(v_3)，P(v_4)+d_{43}]=\min[6，2+3]=5$$
$$T(v_6)=\min[T(v_6)，P(v_4)+d_{46}]=\min[\infty，2+2]=4$$

在所有的 T 标号中，$T(v_6)=4$ 最小，令 $P(v_6)=4$。这说明从 v_1 到 v_6 的最短路是 4，如图 6-20 所示。

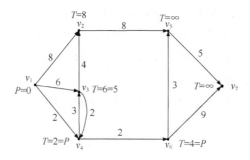

图 6-20　最短路径标号修正过程图 1

（3）考察以新的 P 标号点 v_6 为始点的所有弧 v_6v_5，v_6v_7。因为 v_5，v_7 均为 T 标号，所以修正这两点的 T 标号如下。

$$T(v_5)=\min[\mathrm{T}(v_5)，P(v_6)+d_{65}]=\min[\infty，4+3]=7$$
$$T(v_7)=\min[\mathrm{T}(v_7)，P(v_6)+d_{67}]=\min[\infty，4+9]=13$$

在所有的 T 标号中，$T(v_3)=5$ 最小，令 $P(v_3)=5$。这说明从 v_1 到 v_3 的最短路是 5，如图 6-21 所示。

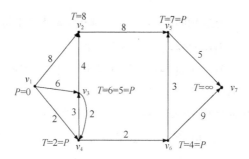

图 6-21　最短路径标号修正过程图 2

（4）考察以新的 P 标号点 v_5 为始点的所有弧 v_5v_7。因为 v_7 为 T 标号，所以修正该点的 T 标号如下。

$$T(v_7)=\min[T(v_7)，P(v_5)+d_{57}]=\min[13，7+5]=12$$

因只有一个 T 标号，令 $P(v_7)=12$，计算结束。v_1 到 v_7 的最短路为 $v_1{\rightarrow}v_4{\rightarrow}v_6{\rightarrow}v_5{\rightarrow}v_7$，路长为 12。同时得到 v_1 到其余各点的最短路。

需要注意的是，Dijkstra 算法只适用于权值为正实数的情况，如果权值有负的，算法失效。前面的算法都是求点到点之间的最短路。

6.3.2 Ford 算法

Dijkstra 算法不适用于负权网络。具有负权的网络可以用 Ford 算法，又叫修正标号法。修正标号法的特点是，不但最小 T 标号应当改为 P 标号，P 标号也可以修改，修改后的 P 标号同时改为 T 标号。

Ford 算法的基本步骤如下：

（1）给起点 v_s 以 P 标号，$P(v_s)=0$；其他点的标号为 T 标号，$T=+\infty$。

（2）若节点 v_i 是刚得到 P 标号的点。检查与 v_i 相连的每个点 v_j，看是否存在 $P(v_i)+d_{ij}<P(v_j)$ 或 $T(v_j)$，若不存在，则保留原标号，否则转向（3）。

（3）将 v_j 点的 T 或 P 标号改为新的 T 标号 $T(v_j)=T(v_i)+d_{ij}$ 或者 $T(v_j)=P(v_i)+d_{ij}$。算法直到所有的顶点都是 P 标号时结束。

例6-8 用 Ford 算法求图 6-22 中 v_1 到其余各点的最短路。

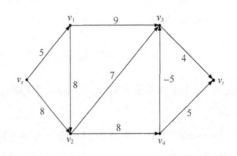

图 6-22　有负权值网络图

解：

（1）考察以 P 标号点 v_s 为始点的弧 v_sv_1，v_sv_2。修正这两点的 T 标号如下：

$$T(v_1)=\min[T(v_1)，P(v_s)+d_{s2}]=\min[\infty，0+5]=5$$

$$T(v_2)=\min[T(v_3)，P(v_1)+d_{s3}]=\min[\infty，0+8]=8$$

在所有的 T 标号中，$T(v_1)=5$ 最小，令 $P(v_1)=5$。

（2）考察以 P 标号点 v_1 为始点的弧 v_1v_3，v_1v_2。修正这两点的 T 标号如下：

$$T(v_3)=\min[T(v_3)，P(v_1)+d_{13}]=\min[\infty，5+9]=14$$

$$T(v_2)=\min[T(v_2)，P(v_1)+d_{12}]=\min[8，5+8]=8$$

在所有的 T 标号中，$T(v_2) = 8$ 最小，令 $P(v_2)=8$。

（3）考察以 P 标号点 v_2 为始点的弧 v_2v_3，v_2v_4。修正这两点的 T 标号，$T(v_3) =14$，$T(v_4)$ $=16$。因 $T(v_3) =14$ 最小，令 $P(v_3)=14$。

（4）考察以 P 标号点 v_3 为始点的弧 v_3v_t，$T(v_t)=18$。因 $T(v_4)=16$ 最小，令 $P(v_4)=16$。

（5）考察以 P 标号点 v_4 为始点的弧 v_4v_3，v_4v_t，修正这两点的 T 标号如下：

$$T(v_3)=\min[P(v_3)，P(v_4)+d_{43}]=\min[14，16-5]=11$$

$$T(v_t)=\min[T(v_t)，P(v_4)+d_{4t}]=\min[18，16+5]=18$$

因 $T(v_3) =11$ 最小，令 $P(v_3)=11$。

（6）考察以 P 标号点 v_3 为始点的弧 v_3v_t，$T(v_t)=15$。因 $T(v_t)=15$ 最小，令 $P(v_t)=15$。

全部计算结果如图 6-23 所示，最短路长为 15。

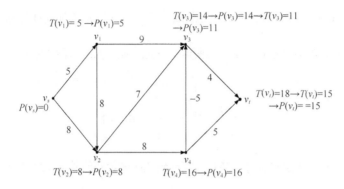

图 6-23 最短路径求解结果图

6.3.3 Floyd-Darshall 算法

Floyd-Darshall 算法是求网络中任意两点间的最短路的算法，这个算法的基本思想就是标号修正。为计算方便，令网络的权矩阵为 $d = (d_{ij})_{n\times n}$，d_{ij} 为 v_i 到 v_j 的距离。

Floyd-Darshall 算法用标号修正算法表示如下：

$$\begin{cases} u_{ii}^1 = 0 \\ u_{ij}^1 = d_{ij}, i \neq j \\ u_{ij}^{k+1} = \min_{l \neq i, l \neq j}\left\{u_{ij}^k, u_{il}^k + d_{lj}\right\} \end{cases}$$

在 Floyd-Darshall 算法中，u_{ij}^k 是第 k 次迭代得到的 v_i 到 v_j 的临时性标号，u_{ij}^k 是在 v_i 到 v_j 的路中边数不超过 k 条的路中最短路的长度，是最短路长度的近似。这个算法在迭代 n 次后，若各顶点对之间存在最短路，u_{ij}^n 即是 v_i 到 v_j 的最短路长度，临时性标号变成永久性标号。如果 u_{ij}^{n+1} 还没有收敛，即存在两个顶点 v_i 和 v_j，使得 $u_{ij}^{n+2}<u_{ij}^{n+1}$，这说明网络中存在负圈。

Floyd-Darshall 算法可通过矩阵的迭代实现。每次标号的修正都是一个距离矩阵的迭代和更新。

例 6-9 求如图 6-24 所示的网络 G 中任意两点间的最短路。弧旁的数字表示弧的长度。

解：用 $D^{(k)}$ 表示各顶点对之间通过不超过 k 条弧所能够到达的最短路的长度矩阵，则计

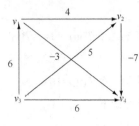

图 6-24　求最短路径图

算结果如下：

首先给出通过不超过 1 条弧即可到达的长度矩阵

$$D^{(1)} = \begin{pmatrix} 0 & 4 & +\infty & -3 \\ +\infty & 0 & +\infty & -7 \\ 5 & 6 & 0 & +\infty \\ +\infty & +\infty & 6 & 0 \end{pmatrix} 。$$

v_1 到 v_2 不超过 2 条弧即可到达的长度 $\min \begin{cases} 4 \\ +\infty + 6 \end{cases} = 4$ ；

v_1 到 v_3 不超过 2 条弧即可到达的长度 $\min \begin{cases} +\infty \\ -3 + 6 \end{cases} = 3$ ；

v_1 到 v_4 不超过 2 条弧即可到达的长度 $\min \begin{cases} -3 \\ 4 + (-7) \end{cases} = -3$ ；其他同样计算。

得到各顶点对之间通过不超过 2 条弧所能够到达的最短路的长度矩阵：

$$D^{(2)} = \begin{pmatrix} 0 & 4 & 3 & -3 \\ +\infty & 0 & -1 & -7 \\ 5 & 6 & 0 & -1 \\ 11 & 12 & 6 & 0 \end{pmatrix}$$

各顶点对之间通过不超过 $k(3,4)$ 条弧所能够到达的最短路的长度矩阵如下：

$$D^{(3)} = \begin{pmatrix} 0 & 4 & 3 & -3 \\ 4 & 0 & -1 & -7 \\ 5 & 6 & 0 & -1 \\ 11 & 12 & 6 & 0 \end{pmatrix}$$

$$D^{(4)} = \begin{pmatrix} 0 & 4 & 3 & -3 \\ 4 & 0 & -1 & -7 \\ 5 & 6 & 0 & -1 \\ 11 & 12 & 6 & 0 \end{pmatrix}$$

我们看到 $D^{(3)} = D^{(4)}$ ，则 $D^{(3)}$ 中的长度就是最短路长度。

6.4　最大流问题

最大流问题是一类应用极为广泛的问题，许多系统中包含着流量，例如在交通运输网络中有人流、车流、货物流；通信系统中有信息流；供水网络中有水流；金融系统中有现金流，等等。

例如，要把一批货物从起点 v_1 通过铁路网络运到终点 v_6 ，把铁路网上的车站看作顶点，两车站间的铁路线看作弧，每条铁路线上运送的货物总量是有限的，我们把某线路上的最大可能运送量称为它的容量。如何安排运输方案，使得从起点 v_1 运到终点 v_6 的总运量达到最大，而且每条弧上通过的货物总量不超过这条弧的容量？

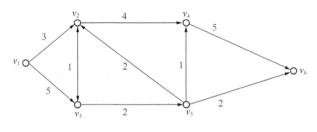

图 6-25　铁路网络图

上面这个问题就是求铁路网络的最大流问题。这里的"流"，是指铁路线（弧）上的实际运输量。图 6-25 所示网络中，每条弧旁的数字即为该弧的容量 c_{ij}，弧的方向就是允许流的方向。

6.4.1　基本概念与定理

1. 容量网络与流

在研究网络流问题时，首先应给出各弧的通过能力，如图 6-26 所示各弧的权数表示弧的容量，记为 c_{ij}，把标有弧容量 c_{ij} 的网络称为容量网络，记为 $D = (V, A, C)$。

一般地，对于一个容量网络 D，如果点集 V 中有一发点，记为 v_s，还有一收点，记为 v_t，其余均为中间点，且对弧集 A 的每条弧均赋权 $c_{ij} \geqslant 0$，则称这样的容量网络 D 为带收发点的容量网络，简称网络。

在 D 中，由于各弧容量的配置可能不协调，实际通过各弧的流量记为 f_{ij}，不可能处处都达到容量值 c_{ij}。把通过弧 $<v_i, v_j>$ 的运量 f_{ij} 称为通过弧 $<v_i, v_j>$ 的流量，所有弧上流量的集 $F = \{f_{ij}\}$ 称为该网络 D 的一个流。

图 6-26 中 v_s 为发点，v_t 为收点，v_1, v_2, v_3, v_4 为中间点。弧旁括号中的两个数字 (c_{ij}, f_{ij})，第一个数字 c_{ij} 表示弧容量，第二个数字 f_{ij} 表示通过该弧的流量，如弧 (v_s, v_2) 上的 $(5,1)$，前者是可通过该弧的最大流量为 5，后者是目前通过该弧的流量为 1。

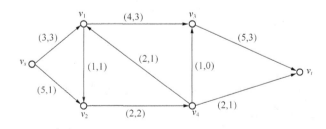

图 6-26　某一容量、流量网络图 1

2. 可行流与最大流

网络流是实际能通过给定容量网络的流量集合，它必然满足以下两个约束条件：容量约束和节点流量平衡条件。以图 6-26 为例，这两个条件可用以下公式表达：

（1）容量约束条件

$0 \leqslant f_{ij} \leqslant c_{ij}$，即对每一条弧 (v_i, v_j) 的流量 f_{ij} 应小于等于弧 (v_i, v_j) 的容量 c_{ij}，并大于等于零。例如，

$0 \leqslant f_{s1} \leqslant 3$，$0 \leqslant f_{s2} \leqslant 5$，$0 \leqslant f_{12} \leqslant 1$，$0 \leqslant f_{13} \leqslant 4$，$0 \leqslant f_{24} \leqslant 2$，$0 \leqslant f_{3t} \leqslant 5$。

（2）节点流量平衡条件

网络中的流量必须满足守恒条件，对收发点来说，发点的总流出量=收点的总流入量；对中间点 v_1, v_2, v_3, v_4 来说，中间点的总流入量=总流出量。例如，

$$f_{s1} + f_{s2} = f_{3t} + f_{4t}，\quad f_{s2} + f_{12} = f_{24}，\quad f_{13} + f_{43} = f_{3t}。$$

对一个给定的容量网络，凡是满足以上两个条件的网络流 $\{f_{ij}\}$ 都称为可行流。显然，图 6-26 的网络流为可行流。

寻求网络最大流就是找到一个可行流 $f = \{f_{ij}\}$，使得网络发点到收点的总流量 $v(f)$ 达到最大。网络最大流问题的线性规划表达式为：

$$\max v(f)$$
$$\text{s.t. } 0 \leqslant f_{ij} \leqslant c_{ij} \quad (v_i, v_j) \in A$$
$$\sum_{(v_i, v_j) \in A} f_{ij} - \sum_{(v_i, v_j) \in A} f_{ji} = \begin{cases} v(f) & i = s \\ 0 & i \neq s, t \\ -v(f) & i = t \end{cases}$$

显然，网络最大流问题是一个典型而又特殊的线性规划问题，一个可行流相当于线性规划中的一个可行解，而寻求最大流就相当于求网络容量的最优解，自然可用介绍过的单纯形法进行求解。但利用单纯形方法得到网络最大流问题的解计算量过大。由于这一问题的特殊性，用网络模型方法求解更方便、直观。

下面介绍由 Ford 和 Fulkerson 于 1956 年提出的算法。为此，先介绍与求解方法有关的概念和原理。

3．增广链

设网络 $D = (V, A, C)$ 中，有一可行流 $f = \{f_{ij}\}$，按每条弧上流量的多少，可将弧分为饱和弧、非饱和弧、零流弧、非零流弧 4 种类型。

饱和弧 $f_{ij} = c_{ij}$

非饱和弧 $f_{ij} < c_{ij}$

零流弧 $f_{ij} = 0$

非零流弧 $f_{ij} > 0$

在图 6-26 中，$(v_s, v_1), (v_1, v_2), (v_2, v_4)$ 是饱和弧，也是非零流弧，(v_4, v_3) 是零流弧，其他各弧均为非饱和弧，也是非零流弧。

若 μ 是网络 D 中从 v_s 到 v_t 的一条链，沿此方向 μ 上的各弧可分为两类，一类是与链的方向一致的弧，称为前向弧，前向弧的全体记为 μ^+；另一类是与链的方向相反的弧，称为后向弧，后向弧的全体记为 μ^-。如图 6-26 所示，在链 $\mu = \{v_s, v_2, v_1, v_4, v_3, v_t\}$ 中，$\mu^+ = \{(v_s, v_2), (v_4, v_3), (v_3, v_t)\}, \mu^- = \{(v_1, v_2), (v_4, v_1)\}$。

对于可行流 f，μ 是一条从 v_s 到 v_t 的链，如果 μ^+ 中的每条弧均为非饱和弧，且 μ^- 中的

每条弧均为非零流弧，则称链 μ 是关于 f 的增广链。上述条件也可用其反义来表达：正向饱和弧和反向零流弧都不是增广链。如图 6-26 中 $\mu_1 = \{v_s, v_2, v_1, v_3, v_t\}$ 就是一条增广链，而 $\mu_2 = \{v_s, v_1, v_3, v_4, v_t\}$ 却不是增广链。不难理解，如果 μ 是一条增广链，那么在 μ 上可以增加一定的流量，从而增加可行流的流值。

图 6-26 中这条增广链（加粗线所示）可以沿正向弧增加流量，即增广链上存在增大输送能力的潜力，相应地，逆向弧上减小流量，以保持中间节点的流量平衡。例如，对所有前向弧增加流量 1 个单位；对所有后向弧减少流量 1 个单位，也就是说，沿增广链方向调整 1 个单位流量，变成新流 $f_{3t} = 3+1 = 4$，$f_{s2} = 1+1 = 2$，$f_{12} = 1-1 = 0$，$f_{13} = 3+1 = 4$，则上图的新网络流仍是可行流，但总流量 $v(f)$ 增加了 1 个单位。增广链的这个性质提示我们，可以利用增广链来调整当前流，以求最大流。若可行流 f 不存在增广链，那么它就不能再调整增大，就可断定它就是最大流。

增广链起的作用有两个，一是检验目前的可行流是否是最大流，如果不是最大流，如何通过增广链找到更大的可行流？增广链起的作用与线性规划中检验数起的作用相同。

4．截集和截量

一个容量网络，由于各弧容量 c_{ij} 配置得不合适，有的地方能通过较大流量，有的地方能通过的流量却较小。小的地方就限制了最大流的上限值，成为网络流的"瓶颈"。因此，研究从起点到终点的流径中哪些弧容量起了限制最大流作用，就具有实际意义。截集就是研究网络流"瓶颈"的一种工具。

若将网络 $D = (V, A, C)$ 的点集 V 剖分为两部分，V_s 和 $\bar{V}_s$，使 $v_s \in V_s$，$v_t \in \bar{V}_s$，且 $V_s \cap \bar{V}_s = \varnothing$，$V_s \cup \bar{V}_s = V$，则把从 V_s 指向 $\bar{V}_s$ 弧的全体称为分离 V_s 和 $\bar{V}_s$ 的一个截集，记为 $(V_s, \bar{V}_s)$，即 $(V_s, \bar{V}_s) = \{(v_i, v_j) \in A \mid v_i \in V, v_j \in \bar{V}_s\}$。截集 $(V_s, \bar{V}_s)$ 中所有弧的容量之和称为该截集的截量，记为 $C(V_s, \bar{V}_s)$，有 $C(V_s, \bar{V}_s) = \sum\limits_{(v_i, v_j) \in (V_s, \bar{V}_s)} c_{i,j}$。在 D 的所有截集中，称截量最小的截集为最小截集。

从直观上说，截集的所有弧是 v_s 到 v_t 的必经之路，若把截集从网络中去掉，则从 v_s 到 v_t 就不存在路了，自然也就没有流量了。

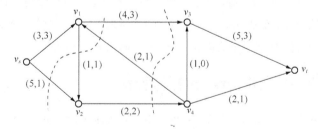

图 6-27 某一容量、流量网络图 2

例如，在图 6-27 中，取 $V_s = \{v_s, v_1, v_2\}$，$\bar{V}_s = \{v_3, v_4, v_t\}$，则：

截集： $(V_s, \bar{V}_s) = \{(v_1, v_3), (v_2, v_4)\}$

截量： $C(V_s, \bar{V}_s) = c_{13} + c_{24} = 4 + 2 = 6$

若取 $V_s = \{v_s, v_1\}$，$\bar{V}_s = \{v_2, v_3, v_4, v_t\}$，则：

截集：$(V_s, \overline{V}_s) = \{(v_1, v_3), (v_1, v_2), (v_s, v_2)\}$

截量：$C(V_s, \overline{V}_s) = c_{13} + c_{12} + c_{s2} = 4 + 1 + 5 = 10$

任何一个可行的流量 $v(f)$ 都不会超过任一截集的截量，即 $v(f) \leq C(V_s, \overline{V}_s)$。证明如下：

$$v(f) = \sum_{(v_i, v_j) \in (V_s, \overline{V}_s)} f_{i,j} - \sum_{(v_i, v_j) \in (V_s, \overline{V}_s)} f_{j,i} \leq \sum_{(v_i, v_j) \in (V_s, \overline{V}_s)} f_{i,j} \leq \sum_{(v_i, v_j) \in (V_s, \overline{V}_s)} c_{i,j} = C(V_s, \overline{V}_s)$$

由该结论可知：在一个容量网络中，最大流的流量小于等于最小截集的截量。

如果存在一可行流 f^* 和一个截量 $(V_s^*, \overline{V}_s^*)$，使得 $v(f^*) = C(V_s^*, \overline{V}_s^*)$，则 f^* 就是最大流，且 $(V_s^*, \overline{V}_s^*)$ 是最小截集。

下面开始分析增广链、最大流和最小截集之间的关系。

定理 6-5 可行流 f^* 是最大流的充分必要条件是网络中不存在关于 f^* 的增广链。

证明：若可行流 f^* 是最大流，则显然网络中不存在 v_s 到 v_t 的增广链。否则，若有增广链，则增广链上的前向弧增加流量，后向弧减小流量，则新可行流的流值增加了，找到了一个流值更大的可行流，矛盾。

定义顶点集合 $V_s^* = \{v_j : $ 存在 $v_s \rightarrow v_j$ 的增广链$\}$。因为网络中不存在 v_s 到 v_t 的增广链，则有 $v_s \in V_s^*, v_t \notin V_s^*$，因此 $(V_s^*, \overline{V}_s^*)$ 形成一个截集。$\forall (v_i, v_j) \in (V_s^*, \overline{V}_s^*)$，则有 $f_{i,j} = c_{i,j}$，否则，若 $f_{i,j} < c_{i,j}$，则 $v_s \rightarrow v_j$ 的增广链 可以延伸到顶点 v_j，这与 $v_j \in \overline{V}_s^*$ 矛盾。$\forall (v_i, v_j) \in (\overline{V}_s^*, V_s^*)$，则有 $f_{i,j} = 0$，否则，若 $f_{i,j} > 0$，则 $v_s \rightarrow v_j$ 的增广链可以通过逆向弧延伸到顶点 v_j，这与 $v_j \in \overline{V}_s^*$ 矛盾。

因此，有如下重要的结论：

最大流最小截集定理：任一容量网络 D 中，最大流的流量等于最小截集的截量。

利用截集的截量来判断一个容量网络的最大流通过能力是一种截集枚举法。在复杂、大型网络中它不是一种简便的方法。实际上我们是通过另外一种途径——即用最大流标号法求最大流，速度更快，可靠性更大。当发现当前流图是最大流时，同时也就发现了最小截集。其思想是通过最大流找最小截集，而不是通过最小截集找最大流。

从以上增广链和截集的概念及定理知道，要判断一个可行流 f 是否为最大流，有两种途径：

一是能否找出 v_s 到 v_t 的增广链，若能，则说明 f 不是最大流；否则 f 就是最大流。

二是看 $V(f)$ 是否等于最小截量。若相等，则 f 是最大流，否则不是最大流。在上述概念和定理的基础上，下面介绍寻求最大流的 Ford-Fulkerson 标号算法。

6.4.2 Ford-Fulkerson 标号算法

该算法由 Ford 和 Fulkerson 于 1956 年提出，故又称 Ford-Fulkerson 标号算法。其本质是判断是否存在增广链，并将其找出来。

算法的步骤如下：

步骤 1 标号过程

首先给 v_s 标号 $(0, +\infty)$，因 v_s 是发点，故括弧中第一个数字记为 0。括弧中第二个数字表示从上一标号点到这个标号点的流量的最大允许调整值。v_s 为发点，不限定允许调整量，故为 $+\infty$。此时，v_s 是标号而未检查的点，其余都是未标号点。通常，取一个标号而未检查的点

v_i，对一切未标号的点 v_j：

（1）对于前向弧 (v_i, v_j)，若非饱和，则给点 v_j 标以 $(v_i, l(v_j))$，其中，$l(v_j)=\min\{l(v_i), c_{ij}-f_{ij}\}$，此时 v_j 成为标号而未检查的点。

（2）对于后向弧 (v_j, v_i)，若非零流，则给点 v_j 标以 $(-v_i, l(v_j))$，其中，$l(v_j)=\min\{l(v_i), f_{ji}\}$，此时 v_j 成为标号而未检查的点。

于是 v_i 成为标号已检查的点。重复上述步骤，一旦 v_t 被标上号，表明找到一条从 v_s 到 v_t 增广链 μ，转入步骤 2 调整过程。

步骤 2　调整过程

利用 v_t 的标号和 v_s 中各点的标号中的第一分量，从 v_t 反向追踪到 v_s，得到一条从 v_s 到 v_t 的增广链 μ，按以下方法在增广链 μ 上进行调整，增加流量，得到新的可行流 f'。

当 $(v_i, v_j) \in \mu^+$ 时，$f_{ij} < c_{ij}$；当 $(v_i, v_j) \in \mu^-$ 时，$f_{ji} > 0$，此时，取调整量

$$\theta = \min\{\min_{\mu^+}(c_{ij} - f_{ij}), \min_{\mu^-} f_{ji}\}$$

做调整：

$$f'_{ij} = \begin{cases} f_{ij} + \theta & (v_i, v_j) \in \mu^+ \\ f_{ij} - \theta & (v_i, v_j) \in \mu^- \\ f_{ij} & (v_i, v_j) \notin \mu \end{cases}$$

则调整之后仍为可行流，流值比原来的可行流流量增大了 $\theta(\theta > 0)$。抹掉图上所有标号，重新进入标号过程。

步骤 3　写出最小截集 $(V_s^*, \overline{V_s^*})$ 和最大流 $f^* = \{f_{ij}^*\}$ 的流量 $V(f^*) = C(V_s^*, \overline{V_s^*})$，计算结束。

例 6-10　试用 Ford – Fulkerson 标号法求图 6-28 所示的网络最大流，括号中第一个数字是容量，第二个数字是流量。

解：

第一步：标号过程。

首先给 v_s 标以 $(0, +\infty)$。

检查点 v_s：

弧 $(v_s, v_1), f_{s1} = c_{s1} = 3$，为饱和弧，所以对 v_1 不标号。

弧 $(v_s, v_2), f_{s2} < c_{s2}$，为非饱和弧，所以给点 v_2 标号，$v_2(v_s, L(v_2))$。其中

$$L(v_2) = \min\{+\infty, (c_{s2} - f_{s2})\} = \min\{+\infty, (5-1)\} = 4。$$

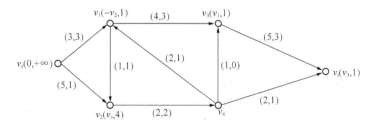

图 6-28　某一网络图

检查点 v_2：

弧 (v_2, v_4)，$f_{24} = c_{24} = 2$，为饱和弧，所以对 v_2 不标号。

弧 (v_1, v_2)，$f_{12} = 1 > 0$，为非零流弧，所以给 v_1 标号，$v_1[-v_2, L(v_1)]$，其中

$$L(v_1) = \min\{L(v_2), f_{12}\} = \min\{4, 1\} = 1$$

检查点 v_1：

弧 (v_1, v_3)，$f_{13} < c_{13}$，为非饱和弧，所以给点 v_3 标号，$v_3(v_1, L(v_3))$，其中

$$L(v_3) = \min\{L(v_1), (c_{13} - f_{13})\} = \min\{1, (4-3)\} = 1$$

弧 (v_4, v_1)，$f_{41} = 1 > 0$，为非零流弧，所以给 v_4 标号，$v_4(-v_1, L(v_4))$，其中

$$L(v_4) = \min\{L(v_1), f_{41}\} = \min\{1, 1\} = 1$$

检查点 v_3：

弧 (v_3, v_t)，$f_{3t} < c_{3t}$，为非饱和弧，所以给点 v_t 标号，$v_t(v_3, L(v_t))$，其中

$$L(v_t) = \min\{L(v_3), (c_{3t} - f_{3t})\} = \min\{1, (5-3)\} = 1$$

由于 v_t 已标号，不需再检查 v_4。

第二步：调整过程。

利用各点已标号的第一个分量，从 v_t 反向追踪得增广链 $\mu = \{v_s, v_2, v_1, v_3, v_t\}$，如图中粗箭头线所示，其中 $\mu^+ = \{(v_s, v_2), (v_1, v_3), (v_3, v_t)\}$，$\mu^- = \{(v_1, v_2)\}$。

由 v_t 标号的第二个分量知 $\theta = 1$，于是在 μ 上进行调整：

$$f_{ij}' = \begin{cases} f_{s2}' = f_{s2} + \theta = 1+1 = 2 & (v_s, v_2) \in \mu^+ \\ f_{13}' = f_{13} + \theta = 3+1 = 4 & (v_1, v_3) \in \mu^+ \\ f_{3t}' = f_{st} + \theta = 3+1 = 4 & (v_3, v_t) \in \mu^+ \\ f_{12}' = f_{12} - \theta = 1-1 = 0 & (v_3, v_t) \in \mu^- \\ f_{ij} & (v_i, v_j) \notin \mu \end{cases}$$

调整后的可行流如图 6-29 所示。对这个新的可行流重新在图中进行标号，寻找新的增广链。

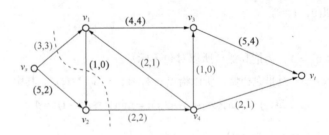

图 6-29　增广后的新的可行流

第三步：再标号。

同上述第一步标号，易见，当给 v_2 标号 $(v_s, 3)$ 后，无法再进行下去。因此，目前所得到的可行流就是最大流，最小截集为 $(V_s^*, \overline{V_s^*}) = \{(v_s, v_1), (v_2, v_4)\}$，最大流量为 $V(f^*) = C(V_s^*, \overline{V_s^*}) = c_{s1} + c_{24} = 3 + 2 = 5$。

从上例可以看出，最小截集中各弧的容量总和构成最大流问题的瓶颈，在实际问题中，

为提高网络中的总流量，必须首先着力于改善最小截集中各弧的弧容量。

6.5 最小费用最大流

在上节最大流问题中，每一个可行流在现实生活中还对应着一定的费用，许多情况下优化目标不但要求流量尽可能大，还要求费用尽可能小。在一个网络中每条弧在"容量"和"费用"两个限制条件下，寻求 v_s 到 v_t 的最大流，使该最大流在所有最大流中费用达到最小。

给出网络 $D = (V, A, C, B)$，其中 C 是容量，B 是费用，即对于每条弧 $<v_i, v_j>$，有容量 $c_{ij} \geq 0$，有费用 $b_{ij} \geq 0$。对于 D 的一个可行流 $f = \{f_{ij}\}$，定义其费用为 $b(f) = \sum_{<v_i, v_j> \in A} b_{ij} f_{ij}$。

下面我们介绍求解最小费用最大流问题的方法，其基本思想是在寻求最大流的算法过程中，不但通过增广链使流量逐步增加，还要考虑费用的约束，即每次可行流的调整都使费用增加最小。

寻求最大流的方法是从一个可行流出发，找出增广链，通过增广链上弧的流量的调整，使流值不断增加，如此循环进行，一直到找不出增广链，从而得到最大流。在最大流增加的过程中，流的费用也会变化，前向弧上增加流量，从而增加费用；后向弧上减小流量，从而减小费用。

当沿着可行流 f 的一条增广链 μ，以 θ 调整 f，得到新的可行流 f' 时，$b(f')$ 比 $b(f)$ 增加：

$$b(f') - b(f) = \sum_{<v_i, v_j> \in \mu^+} b_{ij}\theta - \sum_{<v_i, v_j> \in \mu^-} b_{ij}\theta = \left(\sum_{<v_i, v_j> \in \mu^+} b_{ij} - \sum_{<v_i, v_j> \in \mu^-} b_{ij} \right) \theta$$

上式是流值增加 θ 时费用的增加量。$\theta = 1$ 时，费用的增加量是 $\sum_{<v_i, v_j> \in \mu^+} b_{ij} - \sum_{<v_i, v_j> \in \mu^-} b_{ij}$，这个数值反映了增广链的好坏，这个数值越小，这条增广链就越好。

我们把 $\sum_{<v_i, v_j> \in \mu^+} b_{ij} - \sum_{<v_i, v_j> \in \mu^-} b_{ij}$ 称为增广链 μ 的费用。

若 f 是流值为 $v(f)$ 的所有可行流中费用最小者，而 μ 是关于 f 的费用最小的增广链，那么沿 μ 去调整可行流 f，得到可行流 f'，新可行流就是流值为 $v(f) + \theta$ 的所有可行流中费用最小的可行流。

上述分析寻求到一种寻找最小费用最大流的方法，即确定一个最小费用可行流，然后找出最小费用增广链，按照最小费用增广链调整可行流，直到找不出增广链为止，这样得到的可行流即为最小费用最大流。由于 $b_{ij} \geq 0$，故零流（$f_{ij} = 0$）是流值为 0 的可行流中的费用最小者，因此零流总可以作为我们的初始点。剩下的任务是寻找最小费用增广链。如何寻找最小费用增广链呢？

为了寻找最小费用增广链，我们以原可行流 f 为基础，构造一个新赋权图 $D(f) = (V, A(f), W)$。$D(f)$ 的顶点为原网络 D 的顶点 V，把 D 中的每条弧 $<v_i, v_j> \in A$ 变为两条方向相反的两条弧 $<v_i, v_j>$, $<v_j, v_i>$ ，形成弧集合 $A(f)$。弧的赋权原则如下：

$$对于弧 <v_i, v_j> , 有 w_{ij} = \begin{cases} b_{ij}, & f_{ij} < c_{ij} \\ +\infty, & f_{ij} = c_{ij} \end{cases}$$

$$对于弧 <v_j, v_i> , 有 w_{ji} = \begin{cases} -b_{ij}, & f_{ij} > 0 \\ +\infty, & f_{ij} = 0 \end{cases}$$

当然，长度为 $+\infty$ 的弧可以略去。

显然原网络中的增广链对应于 $D(f)$ 中的路；原网络中的最小费用增广链对应于 $D(f)$ 中的 $v_s \rightarrow v_t$ 最短路。这样最小费用增广链的寻找即变成了 $D(f)$ 中最短路问题的寻找，而最短路问题我们已经给出了算法，因此最小费用增广链问题即已解决。

由以上讨论可得出求最小费用最大流的算法：

（1）取零流为初始最小费用可行流，记为 $f(0)$。

（2）若第 k 步得到最小费用可行流 $f(k)$，则构造一个新赋权图 $D(f(k))$，在 $D(f(k))$ 中寻求从 $v_s \rightarrow v_t$ 最短路。若不存在最短路，则目前的可行流 $F(k)$ 即为网络 D 的最小费用最大流；若存在最短路，则在原网络 D 中得到了相应的最小费用增广链 μ，对 $F(k)$ 进行调整，调整量为

$$\theta = \min\{\min_{u^+}(c_{ij} - f_{ij}^{(k)}), \min_{u^-}(f_{ij}^{(k)})\}$$

（3）调整方法如下：

$$f_{ij}(k+1) = \begin{cases} b_{ij}(k) + \theta, & <v_i, v_j> \in \mu^+ \\ b_{ij}(k) - \theta, & <v_i, v_j> \in \mu^- \end{cases}$$

重复进行上述步骤，直到找不出增广链为止。

例 6-11 求图 6-30 的最小费用最大流，弧旁的数字为 (b_{ij}, c_{ij})。

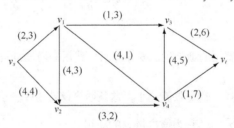

图 6-30 某一费用容量网络图

解：

（1）取 $f(0)=0$ 为初始可行流。弧旁的数字为 (b_{ij}, c_{ij}, f_{ij})，如图 6-31 所示。

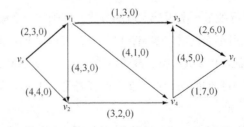

图 6-31 可行流 $f(0)$

在零流中，每条弧只能做前向弧，因此新赋权网络 $D(f(0))$ 见图 6-32。

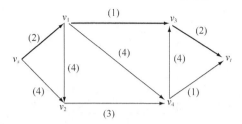

图 6-32　赋权网络 $D(f(0))$

$D(f(0))$ 中最短路见图 6-32 中的粗线所示，由此找到最小费用增广链，见图 6-31 中粗线所示。

利用最小费用增广链对可行流进行调整，调整后的新流见图 6-33。

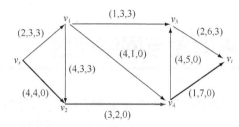

图 6-33　可行流 $f(1)$

（2）继续进行可行流的调整：

在图 6-33 中 $v_s \to v_1, v_1 \to v_3$ 只能作为后向弧；$v_3 \to v_t$ 既可以作为前向弧，也可以作为后向弧，其他弧只能做前向弧。因此，新赋权网络如图 6-34 所示。

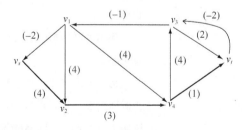

图 6-34　赋权网络 $D(f(1))$

图 6-34 中的最短路见粗线所示，因此找到最小费用增广链，如图 6-33 中粗线所示。

利用最小费用增广链对可行流进行调整，调整后的新流见图 6-35。

（3）继续进行可行流的调整：

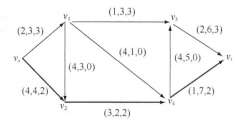

图 6-35　可行流 $f(2)$

以图 6-35 中的可行流为基础，得到新赋权网络，如图 6-36 所示。

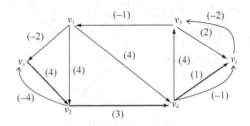

图 6-36　赋权网络 $D(f(2))$

图 6-36 已经找不出 $v_s \to v_t$ 的路，因此也没增广链了，即图 6-35 所示的可行流即为最小费用最大流，流值 $v(f) = 5$，其费用为 31。

6.6　Excel 求解图与网络问题

用 Excel 求解最短路的原理是：令最短路径变量为 0 或 1。即如果最短路通过某弧，则该变量为 1，否则为 0，如最短路径为 $v_1v_3 \to v_3v_4 \to v_4v_6$，那么最短路径变量 $v_1v_3 = 1, v_3v_4 = 1, v_4v_6 = 1$，其余的为 0。约束条件为起点的进出权数之和为 1，终点是-1。除了起点和终点，其余每个中间节点的进出权数之和为 0。目标函数则为各弧的权数与对应的最短路径变量乘积的和。于是可以转化线性规划求解最短路径。

下面通过一个例子讲解利用 Excel 求解最短路的步骤。

例 6-12　利用 Excel 求解图 6-37 中 v_1 到 v_6 的最短路。

第一步，在 Excel 上建立最短路的模型，将所有的弧列出来，如图 6-38 中 A 和 B 两列，所有弧的权数如 C 列所示，并令最短路径变量的初始值为 0，如 D 列所示。节点 v_1 到 v_6 的进出和如 G 列所示。目标函数为 SUMPRODUCT(C2:C11,D2:D11)。

图 6-37　某一网络图

	A	B	C	D	E	F	G	H	I
1	弧的起点	弧的终点	权数	是否经过此边		节点	进出和		
2	v_1	v_2	3	0		v_1	0	=D2+D3+D4	=	1
3	v_1	v_3	2	0		v_2	0	=D5-D2-D7	=	0
4	v_1	v_4	5	0		v_3	0	=D6-D3-D9	=	0
5	v_2	v_6	7	0		v_4	0	=D7+D8-D4-D6-D10	=	0
6	v_3	v_4	1	0		v_5	0	=D9+D10+D11	=	0
7	v_4	v_2	2	0		v_6	0	=-D5-D8-D11	=	-1
8	v_4	v_6	5	0						
9	v_5	v_3	5	0						
10	v_5	v_4	3	0						
11	v_5	v_6	1	0						
12										
13		目标函数:	0	=SUMPRODUCT(C2:C11, D2:D11)						

图 6-38　最短路模型的建立

第二步，单击"规划求解"按钮，设置目标单元格为最小值，设置可变单元格为最短路径变量单元格，添加约束条件，如图 6-39 所示。

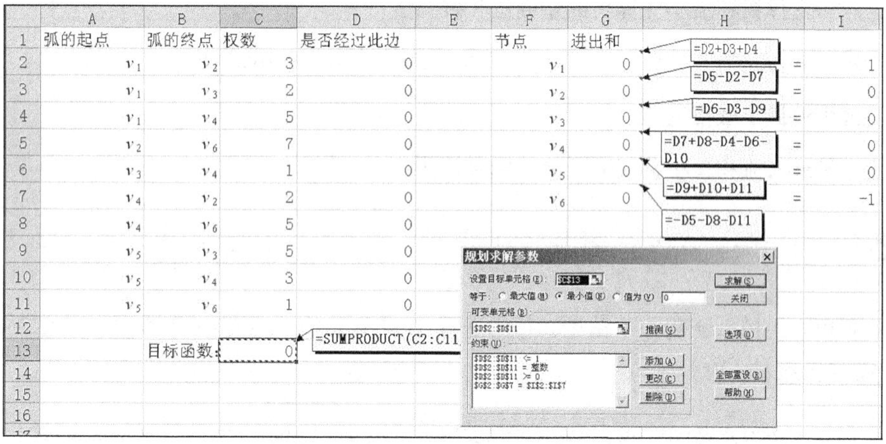

图 6-39　最短路径的求解过程

第三步，单击"求解"按钮，选择"保存规划求解结果"。

图 6-40　最短路径的求解结果

图 6-40 中 D 列中为 1 的变量表示最短路经过的弧，得到的最短路径为：$v_1 \rightarrow v_3 \rightarrow v_4 \rightarrow v_6$，最短路长为 8。

本章小结

本章介绍了图和树的相关概念，求解支撑树和最小支撑树的避圈法和破圈法；介绍了最短路问题，以及求解无负权网络最短路的 Dijkstra 算法，含负权网络最短路的 Ford 算法和求解网络中任意两点间最短路的 Floyd-Darshall 算法；介绍了网络中最大流问题，以及增广链、截集的含义，最大流最小截集定理，求解最大流的 Ford-Fulkerson 标号算法；在最大流问题的基础上，介绍了最小费用最大流的求解方法。

主要知识点

- 求解支撑树和最小支撑树的避圈法和破圈法；
- 求解最短路的 3 种算法：Dijkstra 算法，Ford 算法，Floyd–Darshall 算法；
- 最大流最小截集定理；
- 求解最大流和最小费用最大流的标号算法。

习题

1. 利用图的模型证明如下结论：任意选择 6 个人，则一定存在 3 个人，他们互相都认识，或者互相都不认识。

2. 有 n 个节点简单图，当边数大于 $\frac{1}{2}(n-1)(n-2)$ 时，证明该图一定是个连通图。

3. 证明：任意有 n 个顶点 n 条边的简单图至少有一个圈。

4. $G = <V, E>$ 是个简单图，令 $\delta(G) = \min\limits_{v_i \in V(G)} d_G(v_i)$ （ G 的最小次）。证明：若 $\delta(G) \geq 2$ ，则 G 一定含有包含至少 $\delta(G)+1$ 条边的圈。

5. 用破圈法和避圈法分别求解图 6-41 中的最小树。

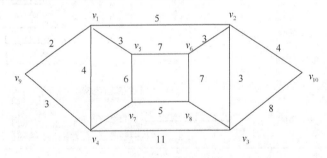

图 6-41　连通图

6. T 是一颗树， $\max\limits_{v_i \in V(T)} d_T(v_i) = k$ ，则 T 至少有 k 个悬挂点（树叶）。

7. 一个硬币的正面为币值，反面为国徽图案。如将这个硬币随机掷 6 次，用树图表示所有可能出现的结果，那么这个树图有多少个节点多少条边呢？

8. 用 Dijkstra 算法，求图 6-42 中 v_1 到其他各点的最短路。

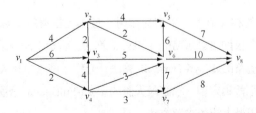

图 6-42　求最短路径图

9. 用 Floyd-Darshall 算法，求图 6-43 中各顶点之间的最短路。

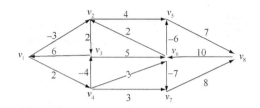

图 6-43　求最短路径图

10. 现为 6 个小区的学生建一所学校，已知 6 个小区的学生数分别为：A 处有学生 50 人，B 处有学生 40 人，C 处有学生 60 人，D 处有学生 30 人，E 处有学生 70 人，F 处有学生 80 人，6 个小区相互之间的距离如图 6-44 所示，问学校应该建在哪个小区，学生上学才能最方便（走的总路程最短）？

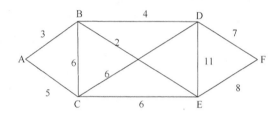

图 6-44　校区分布网络图

11. 用标号法求图 6-45 中 v_s 到 v_t 的最大流，并找出最小截集。弧旁的数字表示容量。

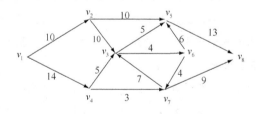

图 6-45　某一网络图

12. 求图 6-46 中从 v_s 到 v_t 的最小费用最大流，并找出最小截集。弧旁的数字表示（费用，容量）。

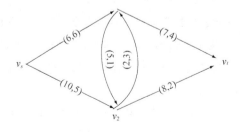

图 6-46　某一费用容量网络图

第 7 章　存储论

学习目标

- 了解：存储论的基本概念和原理，确定性存储模型
- 掌握：确定性存储模型的解法
- 应用：学会对一些简单的管理优化问题进行分析，建立模型并求解

开篇案例

格兰仕的"零库存"

在家电业中，人们一直视格兰仕为"打价格战的好手"，尽管价格战在人们眼里是一个略带些贬义的字眼，但经济学家钟朋荣却这样解释格兰仕在微波炉上的低价格：格兰仕的降价，不是在产品成本之下进行的倾销，也不是以质量下降为前提的价格战，而是建立在成本降低的基础之上，而成本的降低又来自于它的规模优势。对信息技术的有效利用为格兰仕的规模竞争和成本下降打下了基础。

格兰仕"零库存"的管理思想通过对生产计划和物料的系统规划，实现了材料和产品的库存都按照计划来流动，只保留少量的合理库存。而以这个思想作为经营指导战略的，还有大名鼎鼎的 PC 制造商戴尔，而它的成功早已是享誉全球的商业传奇。

格兰仕企划中心的游丽敏向记者介绍道，"零库存管理的核心在于尽快地采购最好的原材料，制造更好的产品，并通过反应迅速的营销体系以最快的速度传递到消费者手中。通过对金碟 K/3 和 Forgood ERP 系统的规划和运用，集团能够对库存进行数字化管理，具体到每个型号的产品在工厂有多少库存、经销商仓库里有多少台产品、每个时期的产品库存周转率，都有了准确的统计数据，决策层在调配资源、落实产供销平衡的问题上能够获得充分的依据。其实，零库存在应用过程中就是一种信息流的规划，通过这种规划，能够提高我们企业的资金周转率，很好地降低经营风险。"

零库存管理是建立在整个企业信息化管理基础之上的，经过了近十年的信息化建设，格兰仕的集约管理水平也随着企业的逐渐做大而进一步提升。伴随着零库存管理的思想，格兰仕还向合作伙伴们提出了"商家经营零风险"的策略，这一措施使得原材料供应商、销售合

作伙伴都主动接受"格兰仕的目标就是我们的目标"的理念。正是零库存给了格兰仕在家电制造领域强有力的自信。尽管 2 年前，首次涉水空调产业时，人们纷纷表达了对这个微波炉企业的质疑，但今天格兰仕已经成功地将微波炉生产中积累起来的信息化经验引入空调的生产和营销中，并取得了不俗的业绩，他们新视频化的网上营销平台除了产品供应和原材料采购信息外，格兰仕在自己的企业网站上建立起了用户和客户的档案和交流平台。不过，更有意思的是，格兰仕在网站上还提供了一个视频系统，客户和用户可以通过这个系统看到格兰仕的原材料、产品，甚至还能够直接看到工厂的生产线。视频系统的运用给格兰仕带来的是更多的市场机会。2003 年上半年，尽管 SARS 肆虐给国内的经济蒙上了一层阴影，不少企业业绩下降，但格兰仕却因为对这个视频系统的积极利用，避开了这一劫。因为海外客户虽不能像过去一样亲自到生产现场进行考察，可视频系统却仍然能够使他们"身临其境"，对企业的生产、检测、出货等流程一目了然。2003 年，格兰仕的出口不降反升，空调出口更实现了同比 220% 的增长。

游丽敏坦言，在格兰仕尚很少有完全依靠网络进行的销售，这可能与整个中国乃至世界电子商务的大环境还不够成熟有关。一般情况下，大部分客户愿意亲自到基地进行实地考察后才决定是否下订单。但是，海外客户占格兰仕所有客户中的绝大多数，去年产销的 1600 万台微波炉中，1100 万台都是销往国外的，电子商务作为销售部门一个重要的辅助手段是不可取代的。而在一些爆发性需求增长的情况下，电子商务更能够加快商品交换的速度。

存储论（Inventory Theory）是研究存储系统的性质、运行规律以及最优运营的一门学科，它是运筹学的一个分枝。存储论又称库存理论，早在 1915 年，哈里斯（F.Harris）针对银行货币的储备问题进行了详细的研究，建立了一个确定性的存储费用模型，并求得了最优解，即最佳批量公式。1934 年威尔逊（R.H.Wilson）重新得出了这个公式，后来人们称这个公式为经济订购批量公式（EQQ 公式）。20 世纪 50 年代以后，存储论成为运筹学的一个独立分枝。随着存储问题的日趋复杂，所运用的数学方法日趋多样。其不仅包含了常见的数学方法、概率统计、数值计算方法，而且也包括运筹学的其他分枝，如排队论、动态规划、马尔科夫决策规划等。随着企业管理水平的提高，存储论将得到更广泛的应用。

7.1　存储论基础

存储论也称库存论（Inventory Theory），是研究物资最优存储策略及存储控制的理论。

生产实践中由于种种原因，需求与供应、消费与存储之间存在着不协调性，其结果将会产生两种情况：一种情况是供过于求，由于原料、产品或者商品的积压，造成资金周转的缓慢和成本的提高而带来经济损失；另一种情况是供不应求，由于原料或者商品短缺，引起生产停工或者无货销售，使经营单位因利润降低而带来经济损失。为了使经营活动的经济损失达到最小或者收益实现最大，于是人们在供应和需求之间对于存储这个环节，开始研究如何寻求原料、产品或者商品合理的存储量以及它们合适的存储时间，来协调供应和需求的关系。

存储论研究的基本问题是：对于特定的需求类型，讨论用怎样的方式进行原料的供应、商品的订货或者产品的生产，以求最好地实现存储的经济管理目标。因此，存储论是研究如何根据生产或者销售活动的实际存储问题建立起数学模型，然后通过费用分析求出产品、商品的最佳供应量和供应周期这些数量指标。

7.1.1 存储系统

存储的某种货物简称为存储，它随时间的推移所发生的盘点数量的变化，称为存储状态。存储状态随需求过程而减少，随补充过程而增大。

存储论的对象是一个由补充、存储、需求 3 个环节紧密构成的现实运行系统，并且以存储为中心环节，故称为存储系统，其一般结构如图 7-1 所示。由于生产或销售等的需求，从存储点（仓库）取出一定期数量的库存货物，这就是存储的输出；对存储点货物的补充，这就是存储的输入。任一存储系统都有存储、补充、需求 3 个组成部分。

图 7-1　存储系统示意图

7.1.2 需求

对于一个存储系统而言，需求就是它的输出，即从存储系统中取出一定数量的物资以满足生产或消费的需要，存储量因满足需求而减少。需求可以有不同的形式：①间断的或连续的，如商业存储系统中，顾客对时令商品的需求是间断的，对日用品的需求是连续的；②均匀的（线性的）或不均匀的（非线性的），如工厂自动流水线对原料的需求是均匀的，而一个城市对电力的需求则是不均匀的；③确定性的或随机的，如生产活动中对原材料的需求一般是确定性的，而销售活动中对商品的需求则往往是随机的。对于随机需求，通过大量观察试验，其统计规律性也是可以认识的。因而无论需求形式如何，存储系统的输出特征还是可以明确的。

7.1.3 补充

存储由于需求而不断减少，必须加以补充。补充就是存储系统的输入。补充有内部生产和外部订购（采购）两种方式。这里订货一词具有广义的含义，不仅从外单位组织货源，有时由本单位组织生产或是车间之间、班组之间甚至前后工序之间的产品交接，都可称为订货。存储系统对于补充订货的订货时间及每次订货的数量是可以控制的。

通常，从订货到交货之间有一段滞后时间，称为拖后时间。为使存储在某一时刻获得补充，就必须提前一段时间订货，这段时间称为提前时间（订货提前期），它可能是确定性的或随机的。

7.1.4 费用

衡量一个存储策略优劣的常用数量指标就是存储系统的运营费用（Operating Costs）。它包括进货费用、存储费用、缺货费用这 3 项费用，分述如下：

（1）进货费用

补充存储而发生的费用，记为 C_0，其一般形式为：

$$C_0 = \begin{cases} a + cQ, & Q > 0 \\ 0, & Q = 0 \end{cases}$$

其中　a——每次进货的固定费用；跟进货批量 Q 的大小无关；

　　　c——单位变动费用；而 cQ 则是变动费用，它与进货批量 Q 有关。

进货费用又分为内部生产与外部订购两种费用。

① 订购费用：订货与购货而发生的费用。订购费用是指为补充库存，办理一次订货所发生的有关费用，包括：

a——每次订货费用如手续费、电信费、外出采购的差旅费、最低起运费、检查验收费等。订购费只与订购次数有关，而与订货批量 Q 无关。

c——单位货物的购置费用，如货物本身的购价，单位运费等。而 cQ 就是一批货物的购置费用，与订货批量 Q 有关。

② 生产费用：生产货物所发生的费用。包括：

a——对于生产企业，每批次的装配费用（或准备、结束费用），如更换生产线上的器械，添置专用设备等的费用，与生产批量 Q 无关。

c——单位产品的生产费用，即单位产品所消耗的原材料、能源、人工、包装等费用之和。而 cQ 就是一批产品的变动生产费用，与生产批量 Q 有关。

（2）存储费用

存储费用又称为持货费用、保管费用，即因持有这些货物而发生的费用。其包括仓库使用费、管理费，货物维护费、保险费、税金，积压资金所造成的损失（利息、占用资金费等），存货陈旧、变质、损耗、降价等所造成的损失等。记

C_H——存储费用，与单位时间的存储量有关。

h——单位时间内单位货物的存储费用。

（3）缺货费用

缺货费用是指因存储供不应求时所引起的损失。如停工待料所造成的生产损失，失去销售机会而造成的机会损失（少得的收益），延期付货所交付的罚金，以及商誉降低所造成的无形损失，等等。记

C_S——缺货费用，与单位时间的缺货量有关。

l——单位时间内缺少单位货物所造成的损失费。

运营费用即为上述 3 项费用之和，故又称为总费用，记为 C_T，则

$$C_T = C_0 + C_H + C_S$$

又记 f——单位时间的平均（或期望）运营费用。

能使运营费用 f 达到极小的进货批量称为经济批量（Economic Lot size），记为 Q^*。对几种确定性存储系统，人们已经导出了经济批量 Q^* 的数学表达式，通称为经济批量公式。这些公式也是存储模型的一种形式，称为经济批量模型。

7.1.5 存储策略

对一个存储系统而言，需求是其服务对象，不需要进行控制。需要控制的是存储的输入过程。此处，有两个基本问题要做出决策：（1）何时补充？称为"期"的问题；（2）补充多少？称为"量"的问题。

管理者可以通过控制补充的期与量这两个决策变量来调节存储系统的运行，以便达到最优运营效果。这便是存储系统的最优运营问题。

决定何时补充，每次补充多少的策略称为存储策略。常用的存储策略有以下几种类型：

（1）t 循环策略。设

　　　t——运营周期，它是一个决策变量；

　　　Q——进货（补充）批量；它也是一个决策变量。

该策略的含义是：每隔 t 时段补充存储量为 Q，使库存水平达到 S。这种策略又称为经济批量策略，它适用于需求确定的存储系统。

（2）(s,S) 策略。每当存储量 $x>s$ 时不补充，当 $x \leqslant s$ 时补充存储，补充量 $Q=S-x$，使库存水平达到 S。其中 s 称为最低库存量。

（3）(t_0, a, S) 策略。设

　　　t_0——固定周期（如一年，一月，一周等），它是一个常数而非决策变量；

　　　a——临界点，即判断进货与否的存储状态临界值，它是一个决策变量；

　　　S——存储上限，即最大存储量，它也是一个决策变量；

　　　I——本周期初（或上周期末）的存储状态，它是一个参数而非决策变量。

该策略的含义是：每隔 t_0 时段盘点一次，若 $I \geqslant a$，则不补充；若 $I<a$，则把存储补充到 S 水平，因而进货批量为 $Q=S-I$。

（4）(T_0, β, Q) 策略。设

　　　β——订货点，即标志订货时刻的存储状态，它是一个决策变量。

　　　$I(\tau)$——τ 时刻的存储状态，它是一个参量而非决策变量。

该策略的含义是：以 T_0 为一个计划期，期间每当 $I(\tau) \leqslant \beta$ 时立即订货，订货批量为 Q。

后两种策略适用于需求随机的存储系统。其中（1）称为定期盘点策略；而（3）称为连续盘点策略，采用这种策略需要用计算机进行监控，贮存必要的数据并发出何时补充及补充多少的信号。

综上所述，一个存储系统的完整描述需要知道需求、供货滞后时间、缺货处理方式、费用结构、目标函数以及所采用的存储策略。决策者通过何时订货、订多少货来对系统实施控制。

7.2　确定性存储系统的基本模型

本节假定在单位时间内（或称计划期）的需求量为已知常数，货物供应速率、订货费、缺货费已知，其订货策略是将单位时间分成 n 等份的时间区间 T，在每个区间开始订购或生产货物量，形成循环存储策略。存储问题是确定何时需要补充和确定应当补充多少量，因为需求率是常数，可采用当库存水平下降到某一订购点时订购固定批量的策略。为此，先要建立一个数学模型，将目标函数通过决策变量表示出来，然后确定订购量和订购间隔时间，使费用最小。在建立储存模型时定义了下列参数及其含义。

D：需求速率，单位时间内的需求量（Demand per unit time）。

P：生产速率或再补给速率（Production or replenishment rate）。

A：生产准备费用（Fixed ordering or setup cost）。

C：单位货物获得成本（Unit acquisition cost）。

H：单位时间内单位货物持有（储存）成本（Holding cost per unit per unit time）。

B：单位时间内单位货物的缺货费用（Shortage cost per unit short per unit time）。

π：单位货物的缺货费用，与时间无关（Shortage cost per unit short, independent of time）。

t：订货区间（Order interval），周期性订货的时间间隔期，也称为订货周期。

L：提前期（order lead time），从提出订货到所订货物且进入存储系统之间的时间间隔，也称为订货提前时间或拖后时间。

Q：订货批量（Order quantity）或生产批量（Production lot size），一批订货或生产的货物数量。

S：最大缺货量（Maximum backorder），即最大缺货订单。

R：再订货点（Reorder point）。

n：单位时间内的订货次数（Order frequency per unit time），显然有 $n = 1/t$。

模型的目标函数是以总费用（总订货费+总存储费+总缺货费）最小这一准则建立的。根据不同的供货速率和不同要求的存储量（允许缺货和不允许缺货）建立不同的存储模型，求出最优存储策略（即最优解）。这种需求量是确定的模型称为确定型储存模型。

7.2.1　模型一：瞬时供货、不允许缺货的经济批量模型

此模型的特征是：供货速率为无穷大，不允许缺货，提前期固定，每次订货手续费不变，单位时间内的储存费不变。需求速率 D 为均匀连续的，每次订货量不变，以周期 t 循环订货。先考虑提前期为零（即当存量降至零时，可以立即得到订货量 Q）的情形。

最优存储策略是：求使总费用最小的订货批量 Q^* 及订货周期 t^*。

将单位时间看作一个计划期，设在计划期内分 n 次订货，订货周期为 t，在每个周期内的订货量相同。由于周期长度一样，故计划期内的总费用等于一个周期内的总费用乘以 n，如图7-2 所示。

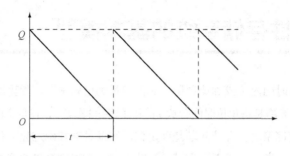

图 7-2 瞬时供货、不允许缺货情况下的存储状态图

在[0, t]周期内，存储量不断变化，当存量降到零时，应立即补充整个 t 内的需求量 Dt，因此订货量为 Q=Dt，最大存量为 Q，然后以速率 D 下降（见图 7-2），在[0, t]内存量是 t 的函数 y=Q−Dt。

[0, t]内的存储费是以平均存量来计算的，由图 7-2 知，[0, t]内的总存量（即累计存量）为

$$\int_0^t (Q - Dx)\mathrm{d}x = Qt - \frac{1}{2}Dt^2 = \frac{1}{2}Qt$$

上式也可采用求图 7-2 中三角形面积的方法得到。在[0, t]内的平均存量为

$$\bar{y} = \frac{1}{t} \cdot \frac{1}{2}Qt = \frac{1}{2}Q$$

也是单位时间内的平均存量。H 是单位货物在计划期内的存储费，故在单位时间内的总存储费为 QH/2。

在一个周期内的订货固定手续费为 A，计划期内分 n 次订货，由 n=1/t 知总订货费用为

$$(A + CQ)n = \frac{A}{t} + \frac{CQ}{t}$$

计划期内的总费用最小的储存模型为

$$\min f = \frac{1}{2}HQ + \frac{1}{t}A + \frac{1}{t}CQ$$
$$Q = Dt, Q \geqslant 0, t \geqslant 0$$

将 t=Q/D 代入式（7-1）消去变量 t，得到无条件极值

$$\min f(Q) = \frac{1}{2}HQ + \frac{1}{Q}AD + CD \tag{7-1}$$

利用微分学知识，f(Q)在 Q* 点有极值的必要条件是 df/dQ*=0，因此有

$$\frac{\mathrm{d}f}{\mathrm{d}Q} = \frac{1}{2}H - \frac{1}{Q^2}AD = 0 \tag{7-2}$$

解出 Q，得

$$Q = \pm\sqrt{\frac{2AD}{H}}$$

舍去小于零的解，由式（7-2）得 $\frac{\mathrm{d}^2 f}{\mathrm{d}Q^2} = \frac{2AD}{Q^3}$，当 $Q^* = \sqrt{2AD/H}$ 时，$\mathrm{d}^2 f/\mathrm{d}Q^{*2} = H^{3/2}/\sqrt{2AD}$ >0，故 Q^* 是式（7-1）的最优解。

另一求解方法。去掉式（7-1）的 f(Q)中常数项 CD，f(Q)是 HQ/2 的增函数，是 AD/Q 的

减函数。这两个函数的交点就是最小点，令 $HQ/2=AD/Q$，解出 Q 即可。

则有

$$Q^* = \sqrt{2AD/H} \qquad (7\text{-}3)$$

$$t^* = \frac{Q^*}{D} = \sqrt{2A/HD} \qquad (7\text{-}4)$$

最小费用为

$$f^* = \sqrt{2HAD} + CD = HQ^* + CD \qquad (7\text{-}5)$$

由 $n=1/t$ 可得最优订货次数

$$n^* = \frac{1}{t^*} = \sqrt{HD/2A} \qquad (7\text{-}6)$$

模型一是求总费用最小的订货批量，通常称为经典经济订货批量（Economic Ordering Quantity），缩写为 EOQ 模型。下面要讲的几种模型都是这种模型的推广。

再看提前期 L 不为零的情形，若从订货到收到货之间相隔时间为 L，那么就不能等到存量为零再去订货，否则就会发生缺货。为了保证这段时间存量不小于零，需知存量降到什么水平就要提出订货，这一水平称为再订货点 R。

模型与式（7-1）相同，最优批量不变，再订货点为

$$R=DL \qquad (7\text{-}7)$$

式中 R 为再订货点，即当降到 DL 时就要发出订货申请的信号，当 $t^*<L\leq 2t^*$ 时，定货点应该是 $R=D(L-t^*)$，此时会出现有两张未到货的订单，同理可以讨论 $L>2t^*$ 的情形。

例 7-1 某企业全年需某种材料 1000 吨，单价为 500 元/吨，每吨年保管费为 50 元，每次订货手续费为 170 元，求最优存储策略。

解：计划期为一年，已知 $D=1000$，$H=50$，$A=170$，$C=500$。由式（7-3）~式（7-5）可得

$$Q^* = \sqrt{\frac{2\times1000\times170}{50}} \approx 82 \text{（吨）}$$

$$t^* = \sqrt{\frac{2\times170}{1000\times50}} \approx 0.082 \text{（年）} = 30 \text{（天）}$$

$$f^* = \sqrt{2\times50\times170\times1000} + 500\times1000 \approx 504123 \text{（元）}$$

即最优存储策略为：每隔一个月进货 1 次，全年进货 12 次，每次进货 82 吨，总费用为 504123 元。

7.2.2　模型二：瞬时供货、允许缺货的经济批量模型

此模型的特征是：当存量降到零时，不一定非要立即补充，允许一段时间缺货，但到货后应将缺货数量马上全部补齐，即缺货预约，其他特征同模型一。

暂时缺货现象在实际中是存在的，如顾客在购买某商品因缺货时是能够容忍的。允许缺货的存储策略有得有失。因缺货而耽误需求会造成缺货损失，另一方面，由于允许缺货就可减少存储量和订货次数，因而节省存储费和订货费，基于此，零售商要在二者之间进行平衡。因此企业除支付缺货费外没有其他损失时，在每个周期内有缺货现象对企业有利。除了模型一中的参数外，还假设：

S——在周期 t 内的最大缺货量；

Q_1——在周期 t 内的最大存储量；

t_1——存储量为非负的时间周期；

t_2——缺货周期（储量为负数的时间周期）。

由于采取缺货预约存储策略，所以在一个周期内的订货量仍为 $Q=Dt$，在 t_1 内有存量，需求量为 $Q_1=Dt_1$，在 t_2 内缺货量为 $S=Dt_2$，不难看出关系：$Q=Q_1+S=D(t_1+t_2)=Dt$。

与模型一的推导类似，存量变化如图 7-3 所示。在一个周期内的平均存量为 $Q_1t_1/2t$，平均缺货量为

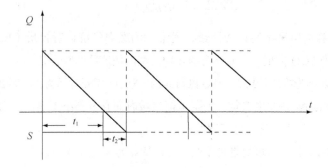

图 7-3　瞬时供货、允许缺货的存储状态图

$$\frac{St_2}{2t}=\frac{S(t-t_1)}{2t}$$

相应的各项费用为：存储费——$\frac{1}{2}HQ_1t_1$，缺货费——$\frac{1}{2}BS(t-t_1)=\frac{1}{2}B(Q-Q_1)(t-t_1)$，订货费——$A+CQ$。则在计划期内总费用最小的存储模型为

$$\min f=\frac{1}{2t}HQ_1t_1+\frac{1}{2t}B(Q-Q_1)(t-t_1)+\frac{A}{t}+\frac{CQ}{t} \tag{7-8}$$
$$Q=Dt,Q_1=Dt_1,Q,Q_1,t,t_1\geqslant 0$$

消去目标函数中的变量 Q 和 t_1，式（7-8）便得

$$\min f(Q_1,t)=\frac{1}{2Dt}HQ_1^2+\frac{1}{2Dt}B(Dt-Q_1)^2+\frac{A}{t}+CD \tag{7-9}$$

求式（7-9）的二元函数极值。

$$\frac{\partial f}{\partial Q_1}=\frac{2HQ_1}{2Dt}-\frac{2B(Dt-Q_1)}{2Dt}=\frac{(H+B)Q_1}{Dt}-B=0 \tag{7-10}$$

$$\frac{\partial f}{\partial t}=-\frac{HQ_1^2}{2Dt^2}+\frac{B}{2D}\frac{2(Dt-Q_1)Dt-(Dt-Q_1)^2}{t^2}-\frac{A}{t_2}$$
$$=\frac{BD}{2}-\frac{(H+B)Q_1^2}{2Dt^2}-\frac{A}{t^2}=0 \tag{7-11}$$

由式（7-10）得 $Q_1=\dfrac{BDt}{H+B}$，将 Q_1 代入式（7-11）得 $\dfrac{BD}{2}-\dfrac{B^2}{2(H+B)}-\dfrac{A}{t^2}=0$，得到最优解：

$$Q_1^*=\sqrt{\frac{2AD}{H}}\sqrt{\frac{B}{H+B}} \tag{7-12}$$

$$t^* = \sqrt{\frac{2A}{HD}} \sqrt{\frac{H+B}{B}} \qquad (7\text{-}13)$$

$$Q^* = Dt^* = \sqrt{\frac{2AD}{H}} \sqrt{\frac{H+B}{B}} \qquad (7\text{-}14)$$

总费用为

$$f^* = \sqrt{2HAD} \sqrt{\frac{B}{H+B}} + CD \qquad (7\text{-}15)$$

由 $Q_1 = Dt_1$，$Q = Q_1 + S$ 可得

$$t_1^* = \frac{Q_1^*}{D} = \sqrt{\frac{2A}{HD}} \sqrt{\frac{B}{H+B}}$$

$$S^* = Q^* - Q_1^* = \sqrt{\frac{2AD}{B}} \sqrt{\frac{H}{H+B}}$$

例 7-2 某工厂按照合同每月向外单位供货 100 件，每次生产准备结束费用为 5 元，每件年存储费为 4.8 元，每件生产成本为 20 元，若不能按期交货，每件每月罚款 0.5 元（不计其他损失），试求总费用最小的生产方案。

解：计划期为一个月，$D=100$，$H=4.8/12=0.4$，$B=0.5$，$A=5$，$C=20$，利用式（7-12）~ 式（7-15）可得

$$t^* = \sqrt{\frac{2 \times 5 \times (0.4+0.5)}{0.4 \times 0.5 \times 100}} \approx 0.67 \,(月) \approx 20 \,(天)$$

$$Q^* = Dt^* = 100 \times 0.67 = 67 \,(件)$$

$$f^* = \sqrt{\frac{2 \times 0.4 \times 0.5 \times 5 \times 100}{0.4+0.5}} + 20 \times 100 = 2014.9 \,(元)$$

$$Q_1^* = \sqrt{\frac{2 \times 5 \times 100 \times 0.5}{0.4(0.4+0.5)}} \approx 37 \,(件)$$

$$S^* = Q^* - Q_1^* = 30 \,(件)$$

即工厂每隔 20 天组织一次生产，产量为 67 件，最大存储量为 37 件，最大缺货量为 30 件。

7.2.3 模型三：供应速度有限的不缺货库存问题的经济批量模型

这种模型的特征是：物资的供应不是成批的，而是以速率 P（$P>D$）均匀连续地供应，存储量逐渐补充，不允许缺货。在生产过程中的在制品流动就属于这种订货类型，这类模型也称为生产批量模型。设 t 为生产周期，存储量变化情况用图 7-4 描述。

图 7-4 中的 t_1 为一个供货周期 t 内的生产时间，产量为 Dt，t_1 是生产需求量 Dt 所花费的时间周期，显然 $t_1 < t$，当存储为零时开始生产，存量以速率 $P-D$ 增加，当产量达到 Dt 时停止生产，然后存量以速率 D 减少，直到存量为零时又开始生产。

在 t 内的最高存储量为 $(P-D)t_1$，平均存储量为 $(P-D)t_1/2$，订货量 $Q = Dt = Pt_1$。存储费为 $H(P-D)t_1t/2$，订货手续费为 A，购置费为 CQ，则在 t 内的总费用为

$$H(P-D)t_1t/2 + A + CQ$$

从而在计划期内的平均总费用最小的存储模型为

$$\min f = \frac{1}{2}H(P-D)t_1 + \frac{A}{t} + \frac{CQ}{t} \qquad (7\text{-}16)$$
$$Q = Dt, Q = Pt_1, Q, t, t_1 \geqslant 0$$

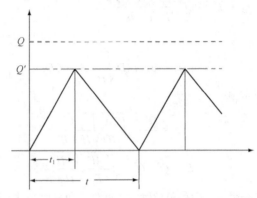

图 7-4　供应速度有限的不缺货库存问题的存储状态图

消去变量 t_1，得到无条件极值

$$\min f(Q) = \frac{1}{2}HQ\left(1 - \frac{D}{P}\right) + \frac{1}{Q}AD + CD \qquad (7\text{-}17)$$

令 $\mathrm{d}f/\mathrm{d}Q=0$，得

$$\frac{\mathrm{d}f}{\mathrm{d}Q} = \frac{1}{2}H\left(1 - \frac{D}{P}\right) - \frac{AD}{Q_2} = 0 \qquad (7\text{-}18)$$

解出 Q 得

$$t^* = \frac{Q^*}{D} = \sqrt{\frac{2A}{HD}}\sqrt{\frac{P}{P-D}} \qquad (7\text{-}19)$$

总费用为

$$f^* = \sqrt{2HAD}\sqrt{\frac{P-D}{P}} + CD \qquad (7\text{-}20)$$

由 $Q=Pt_1$ 得到

$$t_1^* = \frac{Q^*}{P} = \sqrt{\frac{2AD}{HP(P-D)}}$$

若将模型一中的提前期设为零，理解为生产速率很大，则当 $P \rightarrow +\infty$ 时，$t_1 \rightarrow 0$，$D/P \rightarrow 0$，$\frac{P}{P-D}$ 和 $\frac{P-D}{P}$ 趋于 1，模型三的最优解就与模型一的最优解相同。

例 7-3　某机床加工车间计划加工一种零件，这种零件需要先在车床上加工，每月可加工 500 件，然后在铣床上加工，每月加工 100 件，组织一次车加工的准备费用为 5 元，车加工后的在制品保管费为 0.5 元/月一件，要求铣加工连续生产，试求车加工的最优生产计划（不计生产成本）。

解：铣加工连续生产意为不允许缺货。已知 $P=500$，$D=100$，$H=0.5$，$A=5$，$1 - D/P = 1 - 100/500 = 0.8$ 由式（7-18）～式（7-20）得

$$Q^* = \sqrt{\frac{2 \times 5 \times 100}{0.5 \times 0.8}} = 50 \text{（件）}$$

$$t^* = \frac{Q^*}{D} = \frac{50}{100} = 0.5 \text{（月）} = 15 \text{（天）}$$

$$f^* = \sqrt{2 \times 0.5 \times 5 \times 100 \times 0.8} = 20 \text{（元）}$$

即车加工的最优生产计划是每月 15 天组织一次生产，产量为 50 件。

在上例中，若每次准备费用改为 50 元，则生产间隔期为 t^*=47 天，说明准备费用增加后，生产次数要减少。

7.2.4　模型四：供应速度有限允许缺货的经济批量模型

此模型允许缺货，到货后要补充缺货量，其余特征同模型三，存储量变化用图 7-5 表示。

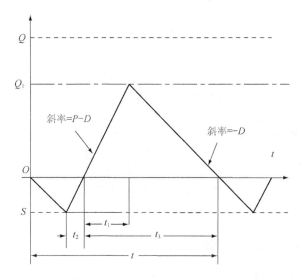

图 7-5　供应速度有限允许缺货的库存问题的存储状态图

在周期 t 内，t-t_3 时间内是缺货周期，t_1+t_2 时间内是生产时间，生产量等于 t 内的需求量，即 $P(t_1+t_2)=Dt$，在 t_1 内的生产量等于 t_3 内的需求量，即 $Pt_1=Dt_3$，故最高存储量为（P-D）t_1，t 内的平均存储量为 $\dfrac{(P-D)t_1t_3}{2t}$，存储费为 $\dfrac{H(P-D)t_1t_3}{2t}$。

在 $t-t_3$ 内，生产量等于缺货量（需求量），即 $(t-t_3)D=t_2P$，最大缺货量为（$P-D$）t_2，t 内平均缺货量为 $\dfrac{(P-D)(t-t_3)t_2}{2t}$，缺费为 $\dfrac{B(P-D)(t-t_3)t_2}{2t}$，生产成本为 CQ，准备费用为 A，则在计划期内使总费用最小的存储模型为

$$\min f = \frac{1}{2t}H(P-D)t_1t_3 + \frac{1}{2t}B(P-D)(t-t_3)t_2 + \frac{A}{t} + \frac{CQ}{t}$$

$$\begin{cases} Q = Dt \\ Pt_1 = Dt_3 \\ D(t-t_3) = Pt_2 \\ Q, t, t_1, t_2, t_3 \geqslant 0 \end{cases}$$

由约束条件消去变量 Q，t_1，t_2 得到无条件极值

$$\min f(t_1, t_3) = \frac{1}{2Pt} HD(P-D)t_3^2 + \frac{1}{2Pt} BD(P-D)(t-t_3)^2 + \frac{A}{t} + CD \tag{7-21}$$

令 $\partial f/\partial t = 0, \partial f/\partial t_3 = 0$，解方程组

$$\frac{\partial f}{\partial t} = -\frac{HD(P-D)t_3^2}{2Pt^2} - \frac{1}{4P^2t}[4BPD(P-D)(t-t_3)t - 2BPD(P-D)(t-t_3)^2] - \frac{A}{t^2} = 0$$

$$\frac{\partial f}{\partial t_3} = \frac{2HD(P-D)t_3}{2Pt} - \frac{AD(P-D)(t-t_3)}{2Pt} = 0$$

得到最优解：

$$t^* = \sqrt{\frac{2A}{HB}} \sqrt{\frac{H+B}{B}} \sqrt{\frac{P}{P-D}} \tag{7-22}$$

$$t_3^* = \sqrt{\frac{2A}{HD}} \sqrt{\frac{B}{H+B}} \sqrt{\frac{P}{P-D}} \tag{7-23}$$

$$Q^* = Dt^* = \sqrt{\frac{2AD}{H}} \sqrt{\frac{H+B}{B}} \sqrt{\frac{P}{P-D}} \tag{7-24}$$

$$f^* = \sqrt{2HAD} \sqrt{\frac{B}{H+B}} \sqrt{\frac{P-D}{P}} + CD \tag{7-25}$$

最大存储量 Q_1 及最大缺货量 S 为

$$Q_1 = (P-D)t_1 = \frac{D(P-D)t_3}{P} = \sqrt{\frac{2AD}{H}} \sqrt{\frac{B}{H+B}} \sqrt{\frac{P-D}{P}} \tag{7-26}$$

$$S = (P-D)t_2 = \frac{D(P-D)(t-t_3)}{P} = \sqrt{\frac{2HAD}{B(H+B)}} \sqrt{\frac{P-D}{P}} \tag{7-27}$$

若令 $a = \sqrt{B/(H+B)}$，$b = \sqrt{(P-D)/P}$ 上述公式为

$$t^* = \sqrt{\frac{2A}{HD}} \frac{1}{ab}, \; t_3^* = \sqrt{\frac{2A}{HD}} \frac{a}{b}, \; Q^* = \sqrt{\frac{2AD}{H}} \frac{1}{ab}, \; f^* = \sqrt{2HAD} ab + CD$$

这是一般模型，令 $B \to +\infty$ 得到模型三（供应速度有限，不允许缺货），令 $P \to +\infty$ 得到模型二（瞬时供货，允许缺货），同时令 $B \to +\infty$，$P \to +\infty$ 得到模型一，从而前面的 3 种模型是允许缺货的生产批量模型的特殊情况。

例 7-4　在例 7-3 中，若允许铣加工可以间断，停工造成损失费为 $B = 1$ 元/（月·件），求车加工的最优生产计划。

解：利用例 7-3 的计算结果，$a = \sqrt{1/(1+0.5)} \approx 0.82$，则有

$$Q^* = 50 \times \frac{1}{0.82} \approx 61 \text{（件）} \qquad t^* = 15 \times \frac{1}{0.82} \approx 18 \text{（天）}$$

$$f^* = 20 \times 0.82 = 16.4 \text{（元）}, \; Q_1 = 32.66 \text{（件）}, \; S = 16.33 \text{（件）}$$

即 18 天组织一次车加工，生产批量为 61 件。由此例看出，当允许缺货时生产间隔期延长了，费用减少了 3.6 元。

7.2.5　模型五：批量折扣经济批量模型

有时物资供应部门为了鼓励顾客多购物资，规定凡是每批购买数量达到一定范围时，就可以享受价格上的优惠，这种价格上的优惠叫作批量折扣。

有批量折扣时，对顾客来说有利有弊。一方面可以从中得到折扣收益，订货批量大，可以减少订货次数，节省订货费用；另一方面会造成物资积压，占用流动资金和增加存储费用。是否选择有折扣的批量或选择何种折扣，仍然是选择总费用最小的方案。

假设在 $[Q_i, Q_{i+1}]$ 内的物资单价为 $C_i(i=1, 2, K, m; Q_1=0, Q_{m+1}→+∞)$ 则在区间 $[Q_i, Q_{i+1})$ 内的总费用为（模型一）

$$f(Q)=\frac{1}{2}HQ+\frac{1}{Q}AD+C_iD$$

$f(Q)$ 对 Q 求导数时，C_iD 这项为 $\frac{\partial f}{\partial C}\cdot\frac{dC}{dQ}$，而 C 是 Q 的函数，此项不为零。但在某一区间内，C 为常数，故在这些区间内仍然有

$$\frac{\partial f}{\partial Q}=\frac{1}{2}H-\frac{1}{Q^2}AD$$

令上式等于零，便得

$$Q^*=\sqrt{\frac{2AD}{H}}$$

总费用为

$$f(Q^*)=\frac{1}{2}Q^*H+\frac{1}{Q^*}AD+CgD=\sqrt{2HAD}+CgD$$

其中 C^* 为 Q^* 所在区间的物资单价，由于有批量折扣，$f(Q^*)$ 不一定是（0，∞）内的最小值，因此还要计算出其他区间的总费用，再经过比较，选择总费用最小的 Q 作为最优解。

订货量在第 i 个区间内时的总费用为

$$f(Q_i)=\frac{1}{2}HQ_i+\frac{1}{Q_i}AD+C_iD$$

如果 $f(Q^*)<f(Q_i)$，则 Q^* 为最优解，若 $f(Q^*)>f(Q_i)$，则选择 $f(Q_L)=\min\{f(Q_i)\}$ 中的 Q_L 为最优解。当 $Q_L>Q^*_j$ 时，总费用减少额为

$$AD\left[\frac{1}{Q^*}-\frac{1}{Q_L}\right]+(C_L-C)D-\frac{1}{2}H(Q_L-Q^*)$$

上述模型只考虑了存储费的增加，没有考虑流动的利息。

例 7-5 某商店计划从工厂购进一种产品，预测年销量为 500 件，每批订货手续为 50 元，工厂制定的单价为（元/件）：

$$C_i=\begin{cases}40, 0<Q<100\\39, 100\leqslant Q<200\\38, 200\leqslant Q<300\\37, 300\leqslant Q\end{cases}$$

每件产品年存储费率为 0.5，求最优存储策略。

解：$D=500$，$H=0.5\times40=20$，$A=50$，故

$$Q^*=\sqrt{\frac{2\times50\times500}{20}}=50（件）$$

Q^* 在（0，100）内，故 $C^*=40$，则

$$f(50)=\sqrt{2\times20\times50\times500}+40\times500=21000$$

分别算出 Q 等于 100，200，300 时的总费用：

$$f(100) = \frac{1}{2} \times 0.5 \times 39 \times 100 + \frac{1}{100} \times 50 \times 500 + 39 \times 500 = 20725$$

$$f(200) = \frac{1}{2} \times 0.5 \times 38 \times 200 + \frac{1}{200} \times 50 \times 500 + 38 \times 500 = 21025$$

$$f(300) = \frac{1}{2} \times 0.5 \times 37 \times 300 + \frac{1}{300} \times 50 \times 500 + 37 \times 500 = 21358.33$$

$f(100)$ 最小，最优解为 $Q = 100$。即接受每批订货 100 件的折扣批量，全年分 5 次订货，最小费用为 20725 元，比没有折扣的费用少 250 元。

习题

1. 设大华工厂全年需甲料 1200 吨，每次订货的成本为 100 元，每吨材料年平均储存成本为 150 元，每吨材料买价为 800 元，要求计算经济批量及全年最小总成本。

2. 设某工厂全年按合同向外单位供货 10000 件，每次生产的准备结束费用为 1000 元，每件产品年存储费用为 4 元，每件产品的生产成本 40 元，如不按期交货每件产品每月罚款 0.5 元,试求总费用最小的生产方案。

3. 某产品每月用量为 50 件，每次生产准备成本为 40 元，存储费为 10 元/（月·件），求最优生产批量及生产周期。

4. 某公司预计年销售计算机 2000 台，每次订货费为 500 元，存储费为 32 元/（年·台），缺货费为 100 元/年·台。

试求：（1）提前期为零时的最优订货批量及最大缺货量；（2）提前期为 10 天时的订货点及最大存储量。

5. 某产品月需要量为 500 件，若要订货，可以以每天 50 件的速率供应。存储费为 5 元/（月·件），订货手续费为 100 元，求最优订货批量及订货周期。

第8章 排队论

学习目标

- 掌握排队系统的基本概念
- 了解顾客到达流（泊松流）与服务时间分布（负指数分布）
- 熟练掌握单服务台排队系统 (M/M/1/∞/∞/FCFS 排队模型）
- 了解多服务台排队系统

开篇案例

在学校里，我们常常可以看到这样的情景：下课后，许多同学争先恐后跑向食堂去买饭，小小的卖饭窗口前没过几分钟便排成了长长的队伍，本来空荡荡的食堂也立即变得拥挤不堪。饥肠辘辘的同学们见到这种长蛇阵，怎能不怨声载道。西北民族大学，这个拥有着 2 万多人的学校，由于近年来学校学生人数的增加，这种现象变得尤为严重。增加窗口数量，减少排队等待时间，是学生十分关心的问题。然而就食堂的角度来说，虽说增加窗口数量可以减少排队等待时间，提高学生对该食堂的满意度，从而赢得更多的学生到该食堂就餐，但是同时也会增加食堂的运营成本，因此如何在这两者之间进行权衡，找到最佳的窗口数量，对学生和食堂双方来说都是很重要的。排队论是通过研究各种服务系统的排队现象，解决服务系统最优设计和最优化控制的一门科学。本章将根据食堂排队状况建立数学模型，运用排队论的观点进行分析，通过比较各方面因素的关系，为其拥挤状况找到一个较合理的解决方案。

案例导读

在日常生活和工作中，人们常常会为了得到某种服务而排队等候。例如，顾客到商店购买东西，病人到医院看病，汽车进加油站加油，轮船进港停靠码头等，都会因为拥挤而发生排队等候的现象。这时，商店的售货员和顾客，医院的医生和病人，加油站的加油泵和待加油的汽车，码头的泊位和停泊的轮船等，形成了各自的排队服务系统，简称排队系统。

在一个排队系统中，通常包括一个或多个"服务设施"，服务设施可以指人，如售货员、医院大夫等。也可以是物，如加油泵、码头泊位等。同时还包括许多进入排队系统要求得到服务的"顾客"。这里的顾客是指请求服务的人或物。如到医院看病的病人，或等待加油的汽车等。作为顾客总希望一到系统马上就能得到服务，但客观情况并非如此。由于顾客的到达和服务机构对每个顾客的服务时间具有随机性，因此出现排队现象几乎是不可避免的。当然，为了方便顾客减少排队时间，排队系统可以多开设服务设施。但那将增加系统的投资和运营成本，还可能发生空闲浪费。

排队论（Queueing Theory）是为解决上述问题而发展起来的一门学科。排队论起源于 20 世纪初，当时的美国贝尔（Bell）电话公司发明了自动电话后，满足了日益增长的电话通信的需要。但另一方面，也带来了新的问题，即如何合理配置电话线路的数量，以尽可能减少用户的呼叫次数。如今，通信系统仍然是排队论应用的主要领域。同时在运输、港口泊位设计、机器维修、库存控制等领域也获得了广泛的应用。

8.1 排队系统的基本概念

8.1.1 排队系统的一般表示

一个排队系统可以抽象描述为：为了获得服务的顾客到达服务设施前排队，等候接受服务。服务完毕后就自行离开。其中把要求得到服务的对象称为顾客，而把服务者统称为服务设施或服务台。

在排队论中，把顾客的到达和离开称为排队系统的输入和输出。而潜在的顾客总体又称为顾客源或输入源。因此任何一个排队系统是一种输入—输出系统，其基本结构如图 8-1 所示。

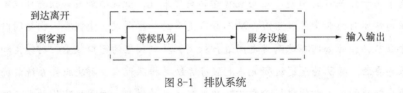

图 8-1 排队系统

8.1.2 排队系统的特征

由排队系统的基本结构可知，任何一个排队系统的特征可以从以下 3 个方面加以描述。

（1）系统的输入：是指顾客到达排队系统的情况。

① 相继到达系统的时间间隔是确定性的还是随机性的。如自动装配线上待装配的部件到达各个工序的间隔时间是确定的，而到银行自动取款机前取款的客户的间隔时间则是随机的。事实上多数排队系统的顾客到达都是随机的。若是随机的，则必须研究顾客相继到达的间隔时间所服从的概率分布，或者研究在一定的时间间隔内到达 $k(k=1,2,\cdots)$ 个顾客的概率有多大。一般来说，顾客相继到达排队系统的间隔时间所服从的概率分布有：定长分布、二项分布、负指数分布、爱尔朗分布等。如果间隔时间服从负指数分布，那么在一定的时间间隔内到达的顾客数服从泊松分布，这时称到达系统的顾客流为泊松流（或称最简单流），这种情

况是排队论研究的重点。

② 顾客到达系统的方式是单个的，还是成批的。如到达宾馆服务台要求登记住宿的有单个到达的游客，也有成批到达的旅游团体。

③ 顾客源是有限集还是无限集。如工厂内待修的机器数显然是有限集，而到某航空售票处购票的顾客源则可以认为是无限的，因为一般并不存在一个最大的限制数。

（2）排队规则：是指顾客来到排队系统后如何排队等候服务的规则，一般有即时制、等候制和混合制三大类。

① 即时制（或称损失制）。指当顾客到达时，如果所有服务台都已被占用，顾客可以随即离开系统。如电话拨号后出现忙音，顾客不愿等候而自动挂断电话，这种排队规则就是即时制。

② 等候制。指顾客到达系统时，所有服务台已被占用，顾客就加入排队队列等候服务。对于等候制，最常见的排队规则是 FIFO（先到先服务）。在这种规则下顾客按照到达的前后次序接受服务。一般的服务系统都使用这种排队规则。另一种排队规则是 LIFO（晚到先服务），乘电梯的顾客经常是后进先出的，货物装卸也是这种情况。还有一种排队规则是 SIRO（随机服务），是指服务者从等待的顾客中随机取其一进行服务，不管其到达的前后次序如何。例如电话交换台接通呼唤电话就是如此。此外还有优先权服务也是一种排队规则，如医院对病情严重的病人予以优先治疗。公交车上对老年人予以优先上车就座等。

③ 混合制。是即时制和等待制相结合的一种排队服务规则。主要分为两种情况。一是队长有限制的情况，即当顾客排队等候服务的人数超过规定数量时，后来的顾客就自动离开，另求服务。如某汽车加油站只能容纳三辆待加油的车，第四辆车就会自动离开该加油站。二是排队等候时间有限制的情况，即当顾客排队等候超过一定时间就会自动离开，不能再等。

（3）服务规则：指顾客从接受服务到离开服务机构的情况。由于排队论研究的顾客接受完服务后就自行离开，因此系统的输出主要取决于排队系统对顾客的服务规则。系统的服务规则和系统内服务设施的数量、结构以及为顾客服务时间的分布有关，主要内容有：

① 服务台数量是单台服务还是多服务台的。在一个单服务台系统中，一个服务台为所有的顾客服务。例如一个专科医生为前来就诊的病人看病。

② 若是多服务台系统，那么它们的结构是平行排列的（并列），还是前后排列（串列）的，或者是混合排列的。图 8-2 中（a）为单服务台系统，（b）为多服务台并列系统，（c）为多服务台串列系统，（d）为多服务台混合排列系统。

③ 服务的方式是对单个顾客进行的，还是对成批顾客进行的。公共汽车对在站台等待的顾客是成批进行服务的。排队论主要研究单个服务的方式。

④ 对顾客的服务时间是确定的还是随机的。如自动冲洗汽车的装置对每辆汽车冲洗（服务）的时间是确定性的。但大多数情形服务时间是随机性的。对于随机性的服务时间，需要知道它的概率分布。通常服务时间服从的概率分布有：定长分布、负指数分布、爱尔朗分布等。

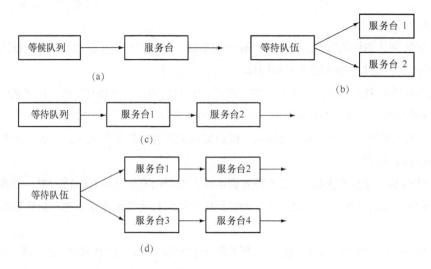

图 8-2　服务台设施结构的模式

8.1.3　排队系统模型的分类

按照排队系统的输入、服务规则和排队规则等特征的不同，可以构成不同的排队模型。英国数学家 D.G.Kendall 在 1957 年提出的一种分类方法已被广泛使用。他使用的符合形式是：

$$X/Y/Z$$

其中 X 指顾客相继到达间隔时间的分布，Y 为服务时间的分布，Z 为并列的服务台的数目。

表示相继到达的间隔时间和服务时间的分布符号如下：

M——负指数分布，因为负指数分布描述的随机现象对于过去的事件具有无记忆性或称马尔可夫性，因此用 Markov 开头字母表示。

D——定长分布，表示事件是以不变的方式发生的（Deterministic）。

E——k 阶爱尔朗分布（Erlang）。

G——一般随机分布。

例如，$M/M/1$ 表示到达的间隔时间服从负指数分布，服务时间也服从负指数分布的单服务台排队系统模型。$M/D/2$ 表示到达间隔时间服从负指数分布，而服务时间为定长分布的双服务台的模型。

到 1971 年，Kendall 符号被扩充为

$$X/Y/Z/N/m$$

前三项定义不变，而 N 用以表示系统的容量限制，m 则表示顾客源的数目。当 N 和 m 为无穷大，即系统容量和顾客源无限制时，可以把这两项略去。

8.1.4　衡量排队系统运行效率的工作指标

一旦排队系统的模型建立起来之后，系统分析者就需要对排队系统的运行效率和服务质

量进行研究和评估，以确定系统的结构是否合理，是否存在可以改进的替代方案等。

一个排队系统开始运行时，系统的运行状态很大程度上取决于系统的初始状态和运转的时间。但经过一段时间以后，系统的状态将独立于初始状态和经历时间。这时我们称系统处于稳定状态。排队论主要研究系统处于稳定状态时的工作情况。在稳定的状态下，系统的工作情况与时间 t 无关。以下衡量系统运行效率的工作指标也是以稳态系统为前提的。

（1）平均队长 L_s 和平均排队长 L_q

平均队长 L_s 指一个排队系统的顾客平均数（其中包括正在接受服务的顾客）。而平均排队长 L_q 则是指系统中等待服务的顾客平均数。

（2）平均逗留时间 W_s 和平均等待时间 W_q

平均逗留时间 W_s 指进入系统的顾客逗留时间的平均值（包括接受服务的时间），而平均等待时间 W_q 则是进入系统的顾客等待时间的平均值。

以上 4 个工作指标对顾客或排队系统的管理者都是非常重要的，通常称之为重要的运行指标，这几个运行指标值越小，说明系统排队越短，顾客等候时间越少，因此系统的性能就越好。

为了计算上述运行指标，还需要引入其他常用的数量指标。

① 平均到达率 λ：指单位时间内到达服务系统的平均顾客数。

由 λ 的定义可知，$1/\lambda$ 为相邻两个顾客到达系统的平均间隔时间，比如 $\lambda=2$ 人/分钟为平均到达率。那么相邻两个顾客到达的平均间隔时间 $1/\lambda=1/2$ 分钟。

② 平均服务率 μ：单位时间内被服务完毕后离开系统的平均顾客数。

同理，$1/\mu$ 表示每个顾客的平均服务时间。

③ 服务强度 ρ：指每个服务台单位时间内的平均服务时间。

一般有 $\rho=\dfrac{\lambda}{c\mu}$，其中 c 为系统中并列服务台的数目。

④ $P_n=P(N=n)$：指系统的状态 N（即系统中的顾客数）为 n 的概率。

当 $n=0$ 时，P_0 为系统中的顾客数为 0（或系统所有服务台全都空闲）的概率。

在对一个排队系统作定量分析时，通常先要计算系统中的顾客数量 N 的概率分布 P_n，$n=1,2,\cdots$，然后计算系统其他运行指标。由上述定义可知：

$$L_s=\sum_{n=1}^{\infty}np_n$$

$$L_q=\sum_{n=1}^{\infty}(n-c)p_n=\sum_{n=1}^{\infty}np_{c+n}$$

其中 c 为系统中并列服务台的数目。

⑤ 有效到达率 λ_e：指单位时间内进入服务系统的平均顾客数。

对于即时损失制的排队系统。顾客到达服务系统时，如果出现服务台已被占用，或者排队等待服务的人数超过规定数量时，会自动离开不再进入系统。此时到达系统的顾客不一定会全部进入系统。为此引入有效到达率的概念。有效到达率 λ_e 是单位时间内平均进入服务系统的顾客人数。显然对于等候制的排队系统，平均到达率 λ 和有效到达率 λ_e 是一致的。

当系统达到稳态时，如果系统的有效到达为 λ_e，每个顾客平均服务时间为 $\frac{1}{\mu}$，则有下面的李特尔（Little）公式成立：

$$L_s = \lambda_e W_s$$
$$L_q = \lambda_e W_q$$
$$W_s = W_q + \frac{1}{\mu} \qquad\qquad (8\text{-}1)$$
$$L_s = L_q + \frac{\lambda_e}{\mu}$$

由以上 Little 公式可知，在 L_s，L_q，W_s，W_q 4 个运行指标中，只需知道其中的一个，其他 3 个就可由 Little 公式求得。

8.1.5 输入和输出

在排队论的讨论中，排队规则一般考虑 FCFO，服务机构考虑单人和多个两种情况。但是顾客的输入和输出则比较复杂，因为它们一般都是随机的。至今为止，研究较多且取得较好结果的排队系统是：顾客的输入过程服从泊松分布，而服务时间服从负指数分布的排队系统。

1．泊松过程

（1）定义：设 $N(t)$ 表示在[0, t]时段内到达排队系统的顾客数，则对于每个给定的时刻 t，$N(t)$ 都是一个随机变量，而随机变量族$\{N(t)|t\in(0, +\infty)\}$就称作一个随机过程。若$\{N(t)\}$满足下述 3 个条件，则称之为泊松过程。

① 平稳性：在长度为 t 的时段内恰好到达 k 个顾客的概率 $P_k(t)$ 仅与时段长度有关，而与时段的起点无关。即对任意时刻 $a\in(0, +\infty)$，在时段[0, t]或[a, $a+t$]内，$P_k(t)$是一样的。其中 $k=0$，1，2，$\cdots$。

② 无后效性：在不相交的时段内到达的顾客数是相互独立的。即对任意时刻 $a\in(0, +\infty)$。在时段[a, $a+t$]内到达的顾客数与 a 时刻以前来到多少个顾客无关。

③ 普通性：在充分小的时段内最多到达一个顾客。即不可能有两个以上的顾客同时到达。如果用 $\varphi(t)$ 表示在时段[0, t]内有两个或两个以上顾客到达的概率。那么 $\varphi(t)=o(t)$，$o(t)$ 为当 $t\to 0$ 时比 t 高阶的无穷小。

由于泊松过程具有无后效性，因此它是一种特殊的马尔可夫过程。泊松过程又称泊松流，在排队论中常称为简单流。

（2）性质：泊松过程具有如下重要的性质。

性质 1：设 $\{N(t)|t\in(0,+\infty)\}$ 为泊松过程，$\lambda>0$ 为单位时间内顾客的平均到达率。则 $N(t)$服从参数为 λt 的泊松分布。即有

$$P_k(t) = \frac{(\lambda t)^k}{k!}e^{-\lambda t} \quad k=0,1,2,\cdots$$

证明：设将长度为 t 的时段[0, t]分为 n 等份。每一子时段长度 $\Delta t = \frac{t}{n}$ 为充分小。因为

$\{N(t)\}$ 为泊松过程。由平稳性可知，在每一个子时段 Δt 内来到一个顾客的概率 $P_1(\Delta t)$ 都是一样的。易知当 Δt 充分小时，$\lambda \Delta t$ 既是 Δt 内到达排队系统的顾客数，也可以解释为 Δt 内来到一个顾客的概率。因此 $P_1(\Delta t) = \lambda \Delta t = \dfrac{\lambda t}{n}$。

由泊松过程的普通性可知，当 Δt 充分小时，在 Δt 内有两个或两个以上顾客到达的概率 $\varphi(\Delta t) \approx 0$。因此在 Δt 内没有顾客到达的概率 $P_0(\Delta t) \approx 1 - \lambda \Delta t = 1 - \dfrac{\lambda t}{n}$。

再由无后效性可知，在 n 个子时段 Δt 内有顾客来到或没有顾客来到可知看作 n 次重复独立试验。由二项概率公式可知，在 n 个 Δt，即长为 t 的时段$[0, t]$内有 k 个顾客到达的概率：

$$P_k(t) = C_n^k (\frac{\lambda t}{n})^k (1 - \frac{\lambda t}{n})^{n-k}$$

当 $n \to \infty$ 时，$\Delta t \to 0$ 且

$$P_k(t) = \lim_{n \to \infty} C_n^k (\frac{\lambda t}{n})^k (1 - \frac{\lambda t}{n})^{n-k}$$

$$= \lim_{n \to \infty} \frac{n(n-1)\cdots(n-k+1)}{k!} g \frac{(\lambda t)^k}{n^k} g \frac{(1 - \frac{\lambda t}{n})^n}{(1 - \frac{\lambda t}{n})^k}$$

$$= \frac{(\lambda t)^k}{k!} \lim_{n \to \infty} (1 - \frac{\lambda t}{n})^n = \frac{(\lambda t)^k}{k!} e^{-\lambda t}$$

所以 $P_k(t) = \dfrac{(\lambda t)^k}{k!} e^{-\lambda t} \qquad k = 0, 1, 2, \cdots$

由泊松分布可知，$E(N(t)) = \lambda t$，$\lambda = \dfrac{E(N(t))}{t}$ 为单位时间顾客的平均到达率，与 λ 的含义吻合。

$$t = 1 \text{ 时 } P_k(1) = \frac{\lambda^k}{k!} e^{-\lambda} \quad (k = 0, 1, 2, \cdots)$$

性质 2：若顾客输入过程 $\{N(t)\}$ 为参数为 λ 的泊松流，那么顾客相继到达的间隔时间 T 必服从负指数分布

$$F_T(t) = \begin{cases} 1 - e^{-\lambda t} &, t \geq 0 \\ 0 &, t < 0 \end{cases}$$

证明：因为输入过程是泊松流，因此在 t 时段内至少有一个顾客到达的概率

$$P(N(t) \geq 1) = 1 - P_0(t) = 1 - e^{-\lambda t}$$

而随机事件 $\{T < t\} = \{N(t) \geq 1\}$，因此

$$F_T(t) = P(T < t) = P(N(t) \geq 1) = 1 - e^{-\lambda t} \quad t \geq 0$$

所以顾客相继到达的间隔时间 T 服从负指数分布，其分布函数为：

$$F_T(t) = \begin{cases} 1 - e^{-\lambda t} &, t \geq 0 \\ 0 &, t < 0 \end{cases}$$

由负指数分布可知，$E(T) = \dfrac{1}{\lambda}$。因此对某个泊松流 $\{N(t)\}$，若顾客的平均到达率为 λ，

那么顾客相继到达的平均间隔时间为 $\frac{1}{\lambda}$。

事实上，若顾客相继到达的间隔时间 T 服从负指数分布，同样可以证明顾客的输入必为泊松流。因此，"顾客流是泊松流"和"顾客到达的间隔时间相互独立且服从相同的负指数分布"是两种等价的描述方式。Kendall 记号中都用 M 表示。

2．负指数分布的服务时间

下面研究系统的输出，即服务时间的概率分布。

设随机变量 V 表示服务设施对每个顾客服务的时间，若 V 的概率密度是：

$$f_V(t) = \begin{cases} \mu e^{-\mu t} & , t \geq 0 \\ 0 & , t < 0 \end{cases}$$

则称 V 服从参数为 μ 的负指数分布。

易知 V 的分布函数为 $F_V(t) = \begin{cases} 1 - e^{-\mu t} & , t \geq 0 \\ 0 & , t < 0 \end{cases}$

且 $EV = \frac{1}{\mu}$ 为每个顾客的平均服务时间。$\mu = \frac{1}{EV}$ 为单位时间顾客的平均服务数或单位时间内服务完毕并自动离开系统的平均顾客数。

性质 1：设任一顾客的服务时间 V 服从参数为 μ 的负指数分布，则对任意 $a > 0, t \geq 0$ 都有

$$P\{V \geq a + t | V \geq a\} = P\{V \geq t\}$$

证明：

$$P\{V \geq a + t | V \geq a\} = \frac{P\{V \geq a + t \ V \geq a\}}{P\{V \geq a\}} = \frac{P\{V \geq a + t\}}{P\{V \geq a\}}$$

$$= \frac{e^{-\mu(a+t)}}{e^{-\mu a}} = e^{-\mu t} = P\{V \geq t\}$$

性质 1 意味着，如果服务时间 V 服从负指数分布，那么无论为一个顾客服务了多长的时间 a，剩余的服务时间的概率分布独立于已服务过的时间，仍为原来的负指数分布。称负指数分布的这种性质为无记忆性或马尔可夫性，只有负指数分布才具有这样的性质。

性质 2：若服务机构对顾客的服务时间 V 服从参数为 μ 的负指数分布，那么服务机构的输出，即在长度为 t 的时间内服务完毕并自行离开服务机构的顾客数 $\{L(t) | t \in (0, \infty)\}$ 是一个泊松流。且 $L(t)$ 服从参数为 μt 的泊松分布，即有

$$P_h(t) = \frac{(\mu t)^k}{k!} e^{-\mu t} \quad k = 0, 1, 2, \cdots$$

由 $E(L(t)) = \mu t$，$\mu = \frac{E(L(t))}{t}$ 为单位时间内平均服务顾客数或单位时间内顾客的平均离去率。

由泊松分布的性质可知，当 Δt 充分小，在 Δt 时段内恰有一个顾客离去的概率为 $\mu \Delta t$。没有顾客离去的概率为 $1 - \mu \Delta t$。而有两个或两个以上顾客离去的概率 $\psi(\Delta t) \approx 0$。

3．爱尔朗（Erlang）分布

（1）定义：设 $V_1, V_2, \cdots, V_k$ 是 k 个相互独立的随机变量。服从相同参数 $k\mu$ 的负指数分布。那么 $V = V_1 + V_2 + \cdots + V_k$ 服从参数为 μ 的 k 阶爱尔朗分布。其概率密度为

$$f_k(t) = \begin{cases} \dfrac{\mu k(\mu kt)^{k-1}}{(k-1)!} \mathrm{e}^{-\mu kt} & , \ t \geq 0 \\ 0 & , \ t < 0 \end{cases} \quad \text{记作} \ V : E_k(\mu)_\circ$$

易证：$E(V) = \dfrac{1}{\mu}$，$D(V) = \dfrac{1}{k\mu^2}$

（2）性质。

爱尔朗分布可以近似各种分布：

① 当 $k = 1$，爱尔朗分布就是负指数分布；

② 当 k 变大时，方差 $D(V) = 1/k\mu^2$ 变小，V 的取值汇集于均值 $1/\mu$ 附近。此时爱尔朗分布近似于正态分布；

③ 当 $k \to \infty$，$D(V) \to 0$，V 趋于常数 $1/\mu$。此时爱尔朗分布近似于定长分布。

爱尔朗分布的实际意义是，假设一个排队系统里有 k 个串列服务台。每台服务时间 $V_i(i = 1, 2, \cdots, k)$ 相互独立，且都服从参数为 $k\mu$ 的负指数分布，那么 k 个服务台全部完成对一个顾客服务的时间 $V = \sum\limits_{i=0}^{k} V_i : E_k(\mu)$。

8.2 单服务台排队系统分析

本节讨论输入过程为泊松流，服务时间服从负指数分布的单服务台的排队系统。其中有

（1）标准的 M/M/1/∞/∞ 系统；

（2）有限等待空间系统 M/M/1/N/∞；

（3）顾客为有限源系统 M/M/1/∞/m。

8.2.1 标准的 M/M/1/∞/∞ 系统

标准的 M/M/1 系统是指顾客源是无限的、按泊松流输入、输入强度为 λ、服务时间服从负指数分布、服务强度为 μ、只有一个服务台的等候制排队系统。系统按先到先服务的规则进行服务。当顾客来到系统时，若服务台已被占用，顾客就排队等待，等候空间无限制。

在分析标准的 M/M/1 系统时，首先要求出系统在任意时刻 t 的状态为 n（即系统中有 n 个顾客）的概率 $P_n(t)$。它决定了系统运行的特征。但是要研究系统的随时间变化的状态的概率是非常麻烦的，同时也不便于应用。因此我们只研究系统处于稳定状态的情形。在稳态条件下，系统的工作情况和时间无关。这时 $P_n(t)$ 与 t 无关，可写成 P_n，并称之为系统状态为 n 的概率。以下讨论的都是以稳态为前提的。

对 M/M/1 系统来说，其状态是无限集合，即 $n \in S = \{0, 1, 2, \cdots\}$ 我们可以用图 8-3 所示的状态转移率图来表明系统各状态之间的转移关系。

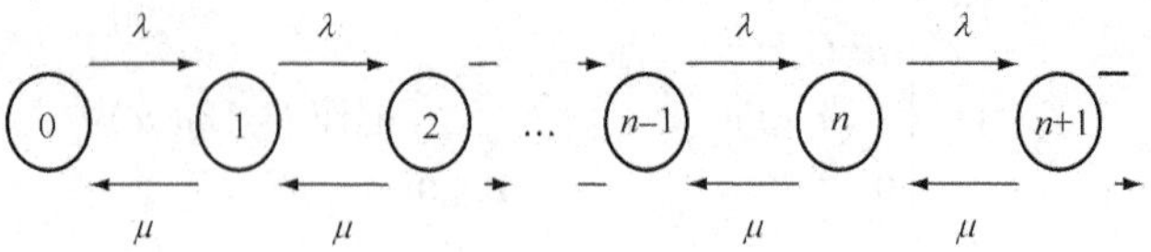

图 8-3 状态转移率图

我们知道，在稳态条件下，对于每一个系统状态而言，进入或离开系统的顾客数保持平衡，或称系统的输入率和输出率相等。由图 8-3 可见，系统状态从 0 转移到 1 的转移率（或称系统从状态 0 进入状态 1 的输出率）为 λP_0，而系统状态从 1 转移到 0 的转移率（或称系统从状态 1 进入状态 0 的输入率）为 μP_1。因此对状态 0 而言，必须满足以下平衡方程：

$$\lambda P_0 = \mu P_1$$

同样对系统的任何状态 $n \geq 1$，系统状态从 n 转移到 $n+1$ 或 $n-1$ 的转移率（输出率）为 $\lambda P_n + \mu P_n$。而系统状态从 $n-1$ 或 $n+1$ 转移到 n 的转移率（输入率）为 $\lambda P_{n-1} + \mu P_{n+1}$。由平衡条件可得

$$\lambda P_{n-1} + \mu P_{n+1} = (\lambda + \mu)P_n$$

由此可得关于 P_n 的差分方程：

$$\begin{cases} \lambda P_0 = \mu P_1 \\ \lambda P_{n-1} + \mu P_{n+1} = (\lambda + \mu)P_n & , \quad n \geq 1 \end{cases}$$

并可解得 $P_1 = \dfrac{\lambda}{\mu} P_0$, $P_n = \left(\dfrac{\lambda}{\mu}\right)^n P_0$, $n \geq 1$

若设 $\rho = \dfrac{\lambda}{\mu} < 1$（否则队列将排至无限远）

则 $\displaystyle\sum_{n=0}^{\infty} P_n = \sum_{n=0}^{\infty} \rho^n P_0 = P_0 \sum_{n=0}^{\infty} \rho^n = P_0 \dfrac{1}{1-\rho} = 1$

可推得

$$\begin{aligned} P_0 &= 1-\rho & , \quad \rho < 1 \\ P_n &= (1-\rho)\rho^n & , \quad n \geq 1 \end{aligned} \tag{8-2}$$

式（8-2）中的 $\rho = \dfrac{\lambda}{\mu}$ 有其实际意义：

$\rho = \dfrac{\lambda}{\mu}$ 为平均到达率和平均服务率之比。即在相同时段内顾客到达的平均数与被服务完毕顾客的平均数之比。如果 $\rho > 1$，则排队等待服务的顾客数将随时间延续而越来越多。因此 $\rho > 1$ 的等待制系统一般不属于讨论之列。

当 ρ 表示为 $\rho = \dfrac{1/\mu}{1/\lambda}$ 时，ρ 表示顾客的平均服务时间和顾客到达的平均间隔时间之比。因此 ρ 是一个衡量整个系统工作强度的一个指标。通常称 ρ 为服务强度。ρ 越接近于 1，说明系统的服务强度越高，服务机构越忙。

在 $\rho < 1$ 的条件下，标准 M/M/1 系统的重要运行指标如下。

（1）P_0：系统空闲（即没有顾客来到系统要求服务）的概率

由式（8-2）$P_0 = 1-\rho$，同时可知系统处于忙期（正为顾客服务）的概率 $P = 1 - P_0 = \rho$。

（2）L_s：系统队长（包括等待和接受服务的顾客数）的平均数

$$L_s = \sum_{n=0}^{\infty} nP_n = \sum_{n=0}^{\infty} n(1-\rho)\rho^n = (1-\rho)\sum_{n=0}^{\infty} n\rho^n$$

$$= (1-\rho)\rho\sum_{n=0}^{\infty} \frac{d}{d\rho}(\rho^n) = (1-\rho)\rho\frac{d}{d\rho}(\sum_{n=0}^{\infty} \rho^n) = (1-\rho)\rho\frac{d}{d\rho}(\frac{1}{1-\rho})$$

$$= (1-\rho)\rho\frac{1}{(1-\rho)^2} = \frac{\rho}{1-\rho} = \frac{\lambda}{\mu-\lambda}$$

（3）L_q：系统排队长（系统内排队等待的顾客数）的平均数

由 Little 公式（8-1）

$$L_g = L_s - \frac{\lambda}{\mu} = \frac{\lambda}{\mu-\lambda} - \frac{\lambda}{\mu} = \frac{\lambda^2}{\mu(\mu-\lambda)}$$

（4）W_s：每个顾客在系统中的平均逗留时间

由 Little 公式（8-1）

$$W_s = \frac{L_s}{\lambda} = \frac{1}{\lambda}\frac{\lambda}{\mu-\lambda} = \frac{1}{\mu-\lambda}$$

（5）W_q：每个顾客在系统中的平均等待时间

仍由 Little 公式（8-1）

$$W_q = \frac{L_q}{\lambda} = \frac{1}{\lambda}\frac{\lambda^2}{\mu(\mu-\lambda)} = \frac{\lambda}{\mu(\mu-\lambda)}$$

综合以上结果，可得标准 M/M/1 系统的重要运行指标

$$P_0 = 1-\rho P_n = (1-\rho)\rho^n \quad n \geq 1$$

$$L_s = \frac{\lambda}{\mu-\lambda} \quad L_g = \frac{\lambda^2}{\mu(\mu-\lambda)}$$

$$W_s = \frac{1}{\mu-\lambda} \quad W_q = \frac{\lambda}{\mu(\mu-\lambda)}$$

可以证明，在 M/M/1 情形下，顾客在系统中的逗留时间 W 服从参数为 $\mu-\lambda$ 的负指数分布。其分布函数

$$F_W(t) = P(W \leq t) = \begin{cases} 1-e^{-(\mu-\lambda)t} & , \ t \geq 0 \\ 0 & , \ t < 0 \end{cases}$$

由上述分布也可推得，顾客的平均逗留时间 $W_s = E(W) = \frac{1}{\mu-\lambda}$

例 8-1　某理发店只有一名理发师，来理发的顾客按泊松分布到达，平均每小时 4 人。理发时间服从负指数分布，平均需要 6 分钟。试求：

（1）理发店空闲的概率；

（2）店内有 3 个顾客的概率；

（3）店内至少有 1 个顾客的概率；

（4）店内顾客的平均数、等待服务的顾客的平均数；

（5）顾客在店内的平均逗留时间和平均等待时间；

（6）必须在店内消耗 15 分钟以上的概率。

解：此为 M/M/1 系统，已知

$$\lambda = \frac{4}{60} = \frac{1}{15} \text{人/分}, \quad \mu = \frac{1}{6} \text{人/分}, \quad \rho = \frac{\lambda}{\mu} = \frac{6}{15} = 0.4$$

（1）$P_0 = 1 - \rho = 1 - 0.4 = 0.6$

（2）$P_3 = (1 - \rho)\rho^3 = 0.6 \times 0.4^3 = 0.0384$

（3）$P(n \geq 1) = 1 - P(n < 1) = 1 - P_0 = 1 - 0.6 = 0.4$

（4）$L_s = \dfrac{\rho}{1 - \rho} = \dfrac{0.4}{1 - 0.4} = 0.667$（人）

$\quad\quad L_q = L_s - \rho = 0.667 - 0.4 = 0.267$（人）

（5）$W_s = \dfrac{1}{\mu - \lambda} = \dfrac{1}{\dfrac{1}{6} - \dfrac{1}{15}} = 10$（分）

$\quad\quad W_q = W_s - \dfrac{1}{\mu} = 10 - 6 = 4$（分）

（6）设 W 表示顾客在系统中的逗留时间

则 $P(W \geq 15) = 1 - P(W < 15) = \mathrm{e}^{-(\mu - \lambda)15} = \mathrm{e}^{-(\frac{1}{6} - \frac{1}{15})15} = \mathrm{e}^{-1.5} = 0.22$

在 M/M/1 情形下，顾客在系统中的等候时间 W 也是随机变量，其概率密度为：

$$f_W(t) = \rho(\mu - \lambda)\mathrm{e}^{-(\mu - \lambda)t} \quad , \quad t > 0$$

由于等候时间 W 以正概率 $1 - \rho$ 取 0 值，即 $P(W = 0) = P_0 = 1 - \rho$，因此等候时间 W 兼具离散型和连续型随机变量的某些性质。

不难验证：

$$W_q = E(W) = \int_0^\infty t\rho(\mu - \lambda)\mathrm{e}^{-(\mu - \lambda)t}\mathrm{d}t = \frac{\rho}{\mu(1 - \rho)} = \frac{\lambda}{\mu(\mu - \lambda)}$$

8.2.2 有限等待空间 M/M/1/N 系统

假定一排队服务系统可容纳 N 个顾客。当系统中已有 N 个顾客时，第 $N + 1$ 顾客到达后会被拒绝进入系统而自动离去。这种系统被称为有限等待空间，或容量有限的系统，这是一种混合制的排队系统。

对 M/M/1/N 来说，系统状态是有限集合，即 $n \in S = \{0, 1, 2, \cdots, N\}$。可用如图 8-4 所示状态转移率图表明系统状态之间的状态关系。

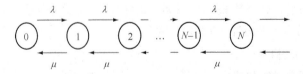

图 8-4　状态转移率图

在稳态条件下，可得如下状态平衡方程

$$\begin{cases} \mu P_1 = \lambda P_0 \\ \mu P_{n+1} + \lambda P_{n-1} = (\lambda + \mu) P_n \quad 1 \leqslant n \leqslant N-1 \\ \mu P_N = \lambda P_{N-1} \end{cases}$$

求解可得 $P_1 = \dfrac{\lambda}{\mu} P_0$, $P_n = (\dfrac{\lambda}{\mu})^n P_0, 1 \leqslant n \leqslant N$

在对等待空间无限的情形，我们假定 $\rho = \dfrac{\lambda}{\mu} < 1$，这不仅是实际问题的需要，也是无穷级数收敛所必需的。但在等待空间有限的情形下，这个条件就没有必要了。不过当 $\rho > 1$ 时，被拒绝排队的顾客平均数为 λP_N，损失将是很大的。

由于 $\quad \displaystyle\sum_{n=0}^N P_n = \sum_{n=0}^N (\dfrac{\lambda}{\mu})^n P_0 = P_0 \sum_{n=0}^N \rho^n = 1$

所以 $\quad P_0 = \dfrac{1}{\displaystyle\sum_{n=0}^N \rho^n} = \dfrac{1-\rho}{1-\rho^{N+1}} \qquad \rho \neq 1$

$$P_n = \dfrac{1-\rho}{1-\rho^{N+1}} \cdot \rho^n \qquad 0 \leqslant n \leqslant N$$

(8-3)

据此可以计算系统的有关运行指标。

（1）平均队长 L_s

$$\begin{aligned} L_s &= \sum_{n=0}^N n\rho_n = \dfrac{1-\rho}{1-\rho^{N+1}} \sum_{n=0}^N n\rho^n = \dfrac{1-\rho}{1-\rho^{N+1}} \cdot \rho \sum_{n=0}^N \dfrac{d}{d\rho}(\rho^n) \\ &= \dfrac{(1-\rho)\rho}{1-\rho^{N+1}} \cdot \dfrac{d}{d\rho}(\dfrac{1-\rho^{N+1}}{1-\rho}) = \dfrac{(1-\rho)\rho}{1-\rho^{N+1}} \cdot \dfrac{-(N+1)\rho^N(1-\rho) + (1-\rho^{N+1})}{(1-\rho)^2} \\ &= \dfrac{\rho}{1-\rho} - \dfrac{(N+1)\rho^{N+1}}{1-\rho^{N+1}} \end{aligned}$$

与系统空间无限情况下 $L_s = \dfrac{\rho}{1-\rho}$ 比较，当等候空间有限，且 $\rho < 1$ 时，系统中的平均顾客数明显减少。

而且当 $N \to \infty$ 时，$L_s = \dfrac{\rho}{1-\rho} - \dfrac{(N+1)\rho^{N+1}}{1-\rho^{N+1}} \to \dfrac{\rho}{1-\rho}$。

此时系统空间有限的情形转化为等候空间无限的情形。

我们知道有限等待空间的排队系统是一种混合制的系统，当系统状态等于 N 时，新来的顾客会自动离去，因此，真正进入服务系统的顾客平均输入率是小于顾客平均到达率 λ 的有效到达率 λ_e。

显然 $\lambda_e = \lambda(1-P_N)$

且不难验证 $1-P_0 = \dfrac{\lambda_e}{\mu}$，因此由 Little 公式（8-1）可得以下结果

（2）平均排队长

$$L_q = L_s - \dfrac{\lambda_e}{\mu} = L_s - (1-P_0)$$

（3）平均逗留时间

$$W_s = \dfrac{L_s}{\lambda_e} = \dfrac{L_s}{\mu(1-P_0)}$$

（4）平均等候时间

$$W_q = W_s - \frac{1}{\mu}$$

由此可知把 M/M/1/N/∞ 系统的主要运行指标归纳如下（$\rho \neq 1$）

$$P_0 = \frac{1-\rho}{1-\rho^{N+1}} \qquad\qquad P_n = \frac{1-\rho}{1-\rho^{N+1}} \cdot \rho^n \qquad 0 \leq n \leq N$$

$$L_s = \frac{\rho}{1-\rho} - \frac{(N+1)\rho^{N+1}}{1-\rho^{N+1}} \qquad L_q = L_s - (1-P_0) \tag{8-4}$$

$$W_s = \frac{L_s}{\mu(1-P_0)} \qquad\qquad W_q = W_s - \frac{1}{\mu} \qquad \lambda_e = \lambda(1-P_N) = \mu(1-P_0)$$

例 8-2 某机关接待室有一位对外接待人员，由于接待室内面积有限，只能安排 3 个座位供来访人员等候，一旦满座则后来者将不再进入等候。若来访人员按泊松流到达，平均间隔时间 80 分钟，接待时间服从负指数分布，平均接待时间为 50 分钟。试求任一来访人员的平均等待时间及该接待室潜在来访人员流失率。

解：这是一个 M/M/1/N/∞ 系统，$N = 3+1 = 4$

已知 $\lambda = \frac{1}{80}$ 人/分钟，$\mu = \frac{1}{50}$ 人/分钟

$$\rho = \frac{\lambda}{\mu} = \frac{\frac{1}{80}}{\frac{1}{50}} = 0.625$$

$$P_0 = \frac{1-\rho}{1-\rho^{N+1}} = \frac{1-0.625}{1-0.625^5} = 0.4145$$

$$L_s = \frac{\rho}{1-\rho} - \frac{(N+1)\rho^{N+1}}{1-\rho^{N+1}} = \frac{0.625}{1-0.625} + \frac{5 \times 0.625^5}{1-0.625^5} = 1.1396（人）$$

$$L_q = L_s - (1-P_0) = 1.1396 - (1-0.4145) = 0.5541（人）$$

$$\lambda_e = \mu(1-P_0) = \frac{1}{50}(1-0.4145) = 0.0117$$

来访人员的平均等待时间

$$W_q = \frac{L_q}{\lambda_e} = \frac{0.5541}{0.0117} = 47（分钟）$$

潜在来访人员的流失率，即系统满员的概率

$$P_4 = \rho^4 P_0 = 0.625^4 \times 0.4145 = 0.06 = 6\%$$

8.2.3 顾客源有限 M/M/1/∞/m 系统

这种系统在工业生产中应用较多。如一个车间有几十台机器，当个别机器损坏时，再发生一台机器损坏的概率会明显改变。在顾客源为无限集的情况下，平均达到率是按全体顾客考虑的。而有限源的情形则是按每一个顾客来考虑的。

假设系统的顾客数为 m，当有 n 个顾客在排队系统内时，在服务系统以外新的潜在顾客减少为 $m-n$ 个。假定每个顾客在单位时间内来到排队系统的概率或平均次数都是相同的 λ，那么系统外顾客对系统的平均到达率 $\lambda_n = (m-n)\lambda$。显然该平均到达率随系统状态的变

化而变化。

顾客源有限的排队系统也可以用状态转移图（见图8-5）表示。

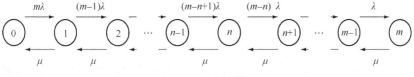

图 8-5　状态转移图

状态平衡方程

$$\begin{cases} \mu P_1 = m\lambda P_0 \\ \mu P_{n+1} + (m-n+1)\lambda P_{n-1} = [(m-n)\lambda + \mu]P_n \quad 1 \leqslant n \leqslant m-1 \\ \mu P_m = \lambda P_{m-1} \end{cases}$$

求解 $P_1 = \dfrac{\lambda}{\mu}P_0$, $\quad P_n = \dfrac{m!}{(m-n)!}\cdot(\dfrac{\lambda}{\mu})^n \cdot P_0$, $1 \leqslant n \leqslant m$

因为 $\displaystyle\sum_{n=0}^{m} P_n = 1$，所以不要求 $\rho = \dfrac{\lambda}{\mu} < 1$

由 $\displaystyle\sum_{n=0}^{m} P_n = \sum_{n=0}^{m} \dfrac{m!}{(m-n)!}\cdot(\dfrac{\lambda}{\mu})^n P_0 = P_0\sum_{n=0}^{m}\dfrac{m!}{(m-n)!}(\dfrac{\lambda}{\mu})^n = 1$

所以 $P_0 = \dfrac{1}{\displaystyle\sum_{n=0}^{m}\dfrac{m!}{(m-n)!}\cdot(\dfrac{\lambda}{\mu})^n}$

并由此推导出系统的各项运行指标。

（1）平均顾客数 L_s

若系统内平均顾客数为 L_s，则系统外潜在平均顾客数为 $m - L_s$。对系统来说，其有效到达率 $\lambda_e = (m - L_s)\lambda$。又因为服务机构利用率 $1 - P_0 = \dfrac{\lambda_e}{\mu}$，因此 $\mu(1 - P_0) = (m - L_s)\lambda$，由此可以推导出系统内平均顾客数 $L_s = m - \dfrac{\mu}{\lambda}(1 - P_0)$。

再由 Little 公式（8-1）可得以下结果。

（2）平均排队长

$$L_q = L_s - \dfrac{\lambda_e}{\mu} = L_s - (1 - P_0)$$

（3）平均逗留时间

$$W_s = \dfrac{L_s}{\lambda_e} = \dfrac{L_s}{\lambda(m - L_s)} = \dfrac{m - \dfrac{\mu}{\lambda}(1 - P_0)}{\mu(1 - P_0)} = \dfrac{m}{\mu(1 - P_0)} - \dfrac{1}{\lambda}$$

（4）平均等待时间

$$W_q = W_s - \dfrac{1}{\mu}$$

由此可得如下主要运行指标的公式

$$P_0 = \dfrac{1}{\displaystyle\sum_{n=0}^{m}\dfrac{m!}{(m-n)!}\cdot(\dfrac{\lambda}{\mu})^n} \quad P_n = \dfrac{m!}{(m-n)!}(\dfrac{\lambda}{\mu})^n P_0 \quad 1 \leqslant n \leqslant m$$

$$L_s = m - \frac{\mu}{\lambda}(1-P_0) \quad L_q = L_s - (1-P_0) \tag{8-5}$$

$$W_s = \frac{m}{\mu(1-P_0)} - \frac{1}{\lambda}$$

$$W_q = W_s - \frac{1}{\mu} \quad \lambda_e = (m-L_s)\lambda = \mu(1-P_0)$$

例 8-3 设有一名工人负责照管 6 台自动机床，当机床需要加料，发生故障或刀具磨损时就自动停车，等待工人照管。设平均每台机床两次停车的间隔时间为 1 小时，又设需要工人平均照管的时间为 0.1 小时，以上两者均服从负指数分布，试计算：

（1）工人空闲的概率；

（2）6 台机床都出故障的概率；

（3）出故障的平均机床数；

（4）等待修理的平均机床数；

（5）平均停工的时间；

（6）平均等待修理的时间；

（7）机床设备利用率。

解：这是一个 M/M/1/∞/m 系统 $m=6$

$\lambda=1$ 台/小时，$\mu=10$ 台/小时，$\rho = \frac{\lambda}{\mu} = 0.1$

$$P_0 = \frac{1}{\sum_{n=0}^{m} \frac{m!}{(m-n)!} \cdot (\frac{\lambda}{\mu})^n} = \frac{1}{\sum_{n=0}^{6} \frac{6!}{(6-n)!} \cdot (0.1)^n}$$

$$= \frac{1}{1 + \frac{6!}{5!}0.1^1 + \frac{6!}{4!}0.1^2 + \frac{6!}{3!}0.1^3 + \frac{6!}{2!}0.1^4 + \frac{6!}{1!}0.1^5 + \frac{6!}{0!}0.1^6} = \frac{1}{2.06392} = 0.4845$$

$$P_6 = \frac{m!}{(m-n)!}(\frac{\lambda}{\mu})^n P_0 = \frac{6!}{(6-6)!}(0.1)^6 \cdot 0.4845 = 0.0003$$

$$L_s = m - \frac{\mu}{\lambda}(1-P_0) = 6 - \frac{10}{1}(1-0.4845) = 0.845 \text{（台）}$$

$$L_q = L_s - (1-P_0) = 0.845 - (1-0.4845) = 0.3295 \text{（台）}$$

$$W_s = \frac{m}{\mu(1-P_0)} - \frac{1}{\lambda} = \frac{6}{10(1-0.4845)} - \frac{1}{1} = 0.1639 \text{（小时）} = 4.835 \text{（分钟）}$$

$$W_q = W_s - \frac{1}{\mu} = 0.1639 - \frac{1}{10} = 0.0639 \text{（小时）} = 3.834 \text{（分钟）}$$

机器设备利用率 $\tau = \frac{m-L_s}{m} = \frac{6-0.845}{6} = 85.9\%$。

8.3　多服务台排队系统分析

本节讨论输入过程为泊松流、服务时间服从负指数分布的多服务台排队系统，包括

（1）标准 M/M/C/∞/∞ 系统；

（2）有限等待空间 M/M/C/N/∞ 系统；

（3）顾客源有限的 M/M/C/∞/m 系统。

8.3.1 标准 M/M/C/∞/∞ 系统

标准 M/M/C/∞/∞ 系统的各种特征的规定与标准 M/M/1 系统的规定相同。顾客的平均到达率为常数 λ，每个服务台的平均服务率 μ 相同，同时规定各服务台的工作是相互独立的。就整个服务机构而言，平均服务率与系统状态有关，即

$$\mu_n = \begin{cases} c\mu & n \geqslant c \\ n\mu & n < c \end{cases}$$

同时系统的服务强度 $\rho = \dfrac{\lambda}{c\mu} < 1$，这样系统不会排成无限队列。

M/M/C/∞/∞ 系统的状态转移率图如图 8-6 所示：

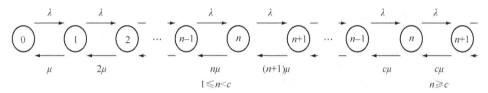

图 8-6　状态转移率图

由图 8-6 可得

$$\begin{cases} \mu P_1 = \lambda P_0 \\ (n+1)\mu P_{n+1} + \lambda P_{n-1} = (\lambda + n\mu)P_n & 1 \leqslant n < c \\ c\mu P_{n+1} + \lambda P_{n-1} = (\lambda + c\mu)P_n & n \geqslant c \end{cases}$$

用递推法求解上述差分方程，可求得

$$P_0 = \left[\sum_{n=0}^{c-1} \frac{1}{n!}\left(\frac{\lambda}{\mu}\right)^n + \frac{\left(\dfrac{\lambda}{\mu}\right)^c}{c!\,(1 - \dfrac{\lambda}{c\mu})} \right]^{-1}$$

$$P_n = \begin{cases} \dfrac{1}{n!}\left(\dfrac{\lambda}{\mu}\right)^n \cdot P_0 & n < c \\[4mm] \dfrac{1}{c!\,c^{n-c}}\left(\dfrac{\lambda}{\mu}\right)^n \cdot P_0 & n \geqslant c \end{cases}$$

系统的其他运行指标如下：

（1）平均排队长

$$L_q = \sum_{n=c}^{\infty} (n-c)P_n \xrightarrow[\text{令 } n-c=k]{} \sum_{k=0}^{\infty} kP_{c+k} = \sum_{k=0}^{\infty} k \cdot \frac{\left(\dfrac{\lambda}{\mu}\right)^{c+k}}{c!\,c^k} \cdot P_0$$

$$= \frac{\left(\frac{\lambda}{\mu}\right)^c}{c!} P_0 \sum_{k=0}^{\infty} k \left(\frac{\lambda}{c\mu}\right)^k = \frac{\left(\frac{\lambda}{\mu}\right)^c}{c!} P_0 \sum_{k=0}^{\infty} k\rho^k$$

$$= \frac{\left(\frac{\lambda}{\mu}\right)^c}{c!} P_0 \cdot \rho \sum_{k=0}^{\infty} \frac{\mathrm{d}}{\mathrm{d}\rho}(\rho^k) = \frac{\left(\frac{\lambda}{\mu}\right)^c}{c!} P_0 \cdot \rho \frac{\mathrm{d}}{\mathrm{d}\rho}\left(\frac{1}{1-\rho}\right)$$

$$= \frac{\rho\left(\frac{\lambda}{\mu}\right)^c}{c!(1-\rho)^2} \cdot P_0 = \frac{\rho(c\rho)^c}{c!(1-\rho)^2} \cdot P_0$$

再由 Little 公式（8-1）可得以下结果。

（2）平均队长 $L_s = L_q + \dfrac{\lambda}{\mu}$

这是因为系统服务强度 $\rho = \dfrac{\lambda}{c\mu}$ 表示服务系统的平均利用率，或每台服务台平均服务的顾客数，所以 $\dfrac{\lambda}{\mu} = c\rho$ 表示服务系统平均服务的顾客数。

（3）平均等待时间 $W_q = \dfrac{L_q}{\lambda}$

（4）平均逗留时间 $W_s = \dfrac{L_s}{\lambda}$

综上所述，可得主要公式和运行指标如下：

$$P_0 = \left[\sum_{n=0}^{c-1} \frac{1}{n!}\left(\frac{\lambda}{\mu}\right)^n + \frac{\left(\frac{\lambda}{\mu}\right)^c}{c!\left(1-\frac{\lambda}{c\mu}\right)} \right]^{-1} \quad P_n = \begin{cases} \dfrac{1}{n!}\left(\dfrac{\lambda}{\mu}\right)^n \cdot P_0 & n < c \\[2mm] \dfrac{1}{c!c^{n-c}}\left(\dfrac{\lambda}{\mu}\right)^n \cdot P_0 & n \geq c \end{cases}$$

$$L_q = \frac{\rho(c\rho)^c}{c!(1-\rho)^2} \cdot P_0 \quad L_s = L_q + \frac{\lambda}{\mu} \tag{8-6}$$

$$W_q = \frac{L_q}{\lambda} \quad W_s = \frac{L_s}{\lambda}$$

例 8-4 某公司电话站有一台电话机，打电话的人按泊松分布到达，平均每小时 24 人。又假定每次电话的通话时间服从负指数分布，平均为 2 分钟。求该系统各项运行指标。又若打电话的人到达和通话时间的概率分布不变，而电话机加到两台时，系统的各项指标有什么变化？

解：本题为 M/M/C 系统

$\lambda = 24$ 人/小时　　$\mu = 30$ 人/小时

当 $C = 1$ 时，$\rho = \dfrac{\lambda}{\mu} = \dfrac{24}{30} = \dfrac{4}{5} = 0.8$

（1）$P_0 = 1 - \rho = 1 - 0.8 = 0.2$

（2）$L_s = \dfrac{\lambda}{\mu - \lambda} = \dfrac{24}{30 - 24} = 4$（人）

（3）$L_q = \dfrac{\lambda^2}{\mu(\mu - \lambda)} = \rho \cdot L_s = 0.8 \times 4 = 3.2$（人）

（4）$W_s = \dfrac{1}{\mu - \lambda} = \dfrac{1}{30 - 24} = \dfrac{1}{6}$（小时）$= 10$（分钟）

（5）$W_s = \dfrac{1}{\mu(\mu-\lambda)} = \rho \cdot W_s = 0.8 \times 10 = 8$（分钟）

（6）打电话需要等待的概率 $= 1 - P_0 = 1 - 0.2 = 0.8$

当 $C = 2$ 时，$\rho = \dfrac{\lambda}{c\mu} = \dfrac{24}{2 \times 30} = 0.4$

（1）$P_0 = \left[\displaystyle\sum_{n=0}^{c-1} \dfrac{1}{n!} \left(\dfrac{\lambda}{\mu} \right)^n + \dfrac{\left(\dfrac{\lambda}{\mu} \right)}{c!\left(1 - \dfrac{\lambda}{c\mu} \right)} \right]^{-1} = \left[1 + 0.8 + \dfrac{0.8^2}{2!(1-0.4)} \right]^{-1} = 0.4286$

（2）$L_q = \dfrac{\rho(c\rho)^c}{c!(1-\rho)^2} \cdot P_0 = \dfrac{0.4 \times 0.8^2}{2!(1-0.4)^2} \cdot 0.4286 = 0.1524$（人）

（3）$L_s = L_q + \dfrac{\lambda}{\mu} = 0.1524 + 0.8 = 0.9524$（人）

（4）$W_q = \dfrac{L_q}{\lambda} = \dfrac{0.1524}{24} = 0.0064$（小时）$= 0.3810$（分钟）

（5）$W_s = \dfrac{L_s}{\lambda} = \dfrac{0.9524}{24} = 0.0397$（小时）$= 2.3810$（分钟）

（6）打电话需要等待的概率 $= 1 - P_0 - P_1 = 1 - P_0 - \left(\dfrac{\lambda}{\mu} \right)^1 \cdot P_0 = 1 - 0.4286 - 0.8 \times 0.4286 = 0.2285$

8.3.2 有限等待空间 M/M/C/N/∞ 系统

本系统中有 C 个服务台，所容纳的顾客逗留的最大容量为 N。当顾客来到系统而容纳不下时（即排队长已达 $N-C$），就会自动离去。所以这是一个混合制的多服务台排队系统。其状态转移率图如图 8-7 所示。

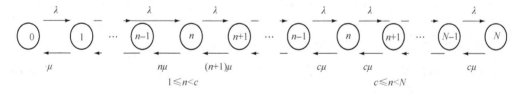

图 8-7 状态转移率图

由上图可得

$$\begin{cases} \mu P_1 = \lambda P_0 \\ (n+1)\mu P_{n+1} + \lambda P_{n-1} = (\lambda + n\mu)P_n & 1 \leq n < c \\ c\mu P_{n+1} + \lambda P_{n-1} = (\lambda + c\mu)P_n & c \leq n < N \\ c\mu P_N = \lambda P_{N-1} \end{cases}$$

据此可得系统有关状态运行指标如下：

$$P_0 = \left[\sum_{n=0}^{c} \dfrac{1}{n!}(c\rho)^n + \dfrac{c^c}{c!} \cdot \dfrac{\rho(\rho^c - \rho^N)}{1-\rho} \right]^{-1} \quad \rho \neq 1$$

$$P_n = \begin{cases} \dfrac{(c\rho)^n}{n!} \cdot P_0 & 1 \leqslant n < c \\[3mm] \dfrac{c^c}{c!}\rho^n \cdot P_0 & c \leqslant n \leqslant N \end{cases}$$

其中 $\rho = \dfrac{\lambda}{c\mu}$。

其他运行指标如下：

（1）$L_q = \displaystyle\sum_{n=c}^{N-c}(n-c)P_n = \dfrac{(c\rho)^c \rho}{c!(1-\rho)^2}\Big[1 - \rho^{N-c} - (N-c)\rho^{N-c}(1-\rho)\Big] \cdot P_0$

（2）$L_s = L_q + \dfrac{\lambda_e}{\mu} = L_q + \dfrac{\lambda(1-P_N)}{\mu} = L_q + c\rho(1-P_N)$

（3）$W_q = \dfrac{L_q}{\lambda_e} = \dfrac{L_q}{\lambda(1-P_N)}$

（4）$W_s = W_q + \dfrac{1}{\mu}$

当 $N = C$，即系统最大容量 N 和服务台数 C 相等时，系统中将不存在可供等候的空位，混合制变成即时制。此时

$$P_0 = \left[\sum_{n=0}^{c}\dfrac{1}{n!}(c\rho)^n\right]^{-1}, \quad P_n = \dfrac{(c\rho)^n}{n!}P_0, \ 1 \leqslant n \leqslant N$$

$$L_q = 0, \quad L_s = c\rho(1-Pc), \quad W_q = 0, \quad W_s = \dfrac{1}{\mu}$$

M/M/C/N/∞ 系统的主要公式和运行指标如下：

$$P_0 = \left[\sum_{n=0}^{c}\dfrac{1}{n!}(c\rho)^n + \dfrac{c^c}{c!}\cdot\dfrac{\rho(\rho^c - \rho^N)}{1-\rho}\right]^{-1} \quad \rho \neq 1$$

$$P_n = \begin{cases} \dfrac{(c\rho)^n}{n!} \cdot P_0 & 1 \leqslant n < c \\[3mm] \dfrac{c^c}{c!}\rho^n \cdot P_0 & c \leqslant n \leqslant N \end{cases} \qquad \text{其中 } \rho = \dfrac{\lambda}{c\mu}$$

$$L_q = \dfrac{(c\rho)^c \rho}{c!(1-\rho)^2}\Big[1 - \rho^{N-c} - (N-c)\rho^{N-c}(1-\rho)\Big] \cdot P_0$$

$$L_s = L_q + c\rho(1-P_N) \tag{8-7}$$

$$W_q = \dfrac{L_q}{\lambda_e} = \dfrac{L_q}{\lambda(1-P_N)} \qquad W_s = W_q + \dfrac{1}{\mu} \qquad \lambda_e = \lambda(1-P_N)$$

例 8-5 某风景区准备建造旅馆。顾客到达为泊松流，每天平均到 6 人，顾客平均逗留时间为 2 天。若该旅馆有 5 个房间，试分别计算每天客房平均占用数和满员概率。

解：这是一个 M/M/C/N/∞ 系统 $C = N = 5$ 为即时制，

$\mu = \dfrac{1}{2}$ 人/天，$\lambda = 6$ 人/天，$c\rho = \dfrac{\lambda}{\mu} = 12$，$\rho = 6$

$$P_0 = \left[\sum_{n=0}^{c}\dfrac{1}{n!}(c\rho)^n\right]^{-1} = \left[1 + 12 + \dfrac{12^2}{2!} + \dfrac{12^3}{3!} + \dfrac{12^4}{4!} + \dfrac{12^5}{5!}\right]^{-1} = 3310.6^{-1} = 0.0003$$

满员概率 $\quad P_5 = \dfrac{(c\rho)^5}{5!} \cdot P_0 = \dfrac{12^5}{5!} \cdot 0.0003 = 0.6264$

$$L_s = c\rho(1 - Pc) = 12(1 - 0.6264) = 4.483$$

8.3.3 顾客源有限的 M/M/C/∞/m 系统

本系统有 c 个服务台，顾客总数为 m 个，同时假定 $C < m$，系统的状态转移图如图 8-8 所示。

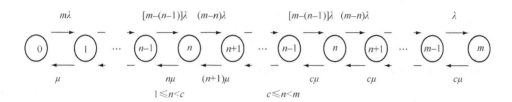

图 8-8 状态转移率图

其中顾客到达率 λ 也是按每个顾客来考虑的，即单位时间内每个顾客到达排队系统的概率或平均次数。因此当系统状态为 n 时，系统外顾客对系统的平均到达率 $\lambda = (m-n)\lambda$。同时假定每个服务台工作是相互独立的，且每个服务台的平均服务率 μ 也相同。就整个服务机构而言，平均服务率也随系统状态变化而变化，即

$$\mu_n = \begin{cases} c\mu & c \leqslant n \leqslant m \\ n\mu & n < c \end{cases}$$

系统的状态概率为

$$P_0 = \left[\sum_{n=0}^{c} \binom{m}{n} \left(\frac{\lambda}{\mu} \right)^n + \sum_{n=c+1}^{m} \binom{m}{n} \frac{n!}{c!c^{n-c}} \left(\frac{\lambda}{\mu} \right)^n \right]^{-1}$$

$$P_n = \begin{cases} \binom{m}{n} \left(\frac{\lambda}{\mu} \right)^n P_0 & 1 \leqslant n < c \\ \binom{m}{n} \frac{n!}{c!c^{n-c}} \left(\frac{\lambda}{\mu} \right)^n P_0 & c \leqslant n \leqslant m \end{cases}$$

有效到达率 $\lambda_e = (m - L_s)\lambda$

其他运行指标如下：

$$L_q = \sum_{n=c+1}^{m} (n-c)P_n$$

$$L_s = L_q + \frac{\lambda_e}{\mu} = L_q + \left[c - \sum_{n=0}^{c-1} (c-n)P_n \right]$$

$$W_s = \frac{L_s}{\lambda_e} = \frac{L_s}{\lambda(m - L_s)}$$

$$W_q = \frac{L_q}{\lambda_e} = \frac{L_q}{\lambda(m - L_s)}$$

例 8-6 2 名工人看管 5 台机器，每台机器平均每过 1 小时要修理一次，每次修理平均需要 15 分钟，设机器连续运转时间和修理时间均服从负指数分布，试求相关运行指标。

解： 这是一个 M/M/C/∞/m 系统，其中 $C = 2$，$m = 5$

$$\lambda = 1 \text{ 台/小时，} \mu = 4 \text{ 台/小时，} \frac{\lambda}{\mu} = \frac{1}{4},$$

$$P_0 = \left[\sum_{n=0}^{c} \binom{m}{n} \left(\frac{\lambda}{\mu} \right)^n + \sum_{n=c+1}^{m} \binom{m}{n} \frac{n!}{c! c^{n-c}} \left(\frac{\lambda}{\mu} \right)^n \right]^{-1}$$

$$= \left[\binom{5}{0} \left(\frac{1}{4} \right)^0 + \binom{5}{1} \left(\frac{1}{4} \right) + \binom{5}{2} \left(\frac{1}{4} \right)^2 + \binom{5}{3} \frac{3!}{2!2} \left(\frac{1}{4} \right)^3 + \binom{5}{4} \frac{4!}{2!2^2} \left(\frac{1}{4} \right)^4 + \binom{5}{5} \frac{5!}{2!2^3} \left(\frac{1}{4} \right)^5 \right]^{-1}$$

$$= 0.3149$$

同理　$P_1 = 0.394,\ P_2 = 0.197,\ P_3 = 0.074,\ P_4 = 0.018,\ P_5 = 0.002$

于是　$L_q = \sum_{n=c+1}^{m} (n-c) P_n = P_3 + 2P_4 + 3P_5 = 0.118$

$$L_s = L_q + \left[c - \sum_{n=0}^{c-1} (c-n) P_n \right] = L_q + c + 2P_0 - P_1 = 1.094$$

$$W_q = \frac{L_q}{\lambda(m - L_s)} = \frac{0.118}{5 - 1.094} = 0.03 \text{（小时）}$$

$$W_s = \frac{L_s}{\lambda(m - L_s)} = \frac{1.094}{5 - 1.094} = 0.28 \text{（小时）}$$

8.4　一般服务时间排队系统分析

在 8.2 节和 8.3 节，我们讨论了单服务台和多服务台排队系统在稳态条件下的运行指标和主要性能指标的计算。在讨论中假设系统的输入过程为泊松流，而服务时间服从负指数分布。下面我们将讨论服务时间服从任意分布的情形。为讨论问题方便，我们主要讨论单服务台的情况。主要有：

（1）服务时间服从一般分布的 M/G/1 系统；

（2）服务时间为定长的 M/D/1 系统；

（3）服务时间服从爱尔朗分布的 M/Er/1 系统。

8.4.1　服务时间服从一般分布的 M/G/1 系统

M/G/1 系统假设对顾客的服务时间服从一般的概率分布，但其均值的方差都存在，其他的各项条件和标准的 M/M/1 系统相同。

假设系统的平均到达率为 λ，对任一顾客的服务时间 V 服从一般概率分布，且 $E(V) = \frac{1}{\mu}$，$D(V) = \sigma^2$。服务强度 $\rho = \frac{\lambda}{\mu}$，不论 V 服从什么分布，只要 $\rho < 1$，系统就能达到稳态，并有稳态概率 $P_0 = 1 - \rho$。

我们知道，在稳态条件下，Little 公式（8-1）对任何系统都是成立的，只要求出 L_s，L_q，W_s，W_q 4 个性能指标中的一个，其他 3 个就可以由 Little 公式求出。根据波拉切克-欣辛（Pollaczek-Khintechine）公式可以导出

$$L_q = \frac{\rho^2 + \lambda^2\sigma^2}{2(1-\rho)}$$

进而可由 Little 公式求出 L_s，W_s，W_q。其中 $\lambda_e = \lambda$。

例 8-7 某储蓄所有一个服务窗口，顾客按泊松流分布平均每小时到达 10 人，为任一顾客办理存款，取款等业务的时间 V（小时）$\sim N(0.05, 0.01^2)$。试求该储蓄所空闲的概率及其主要运行指标。

解：由题意这是 M/G/1 系统

$\lambda=10$ 人/小时，$E(V)=\frac{1}{\mu}=0.05$ 小时/人，$D(V)=\sigma^2=0.01^2$

$\rho=\frac{\lambda}{\mu}=10 \times 0.05=0.5$

因此

$P_0 = 1-\rho = 1-0.5 = 0.5$

$L_q = \frac{\rho^2 + \lambda^2\sigma^2}{2(1-\rho)} = \frac{0.5^2 + 10^2 \times 0.01^2}{2(1-0.5)} = 0.26$（人）

$L_s = L_q + \frac{\lambda}{\mu} = 0.26 + 0.5 = 0.76$（人）

$W_q = \frac{L_q}{\lambda} = \frac{0.26}{10} = 0.026$（小时）$= 1.56$（分钟）

$W_s = \frac{L_s}{\lambda} = \frac{0.76}{10} = 0.076$（小时）$= 4.56$（分钟）

8.4.2 服务时间为定长的 M/D/1 系统

本系统对顾客的服务时间是固定的常数，如自动装配线的插件机完成一项工作的时间是固定的常数，自动汽车冲洗台冲洗一辆汽车的时间也是常数。此时

$$E(V) = \frac{1}{\mu} \qquad D(V) = 0$$

若服务强度 $\rho = \frac{\lambda}{\mu} < 1$，则由波拉切克-欣辛公式

$$L_q = \frac{\rho^2}{2(1-\rho)}$$

其他运行指标仍可由 Little 公式求出。

例 8-8 某种试验仪器每次使用时间为 3 分钟，实验者的来到过程为泊松过程，平均每小时来到 18 人，求此排队系统的运行指标。

解：此为 M/D/1 系统

$\lambda = \frac{18}{60} = 0.3$ 人/分钟，$\frac{1}{\mu} = 3$ 分钟/人，$\rho = \frac{\lambda}{\mu} = 0.3 \times 3 = 0.9$

$P_0 = 1-\rho = 0.1$

$L_q = \frac{\rho^2}{2(1-\rho)} = \frac{0.9^2}{2(1-0.9)} = 4.05$（人）

$$L_s = L_q + \frac{\lambda}{\mu} = 4.05 + 0.9 = 4.95 \text{（人）}$$

$$W_q = \frac{L_q}{\lambda} = \frac{4.05}{0.3} = 13.5 \text{（分钟）}$$

$$W_s = \frac{L_s}{\lambda} = \frac{4.05}{0.3} = 16.5 \text{（分钟）}$$

8.4.3 服务时间服从爱尔朗分布的 M/Er/1 系统

M/Er/1 系统的服务时间服从爱尔朗分布。由爱尔朗分布定义可知，如果某种随机变量 V 可表示为 k 个相互独立的，服从相同参数 $k\mu$ 的负指数分布的随机变量 V_i（$i=1, 2, \cdots, k$）的和，那么 $V = \sum_{i=1}^{k} V_i$ 服从参数为 μ 的 k 阶爱尔朗分布。且

$$E(V_i) = \frac{1}{k\mu}, D(V_i) = \frac{1}{k^2\mu^2}, i=1, 2, \cdots, k, \ E(V) = \frac{1}{\mu}, D(V) = \frac{1}{k\mu^2}$$

若服务强度 $\rho = \frac{\lambda}{\mu} < 1$，不难由波拉切克-欣辛公式求得

$$L_q = \frac{\rho^2 + \lambda^2 \frac{1}{k\mu^2}}{2(1-\rho)} = \frac{(k+1)\rho^2}{2k(1-\rho)}$$

其他指标可以由 Little 公式求得。

例 8-9 一个办事员核对登记的申请表时，必须依此检查 8 张表格。核对每张表格需要 1 分钟，顾客到达率为每小时 6 人，顾客到达间隔时间和抽查表格花费的时间服从负指数分布，求办事员空闲的概率和有关运行指标。

解：因为办事员核对每位申请者的申请表时必须依此检查 8 张表格，抽查每张表格花费的时间服从负指数分布，因此总的服务时间服从爱尔朗分布，此时，排队系统为 M/Er/1 系统。

已知 $k=8$ $\lambda = 6$ 人/小时，$E(V_i) = \frac{1}{k\mu} = 1$ 分钟/人，$\mu = \frac{1}{8}$ 人/分钟 $= 7.5$ 人/小时

因此 $\rho = \frac{\lambda}{\mu} = \frac{6}{7.5} = 0.8$

$$P_0 = 1 - \rho = 1 - 0.8 = 0.2$$

$$L_q = \frac{(k+1)\rho^2}{2k(1-\rho)} = \frac{(8+1)0.8^2}{2 \times 8(1-0.8)} = 1.8 \text{（人）}$$

$$L_s = L_q + \frac{\lambda}{\mu} = 1.8 + 0.8 = 2.6 \text{（人）}$$

$$W_q = \frac{L_q}{\lambda} = \frac{1.8}{6} = 0.3 \text{（小时）} = 18 \text{（分钟）}$$

$$W_s = \frac{L_s}{\lambda} = \frac{2.6}{6} = 0.433 \text{（小时）} = 26 \text{（分钟）}$$

习题

1. 某店有一个修理工人，顾客到达过程为泊松流，平均每小时 3 人，修理时间服从负指数分布，平均需 19 分钟，求：

（1）店内空闲的时间；

（2）有 4 个顾客的概率；

（3）至少有一个顾客的概率；

（4）店内顾客的平均数；

（5）等待服务的顾客数；

（6）平均等待修理的时间；

（7）一个顾客在店内逗留时间超过 15 分钟的概率。

2. 某服务系统有两个服务员，顾客到达服从泊松分布，平均每小时到达两个。服务时间服从负指数分布，平均服务时间为 30 分钟，又知系统内最多只能有 3 名顾客等待服务，当顾客到达时，若系统已满，则自动离开，不再进入系统。求：

（1）系统空闲时间；

（2）顾客损失率；

（3）服务系统内等待服务的平均顾客数；

（4）在服务系统内的平均顾客数；

（5）顾客在系统内的平均逗留时间；

（6）顾客在系统内的平均等待时间；

（7）被占用的服务员的平均数。

3. 某街区医院门诊部只有一个医生值班，此门诊部备有 6 张椅子供患者等候应诊。当椅子坐满时，后来的患者就自动离去，不再进来。已知每小时有 4 名患者按泊松分布到达，每名患者的诊断时间服从负指数分布，平均 12 分钟，求：

（1）患者无须等待的概率；

（2）门诊部内患者平均数；

（3）需要等待的患者平均数；

（4）有效到达率；

（5）患者在门诊部逗留时间的平均值；

（6）患者等待就诊的平均时间；

（7）有多少患者因坐满而自动离去？

4. 一个美容院有 3 张服务台，顾客平均到达率为每小时 5 人，美容时间平均 30 分钟，求：

（1）美容院中没有顾客的概率；

（2）只有一个服务台被占用的概率。

5. 某售票处有 3 个售票口，顾客的到达服从泊松分布，平均每分钟到达 $\lambda=0.9$（人），3 个窗口售票的时间都服从负指数分布，平均每分钟卖给 $\lambda=0.4$（人），设可以归纳为 M/M/3 模型，试求：

（1）整个售票处空闲的概率；

（2）平均队长；

（3）平均逗留时间；

（4）平均等待时间；

（5）顾客到达后的等待概率。

6. 某公司医务室为职工检查身体，职工的到达服从泊松分布，每小时平均到达 50 人，若职工不能按时体检，造成的损失为每小时每人平均 60 元。体检所花时间服从负指数分布，平均每小时服务率为 μ，每人的体检费用为 30 元，试确定使公司总支出最少的参数 μ。

7. 某车站售票口，已知顾客到达率为每小时 200 人，售票员的服务率为每小时 40 人，求：

（1）工时利用率平均不能低于 60%；

（2）若要顾客等待平均时间不超过 2 分钟，设几个窗口合适？

8. 某律师事物所咨询中心，前来咨询的顾客服从泊松分布，平均天到达 50 个。各位被咨询律师回答顾客问题的时间是随机变量，服从负指数分布，每天平均接待 10 人。每位律师工作 1 天需支付 100 元，而每回答一名顾客的问题的咨询费为 20 元，试为该咨询中心确定每天工作的律师人数，以保证纯收入最多。

参 考 文 献

[1] 钱颂迪. 运筹学（第三版）[M]. 北京：清华大学出版社，2005.

[2] 叶向. 实用运筹学——运用 Excel 建模和求解[M]. 北京：中国人民大学出版社，2007.

[3] 叶向. 实用运筹学习题讲解[M]. 北京：中国人民大学出版社，2007.

[4] 韩润春，孙凤芹，杨景祥. 运筹学[M]. 北京：中国铁道出版社，2010.

[5] 边文思，焦艳芳. 运筹学（第三版）同步辅导及习题全解[M]. 北京：中国水利水电出版社，2009.

[6] 邢光军，卢子芳. 管理类专业运筹学课程实验教学探讨. 安徽工业大学学报（社科版），2009，（3）：126-128.